SketchUp & Lumion

◎ 陈秋晓　徐丹　陶一超　闵锐　葛丹东　编著

辅助城市规划设计

浙江大学出版社
ZHEJIANG UNIVERSITY PRESS

图书在版编目(CIP)数据

SketchUp & Lumion 辅助城市规划设计 / 陈秋晓等编
著. —杭州：浙江大学出版社，2016.6(2022.2 重印)
ISBN 978-7-308-15606-6

Ⅰ.①S… Ⅱ.①陈… Ⅲ.①城市规划—建筑设计—
计算机辅助设计—应用软件 Ⅳ.①TU984-39

中国版本图书馆 CIP 数据核字（2016）第 027015 号

SketchUp & Lumion 辅助城市规划设计

陈秋晓　徐　丹　陶一超　闵　锐　葛丹东　编著

责任编辑	王元新
责任校对	汪淑芳　陈慧慧
出版发行	浙江大学出版社
	（杭州市天目山路 148 号　邮政编码 310007）
	（网址：http://www.zjupress.com）
排　　版	浙江时代出版服务有限公司
印　　刷	嘉兴华源印刷厂
开　　本	787mm×1092mm　1/16
印　　张	18.75
彩　　页	4
字　　数	468 千
版 印 次	2016 年 6 月第 1 版　2022 年 2 月第 6 次印刷
书　　号	ISBN 978-7-308-15606-6
定　　价	49.00 元

浙江大学出版社市场运营中心联系方式：(0571)88925591；http://zjdxcbs@tmall.com

前　言

计算机辅助城市规划设计的授课内容一般包括二维图形的绘制、三维模型的制作以及必要的后期处理等。二维图形的绘制相对较为简单，一般采用 AutoCAD 软件以及基于AutoCAD平台的二次开发软件(如湘源控规)。已有较多的教科书介绍这方面的内容，因而本教材重点关注三维模型制作以及必要的后期处理等教学内容。

受规划设计院等就业单位的需求驱动，为培养学生对规划方案快速生成能力，利用计算机手段实现草图设计便成为一个重要的教学目标。考虑到 SketchUp 上手快、建模高效，软件的操作不会成为用户的羁绊，从而可使用户(学生)能专注于规划设计本身，因而选用SketchUp 作为建模软件无疑是一个不错的选择。但是，SketchUp 的功能还仅限于草案设计。利用它进行城市规划辅助设计面临两难的境地：(1)规划设计方案一般还需借助于其他建模软件(如 3DS Max)进行再次建模，并完成相应的渲染图。当大量宝贵的时间花费在建模和渲染上，方案构思和设计的时间在无形中被"偷走"时，方案的质量难以保证，这是大多数学生(或设计人员)都不愿意看到的。(2)若将建模和渲染工作交付给专门的效果图公司进行打理，虽然会省事很多，但是只有建立在充分沟通的基础上(这同样需要不小的时间开销)，效果图公司的工作人员所制作的模型和渲染图才能真正地反映设计意图和表达方案构思，同时需支付效果图公司不菲的费用。

为解决以上问题，利用 SketchUp 组合 Lumion 来辅助城乡规划设计是一个可行的解决方案。SketchUp 擅于草图设计，它在三维建模方面的便捷性与高效性无可争议，而 Lumion是一个实时的 3D 可视化工具，通过使用快如闪电的 GPU 渲染技术，能够实时渲染 3D 场景，支持现场演示，并提供优秀的场景图像和视频。最新版本的 Lumion 直接支持 skp 格式(SketchUp 模型文件)，具有最新的镜头光晕和相机特效，更真实的阳光、材料、反射、阴影和照明，改进的两点透视，更逼真的天空、海洋、草坪、落叶、喷泉效果，更多的组件和素材库，更多更炫的特效。考虑到 Lumion 易于学习、容易使用、超快速渲染和逼真的渲染效果等诸多优势。可以预见，SketchUp 组合 Lumion 的设计模式将成为主流。这也是我们编写这本教材的原因。

本教材各个章节的安排如下：第 1 章简单介绍 SketchUp 的基本知识。第 2 章至第 5 章介绍了 Lumion 的基本情况，以及 Lumion 场景制作、材质使用和场景输出等方面的内容，力求通过这几章的学习，让读者掌握 Lumion 的基本操作。第 6 章和第 7 章以居住建筑、商业办公建筑和滨水广场为例详细介绍了建模过程，使读者能熟练掌握 SketchUp 的常用建模技能。第 8 章以乡村节点规划设计为例，介绍了如何有效地将 SketchUp 模型导入到 Lumion

场景,以及如何在 Lumion 中制作材质、添加配景并导出图片。通过本章的学习,读者可快速了解如何使用 Lumion 快速表达景观小节点的规划设计效果。第 9 章以一个居住小区为例,通过学习景观节点效果的表现、各类镜头(透视、立面和鸟瞰镜头)的设置以及各类灯光的使用,读者可洞悉多个视角下表现居住小区规划设计效果的技巧,并掌握居住小区夜景效果的表现技法。第 10 章以一个城市核心区块城市设计中的商业广场为例,详细讲解了如何使用 Lumion 创建商业广场效果表现图的全过程,并介绍了如何制作场景动画。通过此章的学习,读者一方面可以巩固前面各个章节的知识,另一方面通过实例演练可娴熟地掌握 Lumion 的多种高级功能和技巧。

本教材第 1 章由陶一超、陈秋晓编写,第 2 章至第 5 章由闵锐和陈秋晓编写,第 6 章由陈秋晓和徐丹编写,第 7 章由陈秋晓和陶一超编写,第 8 章由陈秋晓和徐丹编写,第 9 章由陈秋晓、陶一超和葛丹东编写,第 10 章由陈秋晓、徐丹和葛丹东编写。感谢为本教材的编写提供案例素材的李咏华博士。

为便于读者的练习,我们还特别录制了教学视频,读者可根据视频学习 SketchUp 的基本技能和 Lumion 的实战技巧。本教材适用于城乡规划或建筑学本科专业的学生和教师使用。由于能力所限,书中难免存在纰漏之处,敬请指正。

编者

2016 年 5 月

目　录

1

第 1 章　SketchUp 概述

- 了解 SketchUp 的发展历史和特点
- 学习 SkechUp 中优化操作界面的方法
- 了解 SketchUp 的常用插件
- 了解 SkechUp 在城市规划领域的应用

SketchUp 是直接面向设计方案创作过程的设计工具,其创作过程不仅能够充分表达设计师的思想而且能较好地满足与客户即时交流的需要,它使得设计师可以直接在电脑上进行十分直观的构思,因而它是三维建筑设计方案创作的优秀工具。SketchUp 的基本工具和使用技巧在很多教材中均有较详细的介绍,受篇幅限制,本书不再赘述。

1.1　SketchUp 的发展历史

随着计算机设计技术的发展及相关制图软件的开发,设计行业从原有徒手绘图逐渐演变成计算机制图,但是制图软件复杂的命令及严谨的操作使设计师的创作思路流失在计算机软件绘图中。特别是三维制图,不仅要求能直观地反映简单单体块空间效果,更要求能够在后期进行环境、材质等的创造性设计。为满足上述需求,SketchUp 应运而生。该软件由 @Last Software 开发创作,最早的 1.0 版本于 2000 年 8 月发布。

SketchUp 是一个极受欢迎并且易于使用的 3D 设计软件,它是电子设计中的"铅笔",使用简便,用户可以快速上手。正是看中了 SketchUp 的这个特点,Google 于 2006 年收购了 SketchUp 及其开发公司@Last Software。Google 收购 SketchUp 是为了增强 Google Earth 的功能,让使用者可以利用 SketchUp 建造 3D 模型并放入 Google Earth 中,使得 Google Earth 所呈现的地图更具立体感、更接近真实世界。使用者更可以通过一个名叫 Google 3D Warehouse 的网站寻找与分享各式各样利用 SketchUp 建造的 3D 模型。

2012 年,SketchUp 被 Trimble 导航公司收购。最新版本 SketchUp 2015 于 2014 年 11 月发布,同时支持 64 位和 32 位操作系统。

1.2 SketchUp 的特点

1.2.1 界面简洁，操作简单

独特、简洁的界面，可以让设计师短期内就可熟练掌握各种操作。

1. 界面简洁

SketchUp 不同于其他设计软件的复杂操作，菜单命令基本拥有对应的图标工具，使命令效果简单直观，如绘图工具 ，自上而下、自左至右分别是矩形、直线、圆、圆弧、多边形、徒手画笔等工具。

2. 自定义快捷键

用户可根据使用习惯自定义 SketchUp 快捷键，从而可大大提高工作效率。当用户熟悉用快捷键进行操作后，通过隐藏工具图标，可扩大绘图区域，方便用户操作。同时，SketchUp 支持快捷键的导入与导出，从而能快速复制熟悉的工作环境。

1.2.2 直接面向设计过程

SketchUp 是专注于设计工程的设计工具，主要用于推敲方案构思，并将设计思路直接表达给客户。

1. 效果直观

前期可以通过创建几何体进行形体的推敲，直观显示空间关系及结构细部，形成方案的初步构思；后期对模型细部进行单独推敲，精确地确定几何体的尺寸，并通过照相机工具，以不同视角浏览建筑形体，即时呈现方案设计时不同阶段的成果，便于方案设计时的相互交流。

2. 独特的表现风格

SketchUp 具有多种显示模式，设计者可以通过样式调整显示需要的风格，如线框模式、消隐线模式，以达到模拟手绘草图的效果或者钢笔淡彩、水粉、马克笔等的效果。

图 1-1

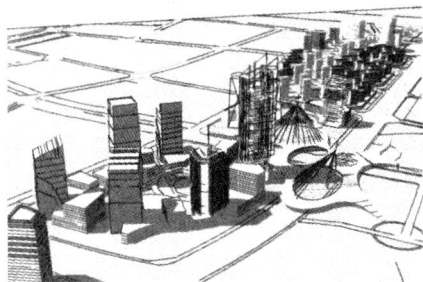

图 1-2

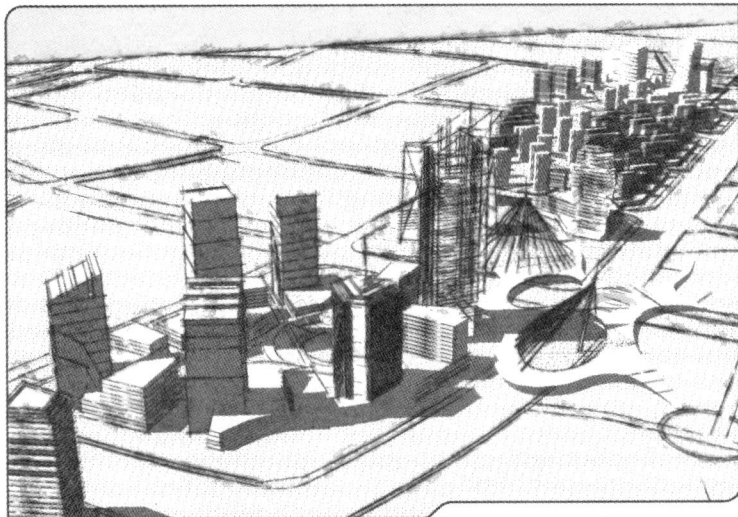

图 1-3

1.2.3　建模方式独特

1. 几何体的设计

SketchUp 是特别为了辅助设计而研发的，与 CAD 和 3DS Max 有很大的不同。SketchUp 环境中的模型由边线和表面两个基本元素构成，后者是通过前者围合而成的。这些相互连接的边线与表面和周边几何体保持关联性，使得 SketchUp 在设计时可以通过推拉、移动等功能快速获得几何体，而当需要删除一个面的时候，只需要删除该表面的任一边线。

2. 绘图方法

SketchUp 中利用 ✏️ 直线工具就可以绘制最简单的形体，再通过 ⬆️ 推拉工具即可形成几何体，真正实现"画线成面，推拉成型"的功能。

(1)直线功能的耦合和分割功能：在 SketchUp 中直线闭合成面，线又可以分割面。如图 1-4 和图 1-5 中 L 形多边形可以通过增加两条直线分割成三个矩形，反之亦然。

 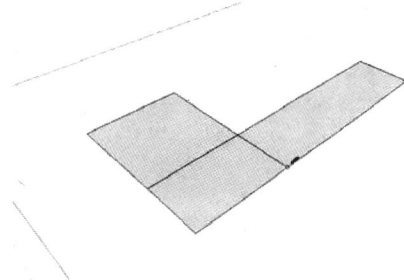

图 1-4　　　　　　　　　　　　　图 1-5

(2)SketchUp 中无须坐标系，但是可以使用智能绘图辅助工具(如平行、垂直、量角器等)，并结合手动输入数值，实现精确建模。

1.2.4 材质及贴图使用便捷

在 SketchUp 中是以面为单位赋颜色或材质的,即同一个物体的表面是可以拥有多种颜色或材质的。用户可以通过 R、G、B 或者 H、S、B 等值的调节来改变面的颜色(见图 1-6),也可以通过材质编辑器方便地调整材质参数。在 SketchUp 中,通过相同材质的表面积数据统计,可以进行面积的推敲。

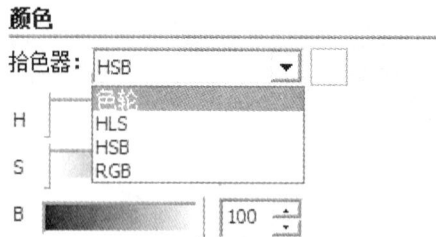

图 1-6

1.2.5 阴影表达准确直观

SketchUp 可以设定地块所在城市的经纬度及具体的日期、时间,模拟该地块内建筑一年四季的日照效果,用以把握建筑的朝向、形体。结合日照大师等插件,分析设计是否满足规划设计规范要求,同时结合动画可生成动态阴影的演示动画。

1.2.6 剖面功能强大

建筑剖面图能够清楚展示该构件的细部构造,是建筑设计的重要图示之一。而在 SketchUp 中可以生成任意方向的剖面,直观看到模型的内部结构及空间关系,并可以导出为 DWG 或 DXF 格式。除此之外,结合动画能生成动态剖面动画,动态展示模型。

1.2.7 组与组件的合理使用

不同于其他绘图软件使用层(layer)来管理,管理 SketchUp 模型最高效率的办法是创建组和组件,组相当于 AutoCAD 中的块(block),但是不具有关联性。组件是组群的补充,但组件之间具有相关性。通过修改场景中的组件,其他具有相关性的组件也会同时被修改,从而避免了大量的重复劳动。

组件的使用,使得设计者可以通过模型共享平台交流、共享设计成果,增加了多人合作的可能性。

1.2.8 动画制作简单

1.利用若干页面制作动画

SketchUp 动画操作简单,只需要确定所需节点的页面,通过多个页面的切换即可实现动画的自动演示,并可以选择幻灯片播放或者输出动画后在播放器中播放。

2.虚拟现实漫游

SketchUp 通过漫游工具可以提供虚拟漫游功能,通过定义人的行进路线,以人散步时的视角观察模型,提供身临其境的效果体验,以展现设计师的设计理念。

1.2.9　与其他软件兼容性好

通过导入导出其他格式文件,SketchUp 可与 AutoCAD、3DS Max 等相关软件交换数据。通过在上述相关软件中的后续处理,可弥补 SketchUp 在精确度及后期效果处理上的不足。相关软件如下:

- AutoCAD:利用导入工具,可将 AutoCAD 文件导入到 SketchUp 场景中,进一步通过推拉等工具快速实现三维模型构建,同时 SketchUp 模型的剖面、平面可输出为 CAD 图。
- 3DS Max 与 SketchUp:前期在 SketchUp 中进行设计,后期通过 *.3DS 格式在 3DS Max 中进行进一步的效果图制作。
- Lumion 等渲染软件:SketchUp 建立的模型可通过 Lumion 等渲染软件渲染成所需的效果。
- Photoshop:可对 SketchUp 直接导出的图像或者经过其他渲染软件导出的图像进行后期处理。

1.2.10　模型共享平台资源丰富

与 3DS Max 等三维软件类似,SketchUp 软件也拥有丰富的模型资源,在设计中可以直接调用、插入、复制这些模型。同时,Google 公司还建立了庞大的 3D 模型库,集合了来自全球各个国家的模型资源,形成了一个很大的分享平台。但在搜索中应使用英文输入关键字,才能快捷地找到自己需要的模型。现在设计师们已经将 SketchUp 及其组件资源广泛应用于建筑设计、规划设计等诸多领域中。

1.2.11　定制工具使 SketchUp 逐渐专业化

随着 SketchUp 被广泛应用于各设计行业,个性化定制的需求日益迫切,以满足不同的专业需求。自 4.0 版本后,SketchUp 增加了针对 Ruby 语言的接口,使任何熟悉 Ruby 语言的用户可以自行扩展 SketchUp 的功能。自此之后,依托 SketchUp 而衍生出的各行业相关的制图插件如雨后春笋般地开发出来,从而进一步拓展了 SketchUp 在各设计行业的应用领域。

1.2.12　缺点及解决办法

由于 SketchUp 直接面向设计过程,着重于创作过程中充分表达设计师的思想,因此尽管拥有一定的后期效果处理能力,但它在制图的严谨性与仿真性、曲面等异形物体的构建、后期的渲染等方面的功能相对较弱。但是通过与其他计算机辅助设计软件的结合(Photoshop、AutoCAD、3DS Max、Lumion……),可弥补以上局限。

1.3 操作界面的优化设置

1.3.1 场景模型信息

通过"窗口"主菜单下的"模型信息"项,在弹出的"模型信息"窗口(见图 1-7)中可对场景中的模型信息进行设置。

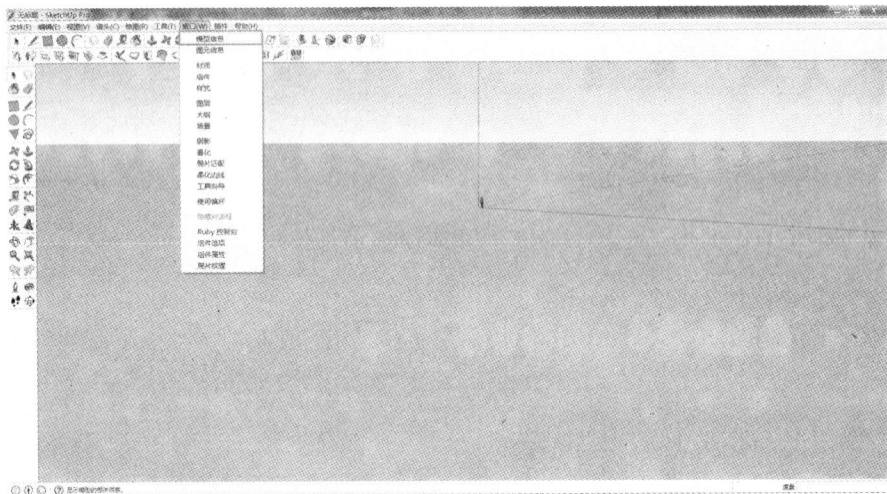

图 1-7

(1)"尺寸"选项:可设置模型尺寸(包括尺寸、文本、引线等)的样式(见图 1-8)。

图 1-8

(2)"单位"选项:可设置模型的长度单位,规划设计一般以米为单位(见图 1-9)。

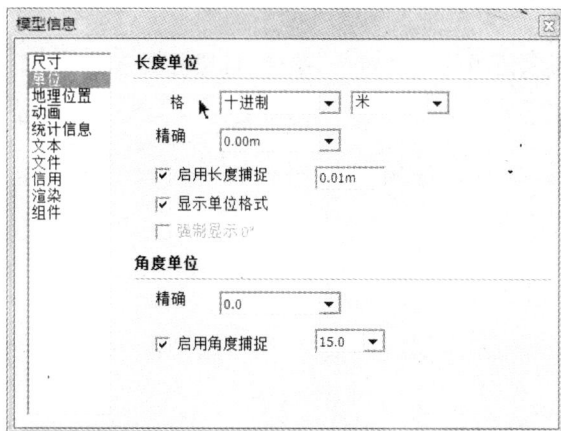

图 1-9

(3)"地理位置"选项：通过点击"添加位置..."或"手动设置位置..."按钮，设置真实地理位置，还可还原真实的日照及阴影效果（见图 1-10）。

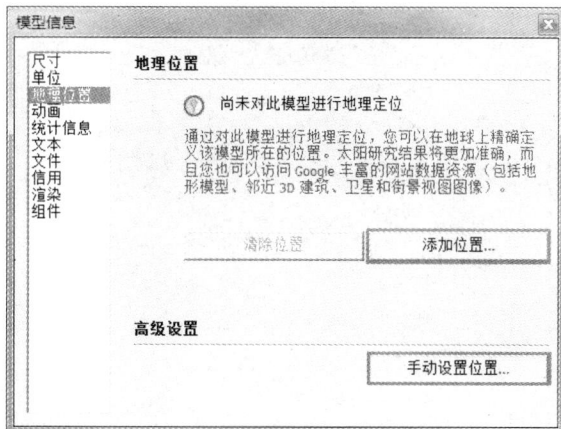

图 1-10

(4)"动画"选项：可设置场景转换和场景延迟的时间（见图 1-11）。

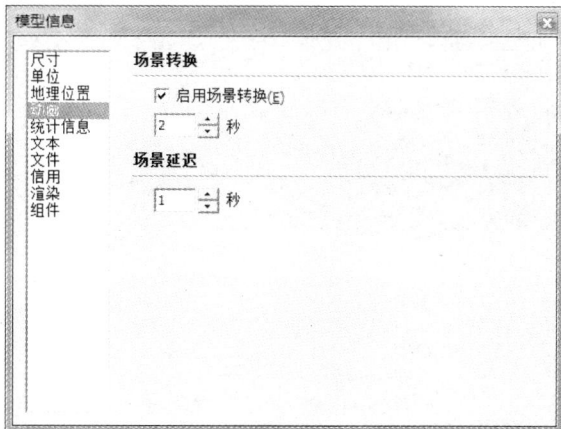

图 1-11

（5）"统计信息"选项：点击该选项，可列出当前场景中各个元素的数量（见图 1-12），单击"清除未使用项"可清除未使用的组件定义、图层、材质等要素。

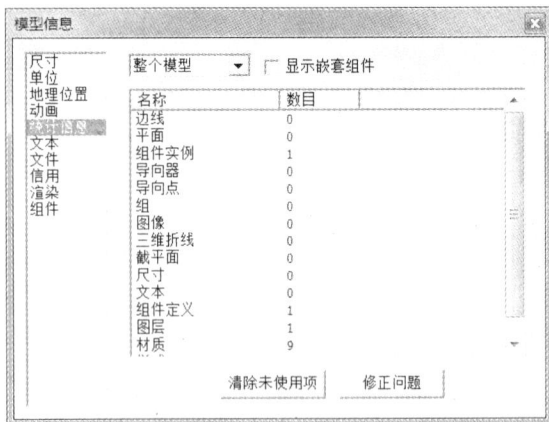

图 1-12

（6）"文本"选项：通过该选项，可设置屏幕文本、引线文本及引线的风格（见图 1-13）。

图 1-13

（7）"文件"选项：单击该选项，可列出当前文件的版本信息（见图 1-14）。

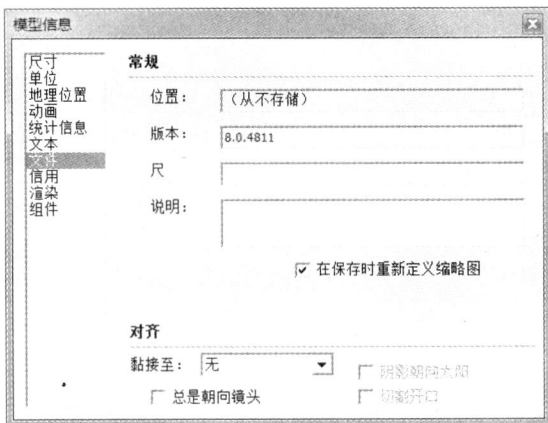

图 1-14

（8）"信用"选项：单击该选项，可列出模型作者、组件作者等的相关信息（见图 1-15）。

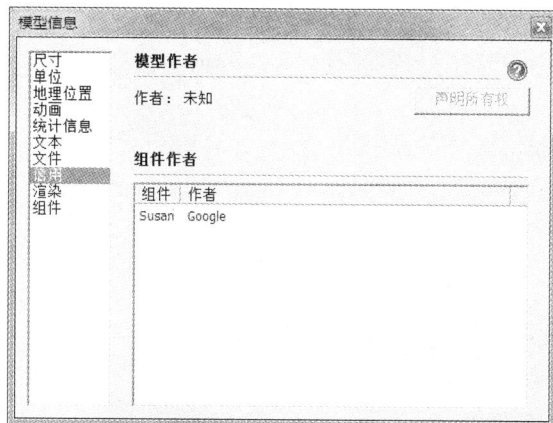

图 1-15

（9）"渲染"选项：启用如图 1-16 所示的"使用消除锯齿纹理"选项可优化模型的显示效果。

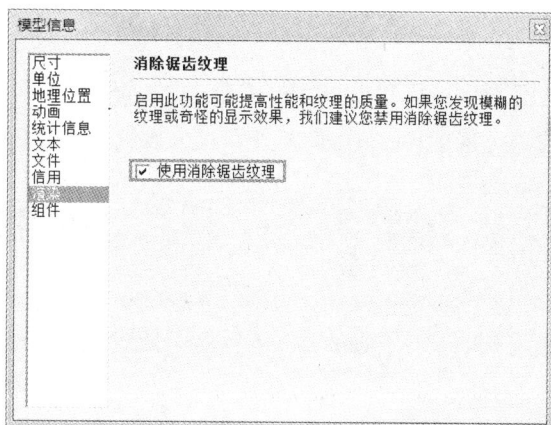

图 1-16

（10）"组件"选项：可通过如图 1-17 所示的滑动条控制组件及其他部件的显隐效果。

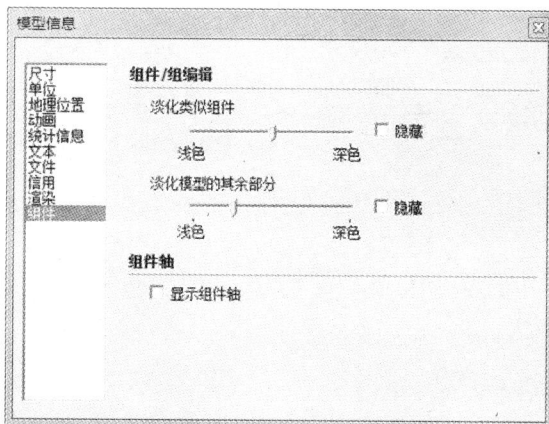

图 1-17

1.3.2 显示样式设置

SketchUp 中有多种显示样式，主要通过"样式"编辑器进行编辑。

1.选择样式类型

点击如图 1-18(a)所示的下拉列表，选择"样式"选项，将列出七种预设的样式类型[见图 1-18(b)]："Style Builder 竞赛获奖者""手绘边线""混合样式""照片建模""直线风格""预设样式"及"颜色集"，用户可根据需要选择相应的样式。

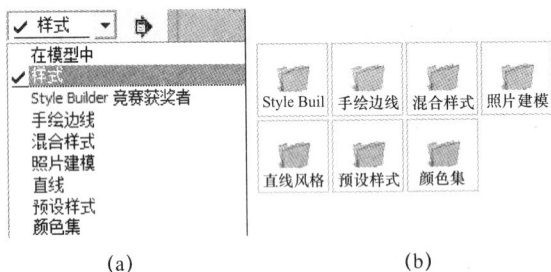

(a)   (b)

图 1-18

2.边线显示模式

点击"样式"编辑器的"编辑"选项卡，点击"边线设置" 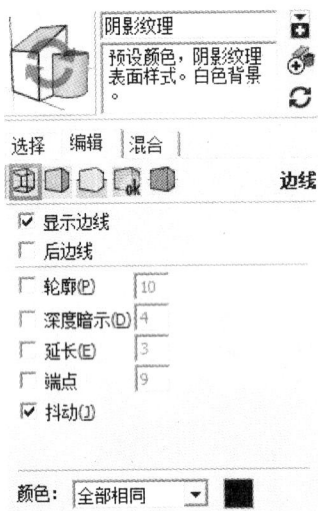 按钮将弹出边线设置选项（见图 1-19），勾选所需的选项类型即可。平面、背景和建模设置如图 1-20 至图 1-22 所示。

图 1-19   图 1-20

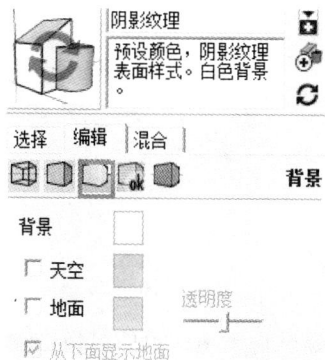

图 1-21

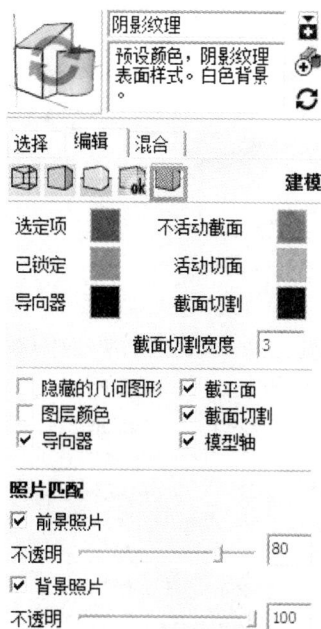

图 1-22

（1）显示边线：启用该选项的效果如图 1-23 所示，关闭该选项的效果如图 1-24 所示。

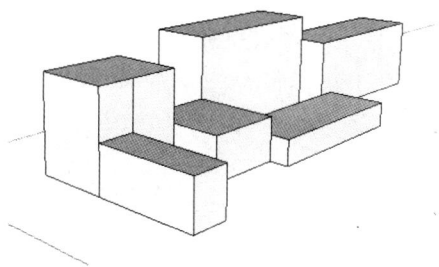

图 1-23

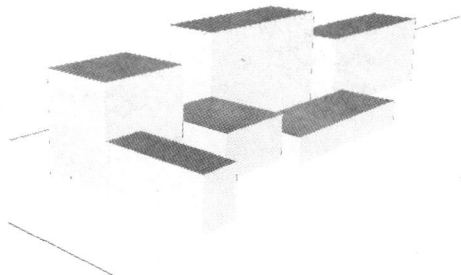

图 1-24

（2）后边线：启用该选项，SketchUp 将以虚线形式显示被遮挡部分的边线，效果如图 1-25 所示；关闭该选项时的效果如图 1-26 所示。

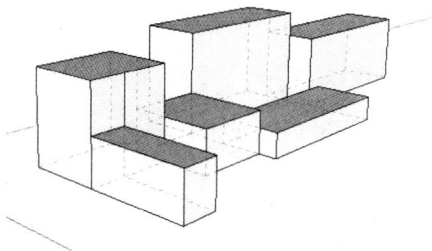

图 1-25

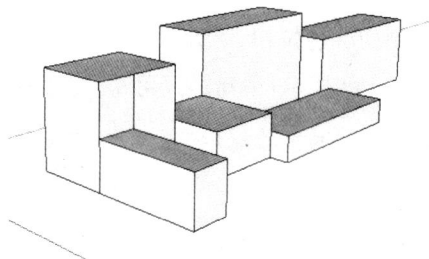

图 1-26

（3）轮廓：启用该选项，可加粗外轮廓线，用以突出三维物体的空间轮廓形态，效果如图 1-27 所示；关闭该选项的效果如图 1-28 所示。

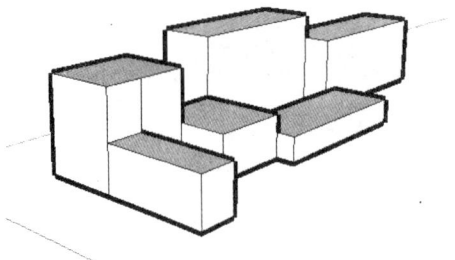

图 1-27

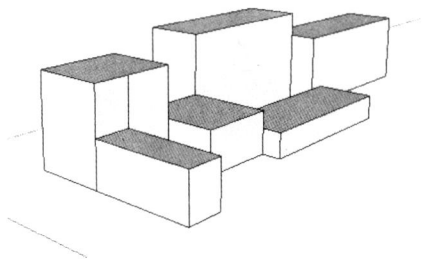

图 1-28

(4)延长线:启用该选项,可使边线在端点处延长,从而营造手绘的风格,如图 1-29 所示。

(5)端点:启用该选项,可在断点处加粗,如图 1-30 所示。

(6)抖动:启用该选项,可模拟草稿的抖动效果,如图 1-31 所示。

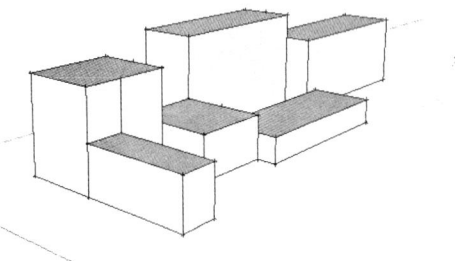

图 1-29

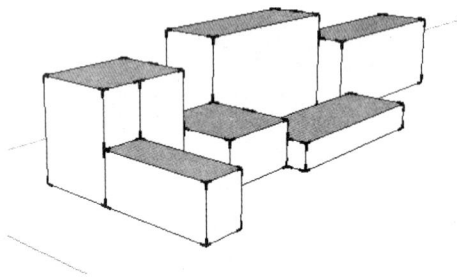

图 1-30

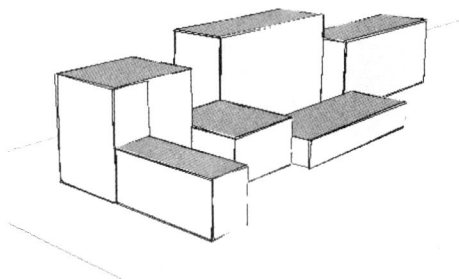

图 1-31

3.平面设置

如图 1-32 所示,点击"正面颜色"右侧的颜色按钮,可设置表面的正面颜色;点击"背面颜色"右侧的颜色按钮,可设置表面的反面颜色。

如图 1-33 所示,平面样式可采用"线框"⬚、"隐藏线框"⬚、"阴影"⬛、"纹理加阴影"⬛、"使用相同的选项显示有阴影的内容"⬛、"X 射线"⬛ 等显示方式。

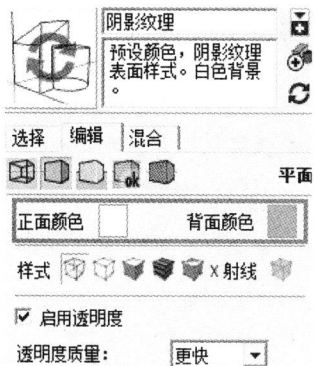

图 1-32　　　　　　　　　　　　　　　图 1-33

4.背景设置

点击"样式"对话框"编辑"选项卡中的"背景设置"按钮，出现如图 1-34 所示的窗体，点击相应的色块按钮，可修改场景的背景色及天空与地面的颜色。

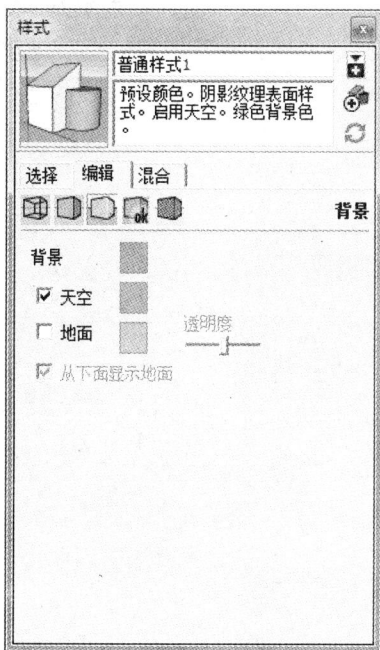

图 1-34

1.3.3　系统设置

1.快捷键设置

(1)编辑快捷键：在"窗口"下拉菜单中点击"使用偏好"这一菜单项，弹出"系统使用偏好"对话框，选择"功能"子窗口中列出的菜单项，在"添加快捷方式"文本框中输入功能字母或功能键加字母即可进行快捷键的设置，如图 1-35 所示。

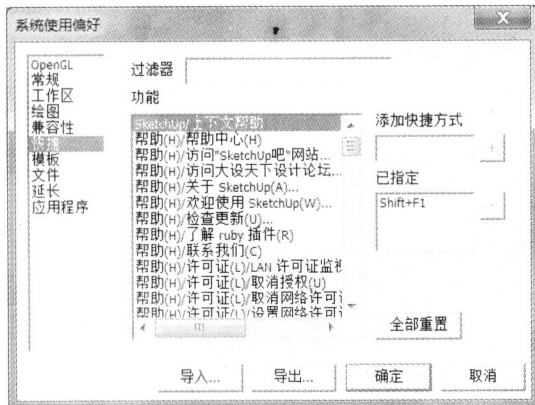

图 1-35

(2)快捷键的导入:在快捷键面板中,单击 全部重置 ,可将原有的快捷键全部清除(见图 1-36);单击 导出... ,可将当前使用的快捷方式保存到 *.dat 文件;单击 导入... ,在弹出的 "输入预置"对话框(见图 1-37)中选择 *.dat 文件就能够导入备份好的快捷键设置,常用于在新电脑上快速复制熟悉的工作环境或者参考别人的快捷键设置以便于学习。

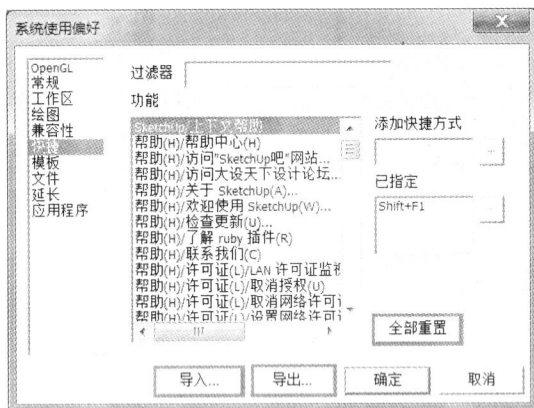

图 1-36

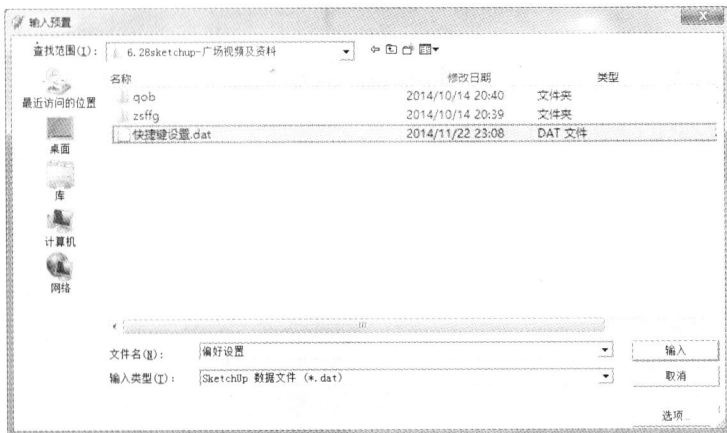

图 1-37

以上"导入"或"导出"快捷键的操作会造成部分快捷键的丢失,建议采用以下注册表的形式导出快捷键。

(3)快捷键的导出:点击桌面左下角"开始"按钮,在弹出的开始菜单最下方的

搜索程序和文件　　　　框中输入"regedit"以弹出"注册表编辑器"对话框,定位到"HYEY_CURRENT_USER\software\google\SketchUp8\Settings",右键单击"Settings"(见图1-38),导出一个注册表,它保存了 SketchUp 的快捷键设置(见图1-39)。

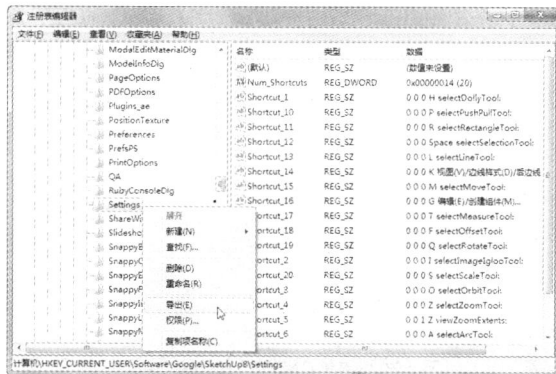

图 1-38

线段		L	漫游		T	平行偏移		0
固弧		A	透明显示		Alt+	量角器		V
多边形		N	消隐显示		Alt+2	尺寸标示		D
选择		空格键	贴图显示		Alt+4	三维文字		Shift+T
橡皮擦		E	等角透视		F2	视图平稳		H
移动		M	前视图		F4	充满视图		Shift+Z
缩放		S	左视图		F6	回到下个视图		F9
路径跟随		J	矩形		B	绕轴旋转		K
测量		Q	圆		C	添加剖面		P
文字标注		T	不规则线段		F	线框显示		Alt+1
坐标轴		T	油漆桶		X	着色显示		Alt+3
视图旋转		鼠标中键	定义组件		G	顶视图		F3
视图缩放		Z	旋转		R	后视图		F5
恢复上个视图		F8	推拉		U	右视图		F7
相机位置		I						

图 1-39

2.硬件加速设置

SketchUp 十分依赖电脑硬件配置,对于 CPU、内存、显卡都有一定的要求,需要与 OpenGL 100％兼容。

(1)OpenGL

OpenGL(Open Graphics Library)是一个功能强大、调用方便的底层图形库。OpenGL 驱动程序通过 CPU 计算来描绘用户的屏幕,但是 CPU 不是专为 OpenGL 设计的。因此,显卡生产商设计了 GPU,用于分担 CPU 的 OpenGL 运算,以实现真正意义上的硬件加速。

(2)SketchUp 的硬件加速

点击"窗口"主菜单中的"使用偏好"菜单项,打开"系统使用偏好"设置窗口(见图 1-40),在左边的分项中选择 OpenGL,即可进行 OpenGL 的设置。勾选"使用硬件加速"选项后,即可加快 SketchUp 的运行速度。

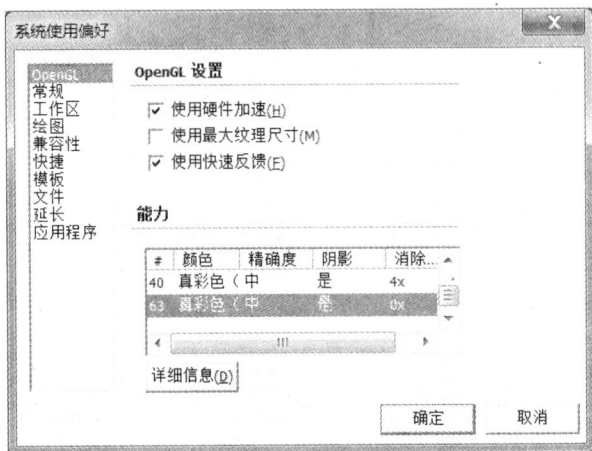

图 1-40

(3)兼容性问题

OpenGL 与显卡不能 100％兼容会出现不能正常使用某些工具,或者产生渲染出错的现象,包括:开启表面投影功能时,模型出现条纹或者变黑;部分显卡驱动只适合玩游戏,简化版的 OpenGL 会导致 SketchUp 崩溃;16 位模式下,坐标轴消失且所有线变成虚线,出现奇怪的贴图颜色;导入高质量的大图时出现图像翻转。此时建议关闭"使用硬件加速"选项。

1.4 SketchUp 插件

自 4.0 版本开始,SketchUp 增加了针对 Ruby 语言的接口,因此 SketchUp 的插件开发发展迅速。SketchUp 对插件采取完全开放的态度,允许用户按自己的需求安装插件,使得 SketchUp 在具有个性化的同时拥有无尽的活力。

目前常用的插件安装文件类型主要有以下三种:

(1)zip 格式:解压后复制到 SketchUp 的 plugins 目录下。

(2)exe 格式:直接运行程序,安装过程中选择 SketchUp 的安装目录即可,如城市规划插件(Modelur)。

（3）rbz 格式：打开 SketchUp 的"属性"设置对话框，选择"扩展程序"一栏，点击安装扩展程序后选择安装 rbz 格式的插件，从 SketchUp 8.0 开始才支持的插件模式。

以下介绍几个比较重要的插件，更多的插件信息请访问 http://www.suapp.me/list。

1.4.1　SUAPP 插件

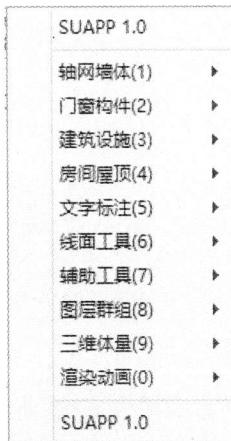

SUAPP 中文建筑插件集是一款基于 Google 出品的 Google SketchUp Pro 版本软件平台的强大工具集，包含有超过 100 项实用功能，大幅度扩展了 SketchUp 的快速建筑建模能力。方便的基本工具栏以及优化的右键菜单使操作更加便捷。下面以免费的 SUAPP 1.0 为例对其进行简单的介绍。

（1）增强菜单：安装 SUAPP 插件后主菜单中将添加相应的插件菜单（见图 1-41），含有 10 大类 118 项功能。

（2）基本工具栏：如图 1-42 所示，自左至右各工具依次为：①绘制墙体；②拉线成墙；③墙体开窗；④玻璃幕墙；⑤创建栏杆；⑥参数楼梯；⑦自由坡顶；⑧修复直线；⑨生成面域；⑩单击翻面；⑪创建曲面；⑫线倒圆角；⑬自由矩形；⑭镜像物体；⑮选同组件；⑯全体炸开；⑰清理场景；⑱加载插件；⑲路径动画；⑳版权信息。

图 1-41

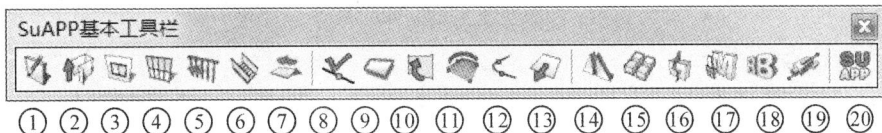

图 1-42

（3）常用工具。

①清理场景：能够一键清理多余组件、材质、图层、风格等，以去除不必要的元素，如图 1-43 所示。

图 1-43

②label stray lines：标注线头用以找到没有闭合的端点（见图1-44）。

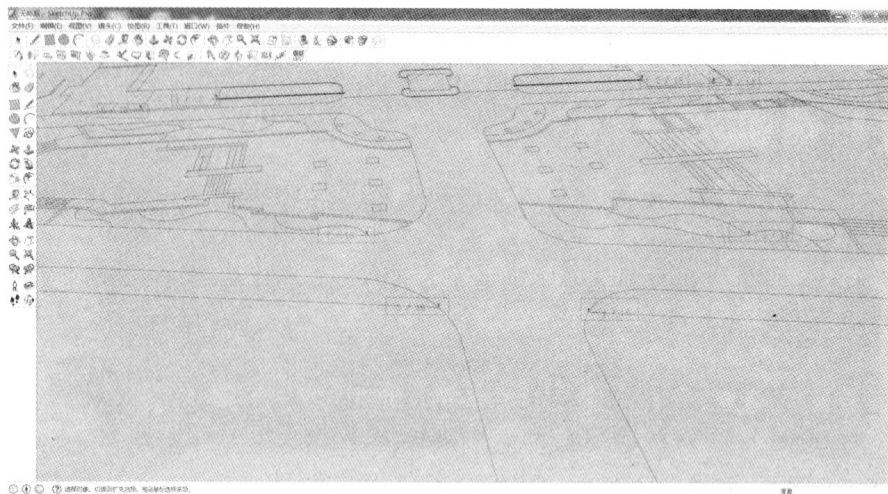

图1-44

③修复直线：将多段闭合的线段变成一条直线（见图1-45和图1-46）。

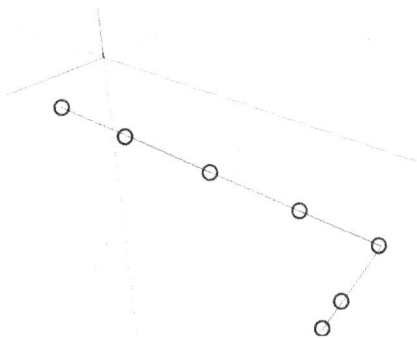

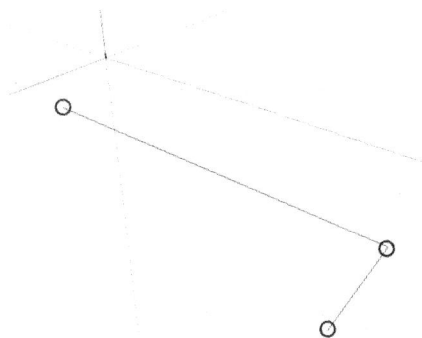

图1-45   图1-46

④拉线成面：点击一条或多条直线，能够在某一方向形成矩形面（见图1-47）。

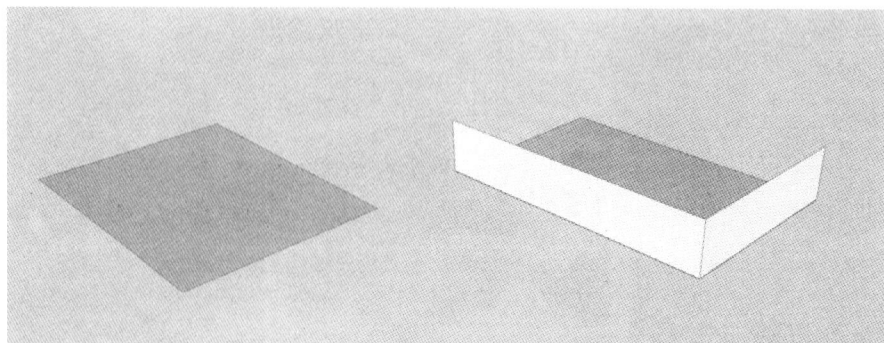

图1-47

⑤其余如墙体开窗、玻璃幕墙、创建栏杆等工具会在具体案例中介绍。

1.4.2　Drop 插件

Drop 插件可以在选中组件后,在菜单中选择 Drop at Intersection,组件会自动落至垂直下方的表面上;也可以通过坐标使物体降落到所需的标高上,如图 1-48 至图 1-50 所示。该插件主要运用于山体植物种植及别墅落地。

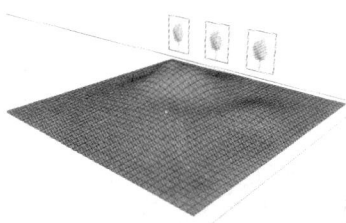

图 1-48

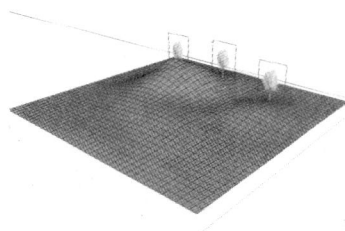

图 1-49

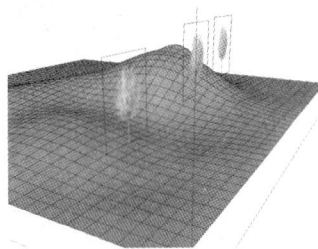

图 1-50

用户可通过访问 Drop 插件的官网 http://www.smustard.com/script/Drop 获取更多关于该插件的相关信息。

1.4.3　Modelur 插件

Modelur 城市规划专用插件提供一系列有效而快速的辅助城市规划设计的基本工具,直观的用户界面使得用户极易上手,其操作界面如图 1-51 所示。

利用该插件,可直观地设计或查询建筑物的各种属性,包括层数、总面积等,并且当一个基础参数发生变化时,建筑面积等指标会立即随之变化。同时,Modelur 赋予每个地块对应的用地性质:居住、服务、工业及混合用地。每个建筑的颜色表征了它的使用性质,使其在视觉上很容易被区分。

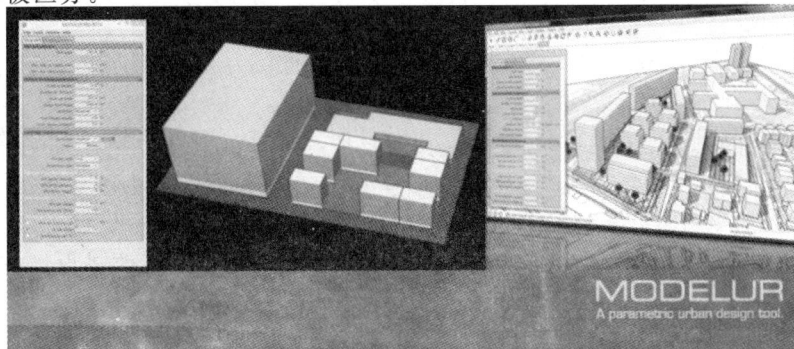

图 1-51

（1）Modelur 的安装。将插件文件的扩展名 rbz 改成 zip,然后将文件解压到 SketchUp 的插件目录(Plugins)下即可完成插件的安装。

（2）重新启动 SketchUp,利用菜单命令"插件/Modelur/Initialize Modelur"进行初始化,完成后将加载工具栏 ,并弹出如图 1-52 所示的窗口,用户便可以使用该插件进行工作了。

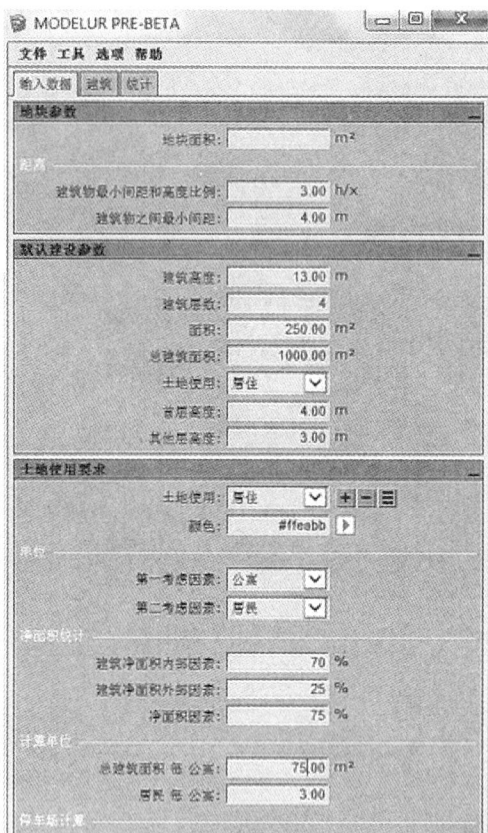

图 1-52

用户在 Modelur 官网注册后可免费下载并使用该插件,其官网地址是:http://www.modelur.com,感兴趣的读者可以通过该链接获取更多的相关信息。

1.4.4　日照大师

"SketchUp 日照大师"是目前符合国家建筑日照分析规范的日照分析插件,依照规划的要求计算冬至日和大寒日的累计日照时间,具有准确、高速(独创地利用 GPU 的"Mass matrix"算法,极大地提高了计算速度)、直观、便捷的特点。利用该插件,设计师可快速调整规划设计和建筑设计构思,通过尝试和推敲各种可能的设计方案,不断改进设计方案,提升设计品质。

日照大师的工具栏和菜单如图 1-53 和图 1-54 所示。

图 1-53

图 1-54

在进行日照分析前,需先在参数面板(见图 1-55)中设置参数,所涉的参数包括地理位置、选择日照标准日、日照要求和采样精度。

图 1-55

其中,"地理位置"参数包括"省份"和"城市"两个下拉菜单,包含中国主要的 100 多个城市的经纬度信息。如果下拉菜单中没有相应的城市名,可勾选"用户自定义经纬度"选项,在弹出的"经度"和"纬度"编辑框(见图 1-56)中输入经度和纬度。

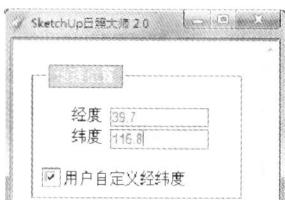

图 1-56

日照标准日一般采用冬至日 9:00—15:00 或大寒日 8:00—16:00,"扫掠角"、"连续日照"和"采样精度"等参数值可根据当地规划局的具体要求进行设置。

设置完以上参数后,可进行"整体日照分析"和"单点日照分析",后者多配合前者使用。整体日照分析可通过以下三个步骤完成:①检查模型的尺度以及保证模型的中心点位于原点附近;②选择需要计算的面;③观察分析结果并导出分析结果。

需获取日照大师插件更多信息的读者请访问:http://arcdot.com/SketchUp-sunshine.html。

1.5 SketchUp 在城市规划设计中的应用

在多类规划设计项目中,SketchUp 以其直观便捷的优点展现了它强大的辅助设计能力,成为当下规划设计中的主流设计软件。SketchUp 用三维的方式替代传统的平面表达,快速、具体表达出城市地块内建筑的体量感及空间层次。如图 1-57 所示,目前 SketchUp 已经被广泛应用于控制性详细规划、城市设计、修建性详细规划、概念性规划方案设计中。

首先,SketchUp 软件在规划师设计初期能够有效辅助空间布局,使规划师把握好规划空间的尺度和规划空间内建筑物之间的位置关系,合理组合规定地区的空间结构关系。

其次,在验证方案是否合理时,阴影工具或者借鉴其他日照插件能模拟世界各地的太阳光投影的实时变化,使规划师不再局限于对阴影数据的掌握,而是能直观地展示全年的阳光变化。

最后,在方案后期设计完成时,规划师可直接将模型导出为图片或者动画,为方案汇报带来直观效果,使甲方等其他非专业人士也能够了解方案的具体情况。

SketchUp 软件与其他各个软件的兼容度较高,协同优势明显,操作界面简单、平易近人。而且自 Google 收购 SketchUp 软件后,建立了强大的共享平台,使用户能够共享世界各地的材质和模型。其优化的互通性、快捷的发布功能,可为数字城市建设提供技术支撑。

本书在后面章节中选择了居住建筑、商业办公建筑和滨水广场三个案例详细介绍建模过程,以便使阅读者能熟练掌握 SketchUp 的建模技能。

图 1-57

第 2 章　Lumion 概述

本章学习要点

- 了解 Lumion 的发展历史
- 了解 Lumion 的软硬件环境
- 了解 Lumion 的特点和应用于规划设计的优点
- 熟悉 Lumion 的软件界面和场景的基本操作

2.1　Lumion 的发展历史

Lumion 是由荷兰的 Act-3D 公司通过 Quest 3D 软件平台开发的新一代三维可视化设计软件。Quest 3D 软件在操作方面技术要求较高,往往需要专业人士才能熟练掌握该软件。而 Lumion 相对于 Quest 3D 来说更容易上手,并且涵盖了 Quest 3D 大量功能,因此 Lumion 已经逐渐成为建筑、规划、景观等多个领域设计师们的第一选择。

Act-3D 公司于 2010 年 11 月份首次发布了 Lumion,2011 年 6 月 10 日发布 Lumion SP2,增加了树木和植物插件、人与动物插件、电影效果插件、特殊效果插件和环境及天气插件。

2011 年 12 月,公司推出了升级版 Lumion 2.0,升级后的 Lumion 2.0 提供简易快捷的室内照明、夜间场景和动画工具,所具有的新光学引擎改善了室外可视化效果,所制作的视频、图像和实时演示看起来更逼真。软件还引入了对动画路径曲线的支持,可导入 AutoDesk DWG、DXF 和 Revit 文件。Act-3D 还为其增加了家具、飘扬的旗帜和新的交通工具等 330 多个新对象,明显增加了后期处理效果(如天气和艺术绘画效果等)。

2012 年 11 月,Lumion 3.0 面世,新功能包括:增强并修正了反射功能,采用全新的 sky 天空渲染及全局光室内照明系统,增加了新的素材库、众多的可视化特效,更简便高效的智能编辑器,修正了动画制作功能界面等。

Lumion 4.0 于 2013 年 12 月正式发布,支持直接导入 SketchUp 文件,扩展了模型库——新增了数百样对象,增加或改进了文字与标题特效、草坪特效、镜头光晕、相机特效、喷泉特效、落叶效果、动态模糊效果和海洋效果,可更好地模拟真实的太阳光和阴影。

2014 年 10 月,Lumion 5.0 正式发布(见图 2-1),其主要亮点在于商业表现效果有了"质"的提高和改变,具体表现如下:

- 增加了新的基于物理属性的材质。

- 设置了全新的新材质调制界面。
- 新增了更多的艺术效果(蜡笔、彩铅素描、蓝图模式、增强剖面显示等)。
- 全新的工作流程(可以批量设置大量的人群和移动整体的区域物体,可以同时出 100 张的渲染静止图片,更快的渲染速度和渲染等级选择,可同时剪辑不同场景的序列动画等)。
- 全新的体积光效果,增强的室内 hyperlight 照明模式。
- 更加逼真的人物皮肤表现。
- 更加迷人的水面真实折射和反射效果。
- 更多的素材库。
- 支持更多 3D 程序模型的输入。

图 2-1

2.2　Lumion 的特点

2.2.1　GPU 即时渲染技术

与其他大多数渲染软件相比,Lumion 是为数不多的采用 GPU (Graphic Processing Unit) 渲染的商用软件。它具有即时显示的功能,无须渲染,即可得到最终的效果图,如图 2-2 所示。

图 2-2

2.2.2 内置大量素材

Lumion 软件中内置了大量的素材，包括自然场景、动植物、人物、交通工具、灯光等多种素材。通过自然天气参数的设置，以及多种素材的添加和模拟，Lumion 可使用户在短时间内创造较好的视觉效果。如图 2-3 所示。

图 2-3

2.2.3 提供多种材质

Lumion 软件中提供了 8 种自定义材质类型以及 600 多个内建的材质类型。丰富的材质种类，将使画面变得更为逼真。如图 2-4 所示。

图 2-4

2.2.4　兼容多种格式文件

Lumion 兼容了 Google SketchUp、3DS Max 等多种 3D 软件的 DAE、SKP、FBX、MAX、3DS、OBJ、DXF、KMZ 格式，同时也支持 DDS、HDR、JPG、PNG、PSD、TGA 等格式的导入。

2.2.5　制作动画

Lumion 软件除了具有渲染功能外，还可以用来制作动画和静帧作品。它可以输出AVI、BMP、MP4 等格式的视频以及各种尺寸的静帧图，如图 2-5 所示。

图 2-5

2.3 Lumion 的软硬件环境

由于 Lumion 采用了较为先进的 GPU 渲染技术,因此与一般的设计软件相比,它需要配置较高的计算机软硬件环境,特别是对显卡的要求较高。

1. Lumion 5.0 的最低系统要求

操作系统:64 位 Windows Vista,Windows 7 或 Windows 8

系统内存:4GB

显卡:NVidia GTX 460 / ATI HD5850 以上,至少 1GB 的独立显存

硬盘:硬盘空间 13.5GB

2. Lumion 5.0 的推荐系统要求

操作系统:64 位 Windows Vista,Windows 7 或 Windows 8

系统内存:8GB

显卡:NVIDIA GTX 680 / AMD 的 Radeon 高清 7970 或更快,至少有 2GB 的独立显存

硬盘:硬盘空间 13.5GB

2.4 SketchUp 组合 Lumion 辅助城市规划设计

SketchUp 是现在较为流行也是非常容易上手的三维建模软件,但是它在材质、灯光等方面的处理差强人意。Lumion 作为新一代 GPU 即时渲染软件,提供了材质、配景、灯光和特效等后期处理手段,但缺少前期建模工具。令人庆幸的是,Lumion 可以直接导入".skp"文件,通过组合两者进行规划设计,即利用 SketchUp 建模,进一步使用 Lumion 来表现设计效果,可充分发挥两者的强项,规避两者的弱点。可以预期,未来的城市规划辅助设计极有可能是通过 SketchUp 组合 Lumion 来实现的。

2.5 Lumion 的软件界面和场景基本操作

2.5.1 Lumion 的初始界面

双击 Lumion 图标,启动后进入 Lumion 初始界面,也称主界面。下面以语言设置为中文的 Lumion 5.0 为例,介绍 Lumion 的界面。初始界面包含 4 个选项卡和 1 个按钮,分别是"新建场景(New)" 、"输入范例(Examples)" 、"输入场景(Load scene)" 和"输入整个场景(Import full scene)" 选项卡,以及"设置(Settings)"按钮 (见图 2-6)。

图 2-6

1.设置

单击屏幕右下方"设置"按钮 ⚙ ,进入"设置"面板(见图 2-7)。通过该面板,可对软件的操作方式、图形质量及分辨率、图形单位等进行设置。

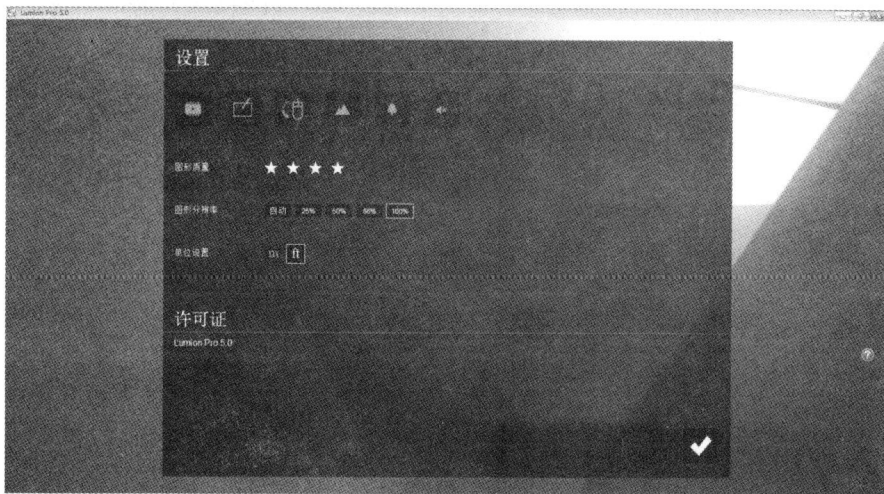

图 2-7

(1)软件操作方式

将光标移到图 2-7 中的 6 个图标上面,点击鼠标左键,即可对软件操作方式进行设置。图中有白色框的按钮表示该操作方式已被激活;反之则处于未激活状态。

:限制所有纹理尺寸为 512×512,为大场景或低性能显卡节省内存(Limit all texture sizes to 512×512 and save a bit of memory for huge scenes or low end graphics cards),该按钮被激活后,将降低系统耗费的内存,提高电脑的运行速度,从而使操作更为流畅。

:图形输入板开关(Toggle tablet input),该按钮被激活后,可以支持图形输入板。

:反转相机平移时的上下方向(Enable inverted Up/Down Camara pan),该按钮被激活后,鼠标拖动的方向与相机镜头移动的方向相反;反之,两者方向一致。

:在编辑模式下显示高质量的山地(Show high quality terrain in the editor),该按钮被激活后,将提高编辑模式下山地的显示效果,一般适用于配置较高的电脑。

:在编辑模式下显示高质量的树和草地(Show high quality trees and grass in the editor),该按钮被激活后,将提高编辑模式下植物的显示效果,一般适用于配置较高的电脑。

:静音(编辑器中有效)[Mute sound(editor only)],该按钮被激活后,场景中的音效将处于关闭状态。

(2)图形质量 图形质量 ★ ★ ★ ★

图形质量即图形显示的效果,它可以通过按钮 图形质量 ★ ★ ★ ★ 调节,一颗星代表图形质量最低,四颗星代表图形质量最高。

(3)图形分辨率 图形分辨率 自动 25% 50% 66% 100%

图形分辨率的调节也是对画面显示效果的调节,选择100%时画面显示效果最佳,选择自动选项时Lumion软件会自动根据用户电脑配置的情况,选择合适的图形分辨率。

(4)单位设置 单位设置 m ft

m 为公制单位, ft 为英制单位。

2.新建场景

单击"新建场景"按钮 ,进入"新建场景"选项卡(见图2-8),它包含9种具有不同天气和地形的自然场景,单击其中任一自然场景,即建立了基于所选自然场景的新场景。

图2-8

30

3.输入范例

单击"输入范例"按钮 ,进入"输入范例"选项卡(见图 2-9),它包含 9 个不同类型的案例场景,单击其中任一场景,即可加载该场景并进行编辑。

图 2-9

4.输入场景

单击"输入场景"按钮 ,进入"输入场景"选项卡(见图 2-10),点击其所包含的任一场景,即可进入曾经创建并保存过的场景。如需删除曾经保存过的一些场景,应将光标移动至该场景右上角的"删除"按钮,双击鼠标左键即可(见图 2-11)。

图 2-10

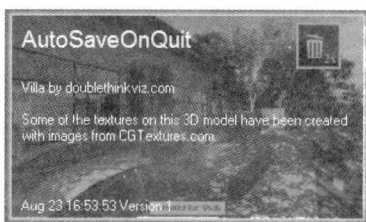

图 2-11

5.输入整个场景

单击"输入整个场景"按钮 ,进入"输入整个场景"选项卡(见图 2-12)。

图 2-12

(1)点击 输入场景... (Import Scene)按钮,出现如图 2-13 所示的对话框,双击需要导入的".ls5 文件",即可进入该场景并进行编辑。

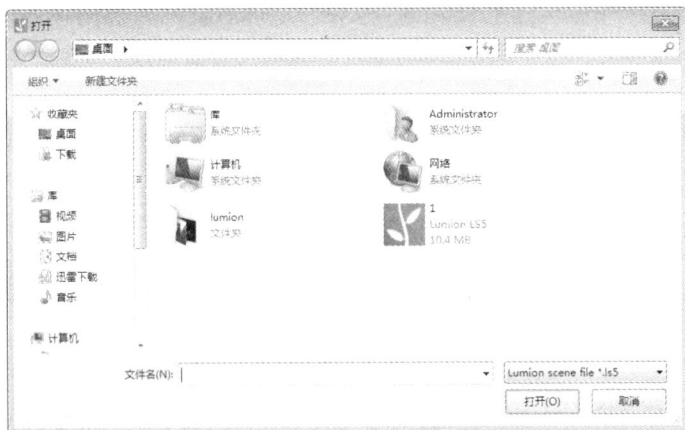

图 2-13

(2)点击 合并场景... (Merge Scene)按钮,同样出现如图 2-13 所示的对话框,双击需要合并的".ls5 文件",出现如图 2-14 所示的画面,该面板主要用于对当前场景的内容进行添加或替换。

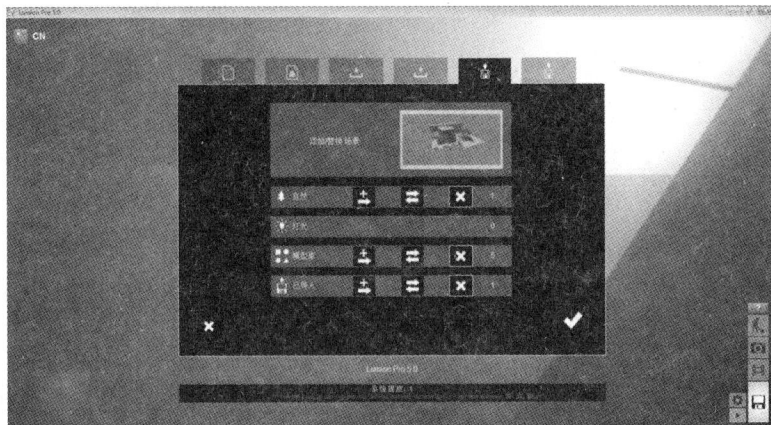

图 2-14

场景合并中添加或替换的物体共分为自然、灯光、模型库和已导入四类,每类物体最后的数字即代表所需合并的场景中包含该类物体的数量,当数量不为 0 时,该类物体后方就会出现三个按钮:

· 从场景模型中添加模型(Add models from Scene file) :该选项是将所需合并场景中的模型添加到当前场景中。

· 从当前场景中移除模型并从场景文件中添加模型(Remove models in current scene and add models from Scene file) :该选项是将当前场景中的模型替换成所需合并场景中的模型。

· 跳过(Skip) :该选项即保留当前场景的模型,不对其进行添加或替换。

6. 保存场景

场景编辑完成后如需保存,应点击屏幕右下方"文件"按钮 (见图 2-15),此时界面进入"保存场景"选项卡,在"名称"和"说明"栏中分别输入场景的名称以及对场景的描述,最后点击"保存"按钮 即可(见图 2-16)。如需快速保存,在编辑模式下按 F5 即可。

图 2-15

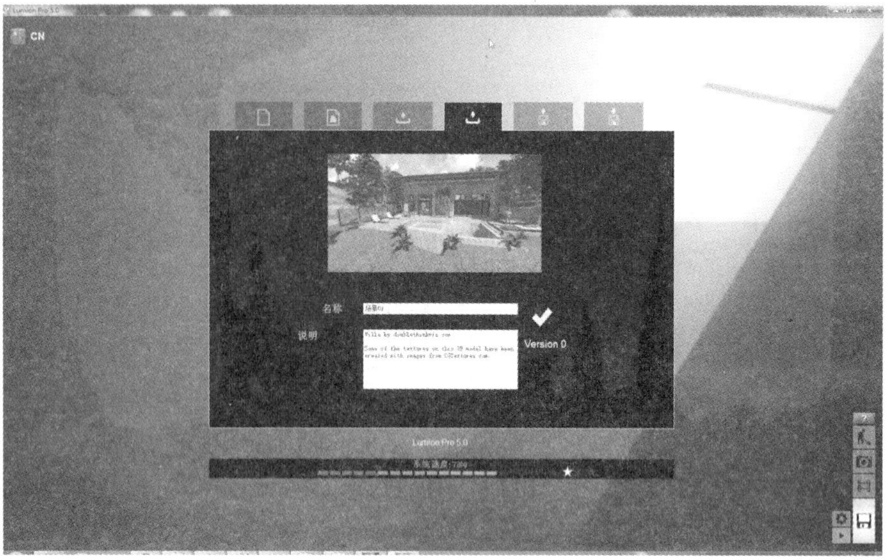

图 2-16

`

7. 输出整个场景

上述保存的场景仅能在同一台电脑上再次打开编辑,而无法在其他电脑上进行操作。因此,如果需在另一台电脑上进行编辑,应点击如图 2-18 所示的最后一个选项卡"输出整个场景" ,进入"输出整个场景"面板。在该面板下点击"输出场景"按钮 输出场景... ,当弹出如图 2-18 所示的对话框时,选择保存路径并输入文件名,点击"保存"按钮 ✔ 即可。

图 2-17

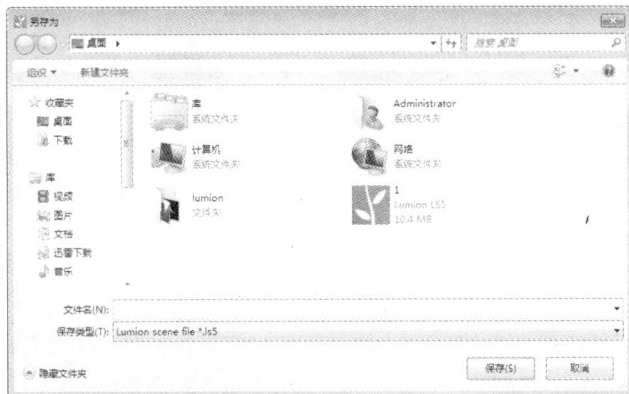

图 2-18

2.5.2　Lumion 场景的基本操作

运行 Lumion 并进入任一场景,用户可发现屏幕右下角有多个呈竖向排列的控制按钮,这些按钮组成了 Lumion 的主控栏,类似于一般应用软件的主菜单。当鼠标移到主控栏的 ⬜ 图标上,屏幕出现多处白底黑字的注释块,它们给出了如何进行基本操作的提示(见图 2-19)。⬜ 图标的下方,自上而下竖向排列的控制按钮分别是"场景编辑(build)"🚶、"拍照(Photo)"📷、"动画(Movie)"🎞、"文件(Files)"💾 控制按钮,单击上述按钮,将分别进入"场景编辑模式"、"照片模式"、"动画模式"和返回到主界面。

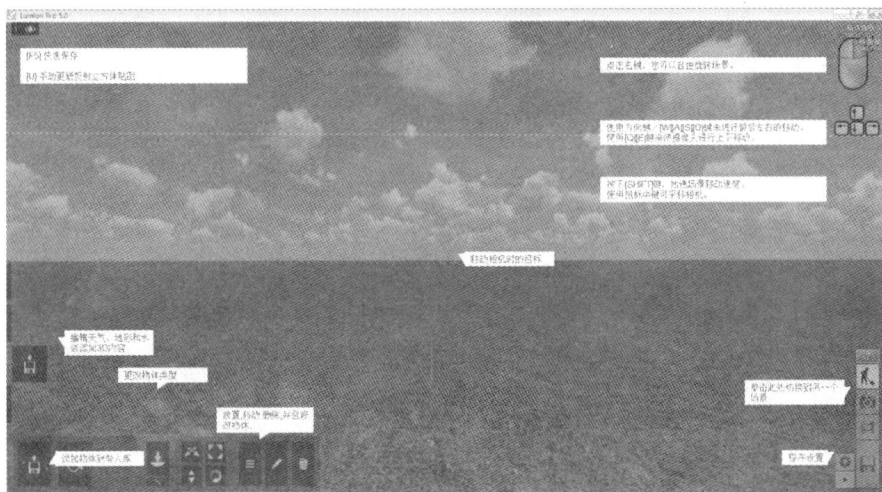

图 2-19

进入场景后(见图 2-20),"主控栏"的 🚶 图标底色为白色,其下方的其他图标的底色为灰色,并且屏幕左下角出现四个竖向排列的控制按钮(这四个按钮组成了"场景制作栏"),表明 Lumion 进入了场景编辑模式。用户在进行其他操作后欲返回场景编辑模式,只需点击

"主控栏"的"场景编辑"控制按钮 ⬚ 即可。

　　"场景制作栏"的四个控制按钮分别为"天气"按钮 ⬚ 、"景观"按钮 ⬚ 、"导入"按钮 ⬚ 、"物体"按钮 ⬚ ，点击任一控制按钮，可以在屏幕下方左侧看到相应的参数修改面板。图 2-22 为点击"导入"按钮后所呈现的"导入"编辑面板，简称"导入"面板。

图 2-20

　　如何使用"主控栏"与"场景编辑栏"将在后续的相关章节中予以介绍。

　　镜头操作是场景操作中较重要的内容，熟练的镜头操作可为场景制作提供便利，下面列出了镜头操作的有关提示：

　　· 按住鼠标右键，进行拖动，可以自由旋转场景。

　　· 使用键盘上的"W"、"A"、"S"、"D"键，可前后左右移动场景。按住方向键的同时配合"Shift"键可以加快场景的移动速度。滚动鼠标滚轮，同样也可以达到使场景前后移动的效果。

　　· 使用键盘上的"Q"、"E"键，可以使镜头上下移动。

　　· 按住鼠标滚轮拖动鼠标，可以使镜头上下左右移动。

　　· 如需对场景中的某个位置近距离观察，应将光标移到该位置，双击鼠标右键即可。

　　· 配合键盘上的"O"键，再按住鼠标右键不放并拖动，可从各个方位环视镜头所对的场景。

2.6　本章小结

　　本章回顾了 Lumion 的发展历史，总结了它应用于规划设计的优势，并简要介绍了 Lumion 的界面和基本的场景操作命令。通过本章的学习，读者可初步了解 Lumion 软件及其在城市规划辅助设计领域中的应用前景。

第 3 章　Lumion 场景制作

本章学习要点

- 学习 Lumion 天气参数的调节
- 学习 Lumion 各类景观要素的创建
- 学习如何将外部模型和场景模型导入 Lumion 中
- 学习如何导入 Lumion 素材库中的各种素材

3.1　天气(Weather)面板

点击"天气"按钮 ☀️，将在屏幕底部的左侧弹出如图 3-1 左下角所示的"天气"面板，通过该面板可对太阳的方位和高度、积云的密度和类型以及场景亮度等参数进行调节。

图 3-1

- 太阳方位(Sun direction)：按住鼠标左键在罗盘 内旋转，可用来控制太阳的方位。

- 太阳高度(Sun height)：按住鼠标左键在罗盘 内旋转，可调节太阳的垂直高度以及昼夜变化。

- 积云密度(Clouds density)：按住鼠标左键在滑杆 上左右移动，可以调节积云密度。在调节时，滑杆上方会显示积云密度参数，精确到0.1。滑杆移动的同时配合键盘上的"Shift"键可以进行微调，参数精确到0.0001。

- 场景亮度(Sky Brightness)：按住鼠标左键在滑杆 上左右移动，可以调节场景亮度。在调节时，滑杆上方会显示场景亮度参数，精确到0.1。滑杆移动的同时配合键盘上的"Shift"键可以进行微调，参数精确到0.0001。

- 积云类型(Type)：该面板中提供了九种不同的积云类型，如图3-2所示。

图 3-2

以上仅涉及天气操作的基础内容，如需将天气变为雨天、雾天等，就要在"拍照"模式下的特效中进行调节，这部分内容将在后续章节的渲染部分进行介绍。

3.2　景观(Landscape)面板

点击"景观"按钮 ▲，将在屏幕底部的左侧弹出如图3-3所示的"景观"面板，通过该面板可对场景的海拔、水体、海洋、颜色、地形、草丛等方面的参数进行调节。

图 3-3

3.2.1 海拔（Height）

单击"海拔"按钮 ▄▄，进入"海拔"面板，通过该面板可对海拔以及地形的起伏等参数进行调节。

- 提升高度（Raise）：点击"提升高度"按钮 ▨，在场景中会出现黄色圆形笔刷 ▨▨▨▨，在需要提升高度的位置按住鼠标左键不放，即可抬升笔刷所及范围内的地面（见图 3-4）。

图 3-4

- 降低高度（Low）：点击"降低高度"按钮 ▨，在场景中会出现黄色圆形笔刷，在需要降低高度的位置按住鼠标左键不放，即可降低笔刷所及范围内的地面（见图 3-5）。

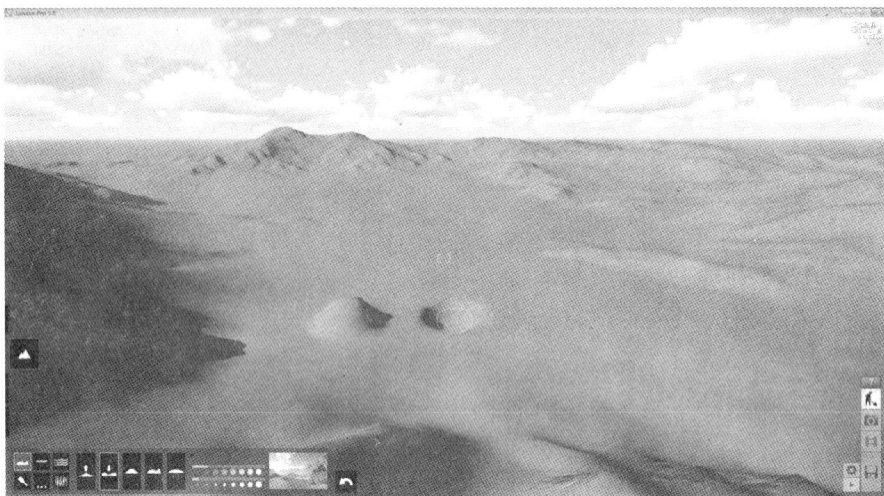

图 3-5

• 平整(Flatten)：点击"平整"按钮　，在场景中会出现黄色圆形笔刷　，在需要平整地形的位置按住鼠标左键不放并拖动，即可平整笔刷所及范围内的地面。对图 3-6进行平整操作实现如图 3-7 所示的效果。

图 3-6

图 3-7

- 起伏(Jitter)：点击"起伏"按钮 ，在场景中会出现黄色圆形笔刷 ，在需要使地形起伏的位置按住鼠标左键不放并拖动，即可使笔刷所及范围内的地面出现起伏的效果(见图 3-8)。

图 3-8

- 平滑(Smooth)：点击"平滑"按钮 ，在场景中会出现黄色圆形笔刷 ，在需要使地形平滑的位置按住鼠标左键不放并拖动，即可使笔刷所及范围内的地面出现平滑的效果。图 3-9 呈现了对图 3-8 中的起伏地面进行平滑处理后的效果。

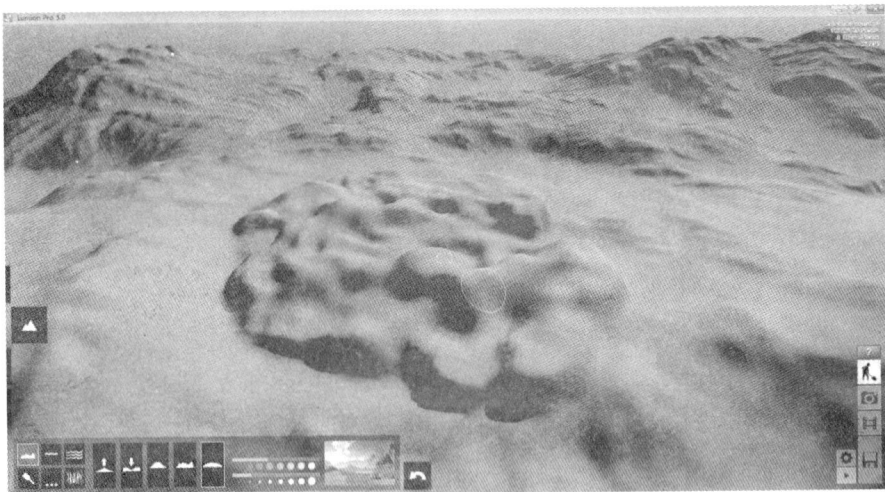

图 3-9

- 笔刷速度(Brush speed):该滑杆 ▦▦▦▦▦ 用来控制在相同笔刷大小时地形变化的快慢,数值越大,表示地形变化速度越快;数值越小,表示地形变化速度越慢。移动滑杆的同时配合键盘上的"Shift"键可以进行微调,笔刷速度的参数精确到 0.0001。

- 笔刷型号(Brush size):该滑杆 ▦▦▦▦▦ 用来控制在相同笔刷速度时地形变化范围的大小,数值越大,黄色圆形笔刷越大,地形变化范围越大;数值越小,黄色圆形笔刷越小,地形变化范围越小。移动滑杆的同时配合键盘上的"Shift"键可以进行微调,笔刷型号的参数精确到 0.0001。

- 选择景观(Choose landscape):该面板中包含了 20 种不同地貌类型的缩略图(见图 3-10),如雪地、黄土高原、沙漠等,点击任一缩略图即可将场景置于对应的地貌类型中。

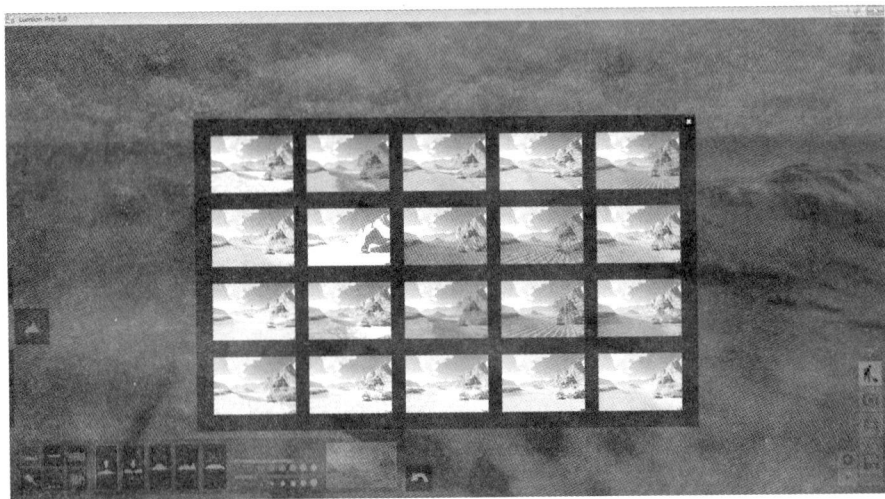

图 3-10

3.2.2　水体(Water)

单击"水体"按钮 ![按钮]，进入水体编辑面板。通过该面板可任意添加、删除水体或者改变水体的类型。

- 放置物体(Place object)：点击"放置物体"按钮 ![按钮]，在需要水体的地方单击鼠标左键或拖拽鼠标左键(按住鼠标左键不放并拖动鼠标)，即可在场景中添加一个水体,如图 3-11 所示。

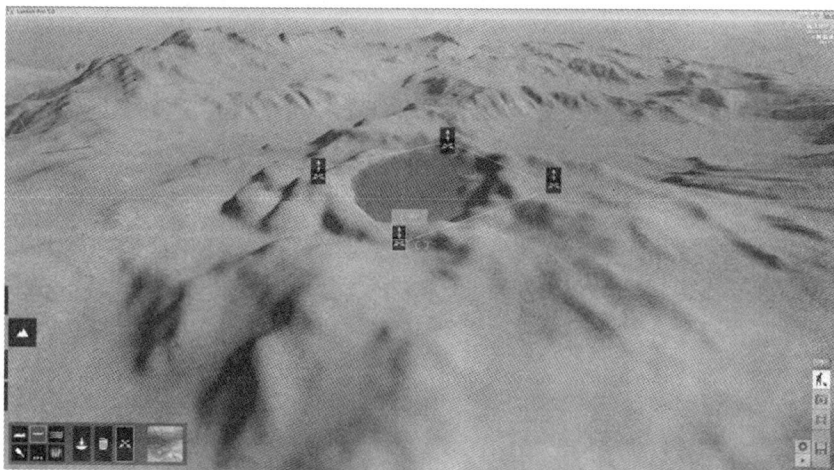

图 3-11

- 删除物体(Delete object)：点击"删除物体"按钮 ![按钮]，场景中已创建的水体中心会出现一个白色圆圈 ![圆圈]，将光标移动到所要删除的水面对应的白色圆圈上,此时水体呈现出如图3-12所示的画面,单击该圆圈即可删除对应的水体。

图 3-12

- 移动物体（Move object）：点击"移动物体"按钮 ，场景中每个水体的外包矩形框的四角均会出现"上下移动"和"缩放"按钮。点击任一矩形角的"上下移动"按钮 ，拖拽鼠标左键，可以调节水体的高度。点击任一矩形角的"缩放"按钮 ，拖拽鼠标左键，可以调节矩形水体的面积。
- 水体类型：该选项卡包含了海洋、热带水、池塘、山洞水、污水、冰面六种不同的水体类型缩略图（见图 3-13），点击任一缩略图即可将场景中的水体变为对应的水体类型。

图 3-13

3.2.3　海洋（Ocean）

单击"海洋"按钮 ，点击其右侧出现的开关按钮 ，进入海洋编辑面板（见图 3-14）。通过该面板可对波浪强度、风速、风向、海平面的高低、海水的颜色及浑浊度等参数进行调节。

图 3-14

- 波浪强度(Wave intensity)：该滑杆用来调节波浪的强度。数值越大,波浪强度越大,波浪在场景中表现得越明显;数值越小,波浪强度越小,波浪在场景中表现得越平静。在调节滑杆时配合键盘上的"Shift"键可以进行微调。
- 风速(Wind speed)：该滑杆用来调节波浪移动速度。数值越大,移动速度越快;数值越小,移动速度越慢。该风速仅对海浪的移动速度产生影响。
- 浑浊度(Turbidity)：该滑杆用来调节海水的浑浊度。数值越大,海水越浑浊;数值越小,海水越清澈。
- 高度(Height)：该滑杆用来调节海平面的高度。数值越大,海平面越高;数值越小,海平面越低。
- 风向(Wind direction)：该滑杆用来调节风的方向,该风向仅对海浪的方向产生影响。
- 颜色预设(Color preset)：通过滑杆及调色盘面板(见图3-15)的调节,可以改变海水的颜色。调色盘下方的滑杆可以用来调节海面亮度,数值越高,海面越亮;数值越低,海面越暗。

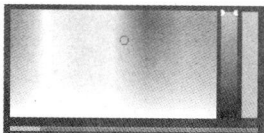

图 3-15

3.2.4　描绘(Paint)

单击"描绘"按钮 ,进入"地形材质"编辑面板。该面板可以通过笔刷为场景地形添加或修改材质。具体操作:首先点击 按钮,弹出材质面板,该面板中包含了 42 个缩略图(见图3-16),对应了 42 种不同的材质,选择所需的材质,然后调到合适的笔刷速度和大小以及材质比例,即可在场景地形上刷出各种不同的材质。

图 3-16

3.2.5　地形(Terrain)

单击"地形"按钮 ，进入"地形"编辑面板(见图3-17)。该面板可用来快速修改和生成地形。

图 3-17

- 创建平地(Make flat) ：用于快速将地形夷为平地。

- 创建群山(Make mountains) ：用于快速随机地生成低矮的丘陵地形。

- 创建巨山(Make large mountain) ：用于快速随机地生成高山。

- 输入地形贴图(Load terrain map) ：用于将一张如图3-18所示的黑白图片转化为地形。

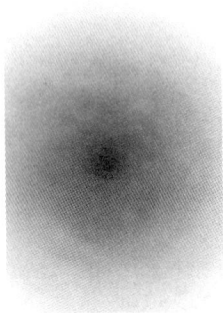

图 3-18

当图3-18导入Lumion后会出现如图3-19所示的地形效果,即黑色部分地形塌陷,白色部分地形抬升。

图 3-19

- 保存地形贴图（Save terrain map）：用于将已创建好的地形保存成"＊.dds"文件，以便以后再次使用。

- 开启岩石（Toggle rock）：用于打开或关闭地形中的岩石。

3.2.6　草丛（Grass）

单击"草丛"按钮，点击位于其右侧的"开关"按钮以进入"草丛"面板。该面板可以调整和添加场景中的草丛以及在草丛中添加一些配景，具体可通过"草丛尺寸（Grass Size）"、"草层高度（Grass Height）"及"草层野性（Grass Wildness）"等滑杆来调节草丛参数（见图 3-20）。与此同时，"草丛"面板还提供了近 60 种草丛的配景，点击"草丛"面板下方的按钮将弹出配景库（图 3-21），每种配景均可调节其"扩散（Spread）"、"尺寸（Size）"、"随机尺寸（Random Size）"参数，从而使场景的画面更为逼真。

图 3-20

47

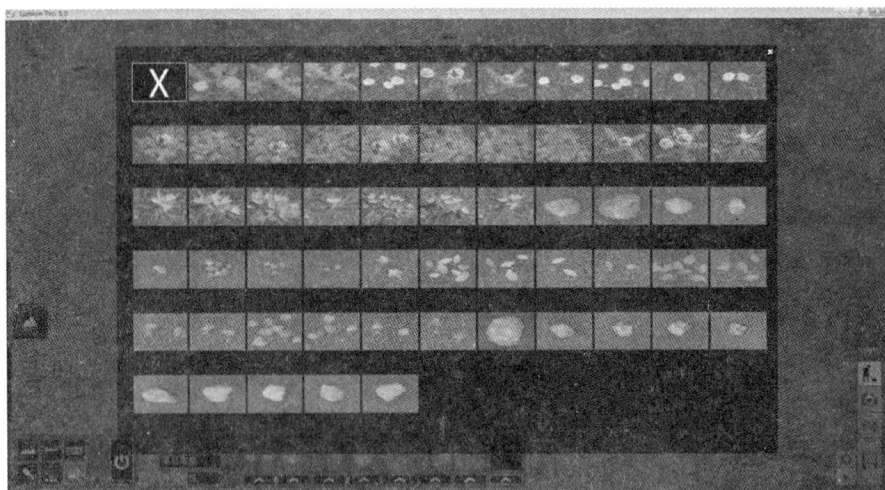

图 3-21

3.3 导入(Import)面板

点击"场景编辑栏"中的"导入"按钮 ,进入"导入"面板,通过该面板可导入 Google SketchUp、3DS max 软件的模型,并对模型的位置、大小、材质等进行编辑,如图 3-22 所示。

图 3-22

3.3.1 导入模型

单击"添加新模型(Add a new model)"按钮 ,弹出如图 3-23 所示对话框,双击需要导入的模型文件。

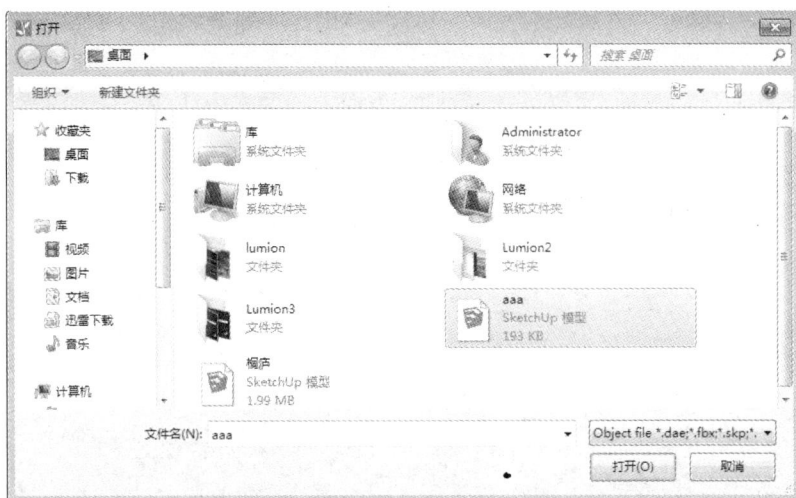

图 3-23

双击后出现如图 3-24 所示对话框。

图 3-24

若试图让导入的模型支持动态效果，应勾选"导入动画（Import animations）"选项，点击"确定"按钮，将模型加入库中。此时场景中出现呈长方体的模型边界线框，并出现一个上下跳动的白色箭头，单击鼠标左键即可将模型导入单击的位置上（见图 3-25）。

图 3-25

单击位于"放置物体(Place object)"按钮 上方的"更改物体(Change object)"按钮 ，出现如图 3-26 所示的"所导入的模型库"界面。模型库中保存了曾经被导入场景的模型，用户可以再次添加这些模型，也可以在模型库中删除这些模型。

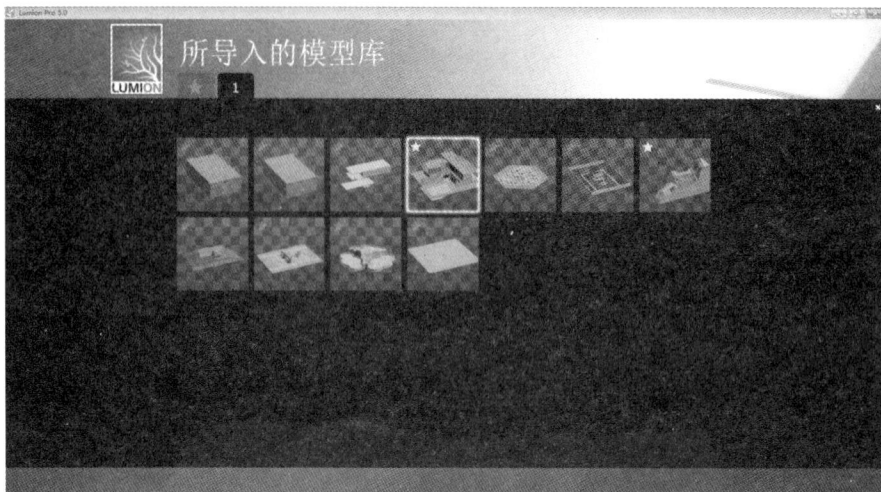

图 3-26

对于经常需要导入的模型，可以将该模型图标左上角的五角星 点亮(鼠标移动到模型图标上时即会出现)，此时模型库中多出一个"收藏栏"选项卡 (见图 3-27)，通过它用户可快速找到该模型并将其添加到场景中。

图 3-27

在"场景编辑"模式下，屏幕左上方为"图层"面板，它显示了当前图层。例如当图层面板显示为 ，表明当前图层为图层 1。当鼠标移动到 图标上面，场景中所有的图层编号均显示出来，如图 3-28 所示，点击数字即可进入相应的图层进行操作。当出现 图标时,其左侧的编号对应的图层处于关闭状态,该图层上的对象将不在场景中显示出来。如 2 👁 表示图层 2 处于关闭状态。"图层"面板右侧的"图层添加"按钮 ➕ 用来添加新图层。 在 Lumion 场景中,编号大的图层的模型被优先显示。为了便于区分图层,还可以对各个图层进行命名。

图 3-28

3.3.2　编辑模型

(1) 移动物体(Move object) ✖ :用于在场景的同一平面上移动模型。在移动时配合键盘上的"Alt"键可以进行复制;配合键盘上的"Shift"键可以保持高度不变。模型移动时,屏幕右上方出现"位置"信息框,从上到下分别表示红轴、绿轴、蓝轴的坐标(见图 3-29),修改其中的参数可以精确地确定模型的位置。

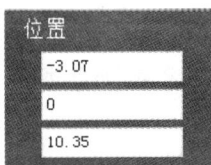

图 3-29

(2) 调整尺寸(Size object) ✛ :用于改变场景中模型的大小尺寸。

(3) 调整高度(Change height) ⬍ :用于调整场景中模型的垂直高度。

(4) 绕 Z 轴旋转(Rotate heading) ↻ :用于调整场景中模型的朝向,同时系统会自动捕捉正东、南、西、北的位置。在旋转时,配合键盘上的"Shift"键可以关掉旋转时的角度捕捉; 在多个物体同时旋转时,配合键盘上的"K"键,可以使鼠标位置与物体的关系独立,即每个物体可以旋转不同的角度。

上述操作命令后,均会在模型的插入点上出现白色圆点 ◯ ,拖拽这些白色圆点可对模型进行编辑(见图 3-30)。

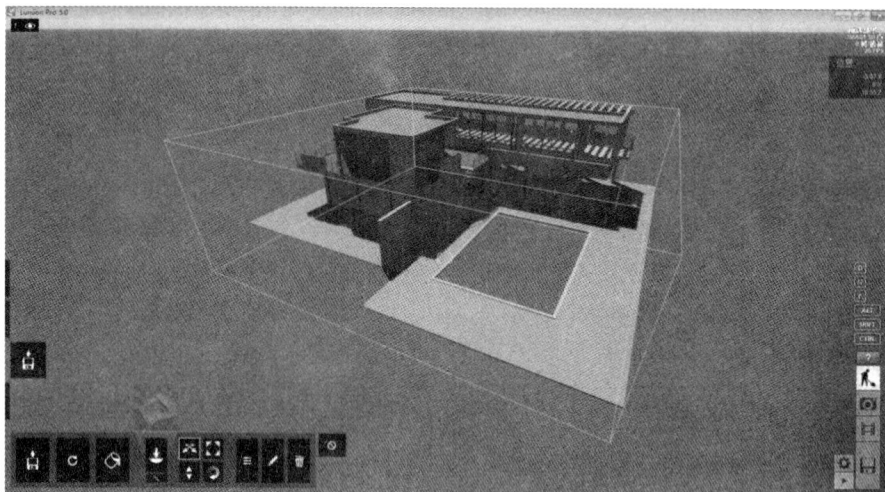

图 3-30

(5) 关联菜单(Context menu)☰:用于选择相类似的模型,并对类似模型的大小、高度、朝向等参数进行统一的调整。

关联菜单包括重新载入(Reload)、选择(Selection)和变换(Transformation)等工具(见图 3-31)。

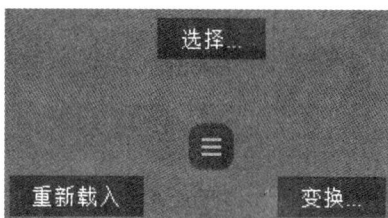

图 3-31

"重新载入"工具用以重新加载外部模型,当外部模型修改后可选用它,以便使场景中的模型也能同步更新。

在"选择"工具中有如下几个命令(见图 3-32):

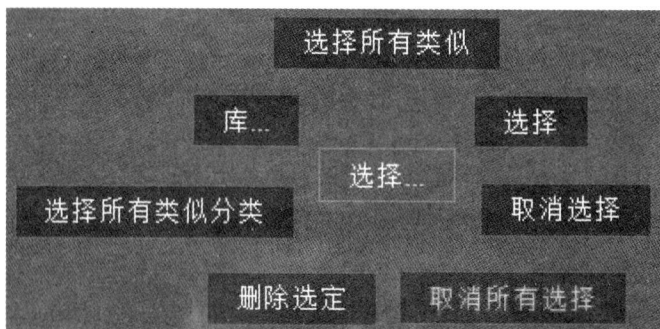

图 3-32

①选择所有类似(Select all similar)：选择与白色圆点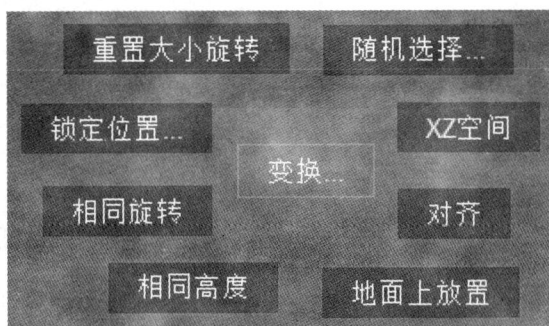对应模型的所有类似模型。

②选择(Select)：选择白色圆点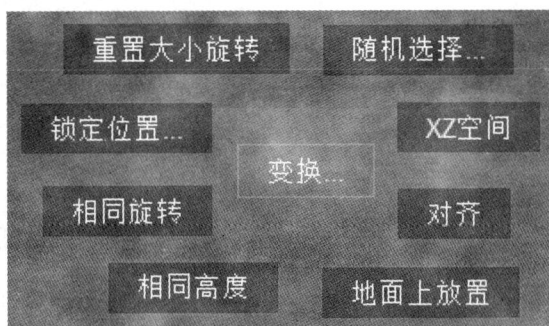对应的模型。

③取消选择(Deselect)：在当前选择的集合中减去白色圆点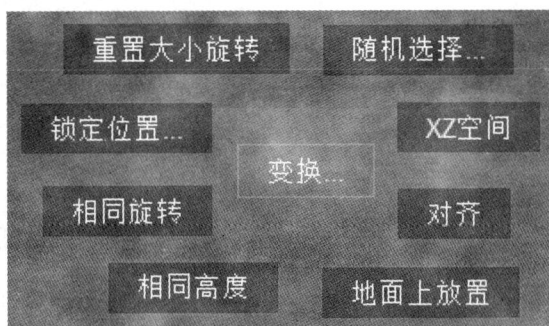对应的模型。

④取消所有选择(Deselect all)：取消所有当前的选择。

⑤删除选定(Delete select)：删除当前选择的所有模型。

⑥选择所有类似分类(Select all similar category)：选择所有插入场景的模型。

⑦库...(Library)：该命令分为将所选模型设为库的当前模型(Select in library)和用库的当前模型替换所有的模型(Replace with library selection)两个子命令。

⑧选择...(Selection)：返回上一级菜单

单击变换...按钮,将弹出变换(Transformation)菜单中如下几个命令(见图 3-33)：

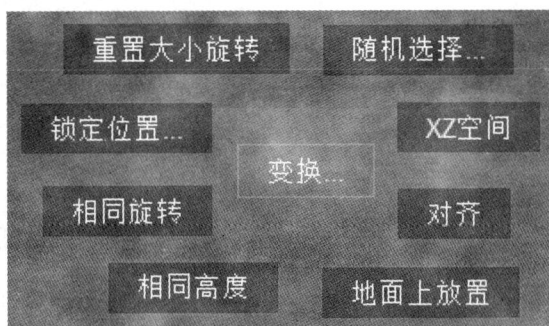

图 3-33

① 重置大小旋转(Reset Size rotation)：重置当前所选模型的大小和旋转角度,使它们与模型库中对应模型放置的大小和角度相同。

② 锁定位置...(Lock position)：锁定当前选择的模型,被锁定后的模型不能进行任何编辑操作。

③ 相同旋转(Same rotation)：使当前所选模型的角度保持一致。

④ 相同高度(Same height)：使当前所选模型的高度保持一致。

⑤ 随机选择...(Randomize)：用于随机排列、缩放、旋转当前所选的模型。

⑥ XZ 空间(Space XZ)：将当前所选模型按一定间距直线排列。

⑦ 对齐(Align)：将当前所选的模型全部对齐到同一插入点。

⑧ 地面上放置(Place on ground)：将当前所选的模型以插入点为基准对齐到地面上。

⑨ 变换...(Transformation)：返回如图 3-31 所示的关联菜单

(6) 编辑属性(Edit properties)：用于调整场景中模型的属性。

(7) 删除物体(Trash object)：用于删除场景中不需要的模型。具体操作：单击"删除物体"按钮,场景中的模型上会出现白色圆点,再点击该圆点,即可删除该模型。

关于模型材质的添加及应用将在第 4 章进行详解。

3.4　物体(Object)面板

　　点击"物体"按钮 ⊞ ，进入"物体"面板，通过它可导入自然配景、交通工具、声音、特效、室内用品、人或动物、室外物品、灯具八大类实物模型，并可对实物模型的位置、大小等属性进行编辑(见图 3-34)。

图 3-34

　　实物模型的添加及编辑操作与导入模型、编辑模型的操作完全类似，具体操作参考本章 3.3.1 和 3.3.2。

3.5　本章小结

　　本章介绍了 Lumion 场景制作的四大要素：天气、景观、导入与物体，通过对这四大要素相应面板及参数的介绍，读者可初步掌握场景制作的基本工具。

第 4 章　Lumion 材质使用

本章学习要点

- 熟悉 Lumion 的各类材质
- 学习如何为 Lumion 场景中的物体添加材质
- 学习如何在 Lumion 中导入、导出材质

4.1　材质概述

　　Lumion 提供了丰富的材质库(见图 4-1),它包含 4 个选项卡,对应 4 个材质大类,分别是自然(Nature)、室内(Indoor)、室外(Outdoor)、自定义(Custom)。每一个材质大类又包含若干中类或小类材质,各个材质均有若干可以调节的参数。

图 4-1

4.1.1 自定义材质

在自定义材质面板中,有8种不同的材质类型,如图4-2所示。

图 4-2

(1)"广告(Billboard)材质":点击 ![按钮] 按钮可为模型添加该类材质,被赋予该材质的物体可以在视角的移动过程中始终面向相机,常常被用于2D的人物或植物。

(2)"颜色(Color)材质":点击 ![按钮] 按钮可为模型添加该类材质,利用"颜色"面板可进一步调节它的"模拟发光"及"深度偏移"参数(见图4-3)。

图 4-3

(3)"玻璃(Glass)材质":点击 ![按钮] 按钮,进入"玻璃材质"编辑面板。利用"玻璃"面板中的滑杆可对玻璃的反射率(Reflectivity)、透明度(Transparency)、纹理影响(Texture Influence)、双面渲染(Double Sided)、光泽度(Glossiness)等参数进行调整,如图4-4所示。同时,点击该面板的 ![RGB] 按钮,用户可在弹出的"颜色"面板中调整玻璃的颜色。

图 4-4

（4）"隐形（Invisible）材质"：点击 按钮可为模型添加该类材质。

（5）"景观（Landscape）材质"：点击 按钮可为模型添加该类材质。

（6）"照明贴图（Lightmap）"：点击 按钮可为模型添加该类材质。

点击"照明贴图"按钮 ，进入材质的"照明贴图"编辑面板，通过它可调节材质的漫反射纹理（Diffuse texture）和照明贴图纹理（Lightmap texture），以及照明贴图（Lightmap）、照明贴图倍增（Lightmap Multiply）、环境（Ambient）、深度偏移（Depth Offset）等参数（见图4-5），这些参数主要是对材质纹理贴图的亮度进行调整，以及对贴图的显示范围进行修正。

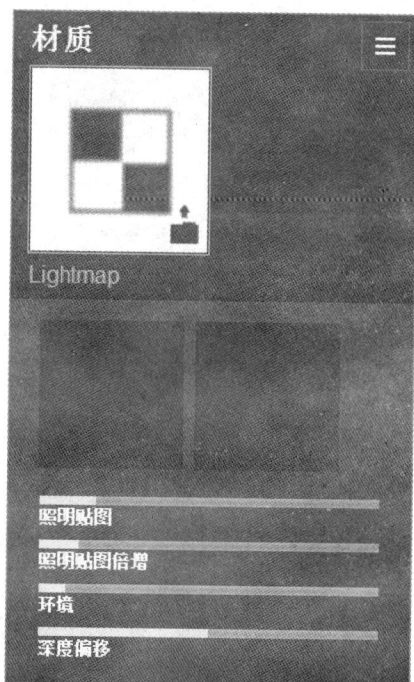

图 4-5

单击位于"照明贴图"编辑面板中部的"更改漫射纹理（Change Diffuse texture）"按钮，

当弹出如图 4-6 所示对话框时,选择需要的贴图文件并打开即可实现漫射纹理的更改。

图 4-6

更改照明贴图纹理(Change lightmap texture)的操作与更改漫射纹理的操作类似。

(7)"输入(Imported Material)材质":点击 ⬛ 按钮可以删除已附的材质。

(8)"标准(Standard)材质":当不需要使用 Lumion 自带的材质,而是使用模型本身的材质(如将 SketchUp 模型导入 Lumion 时,使用 SketchUp 模型原有的材质),这时应考虑使用"标准(Standard)材质"。点击 ▨ 按钮,进入"标准材质"编辑面板(见图 4-7),它包括以下设置项:

图 4-7

①基本属性。

• 着色(Colorization):该参数配合调色面板可以调节材质的颜色。

• 光泽(Gloss):该参数用来调节材质的光泽度。需要注意的是:当反射率参数不为 0 时对该参数的调节才有意义。

• 反射率(Reflectivity):该参数用来调节材质的反射率,数值越大,反射越强烈。当数值为 0 时,没有反射发生。

- 视察(Relief):该参数用来调节材质表面的凹凸程度,使材质更为逼真。
- 缩放(Scale):该参数可以对材质的大小比例进行编辑。

②更多设置。

点击"更多设置(More Settings)"按钮 ![设置按钮] ,可以对材质的位置(Position)、旋转(Orientation)、减少闪烁(Flicker Reduction)、Texture Alpha 等参数进行调节,如图 4-8 所示。

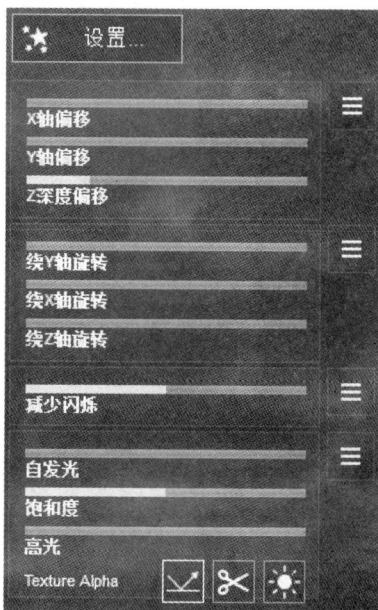

图 4-8

- X 轴偏移、Y 轴偏移、Z 深度偏移(X offset、Y offset、Z offset):此三项参数用来控制材质纹理沿 X、Y、Z 轴平移的距离。
- 绕 Y 轴旋转、绕 X 轴旋转、绕 Z 轴旋转(Heading、Pitch、Bank):此三项参数用来控制材质纹理绕 X、Y、Z 轴旋转的角度。
- 减少闪烁(Flicker Reduction):该参数用于调节材质底部边缘的细节。
- 自发光(Emissive):该参数用来调节材质的自发光度,参数越大,自发光度越大。
- 饱和度(Saturation):该参数用来调节材质的饱和度。
- 高光(Specular):该参数用来调节材质的高光程度。
- Texture Alpha ![三个图标]:利用 Alpha 通道,经这三个选项可控制纹理的反射以及显示的范围和强弱。

4.1.2　水体(Water)和瀑布(Waterfall)

在自然大类材质中有两种较为特殊的材质,即水体和瀑布材质。

1. 水体

点击"自然"大类材质中的"水体"材质按钮 ≈≈ ，进入"水体"材质编辑面板。通过该面板可对水体的波高（Wave Height）、光泽度（Glossiness）、波率（Wave Scale）、聚焦比例（Caustics Scale）、反射率（Reflectivity）、泡沫（Foam）等基本属性以及水体的颜色进行调节（见图4-9）。

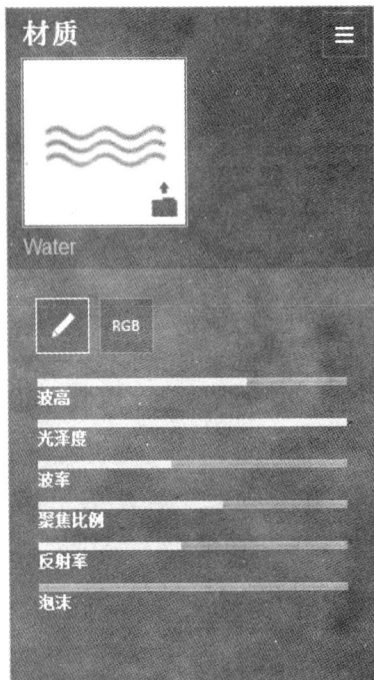

图 4-9

（1）属性（Properties）

· 波高：该参数用来表现水面的动态程度，数值越大，水面波动越大，当数值为0时，水面完全静止。

· 光泽度：该参数用来调节水体的光泽度，但该参数调节的变化必须建立在水体反射率参数不为0的基础上。

· 波率：该参数用来调节波浪的疏密程度，波率越小，水面所呈现的波浪越多。

· 聚焦比例：该参数可以对水体岸边的细节进行调节。

· 反射率：该参数用来调节水体的反射率，数值越大，反射越强烈，当数值为0时，没有反射发生。

· 泡沫：该参数用来调节水面泡沫的数量，适当提高该数值，可以使水面效果更为逼真。

（2）RGB

在水体的RGB面板中，除了对颜色面板的控制外，还可以对水体的颜色密度（Color Density）、调整水的亮度（Lightup Water Color）两个参数进行调节（见图4-10）。

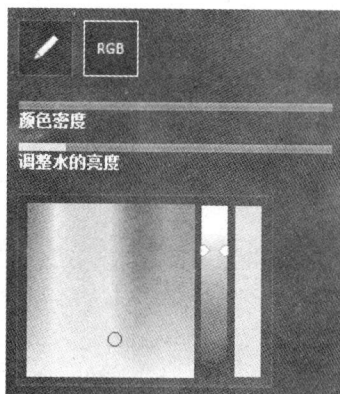

图 4-10

（2）瀑布

点击"自然"大类材质中的"瀑布"材质按钮 ，进入"瀑布"材质编辑面板（见图 4-11）。该面板所涉的操作与"水体"材质类似，不再赘述。

图 4-11

4.1.3　其他材质

除了自定义材质及水和瀑布材质外，其余大类材质均提供了若干中类材质，而后者又包含多个小类材质。如"室内"大类的"木材（Wood）" 材质，包含了 20 种小类材质（见图 4-12）。在参数调节面板中，可以对材质的基本属性、位置、方向以及一些高级参数进行调节。具体操作方法与标准材质类似，在此不再赘述。

图 4-12

需要指出的是,用户在进行模型材质的调整时,往往需要通过多次尝试,才能达到相对满意的效果。

4.2 材质创建与编辑

点击"编辑材质(Edit materials)"按钮 ，将光标移到模型中需要贴材质的部件,此时场景中与其同一材质的部件均会亮显并呈现荧光绿色,单击被选中的区域将出现两种情形:①当选中区域使用模型导入时的材质,此时屏幕左下角将弹出"材质库"面板(见图 4-13),如导入 SketchUp 模型时将采用 SketchUp 的材质,用户可用 Lumion 的材质替换原有的材质,并对材质参数做必要的调整,此时可认为用户以 Lumion 材质库中的材质为蓝本定义了新的材质。②当选中区域已经被赋予 Lumion 材质库中的某一个材质时,屏幕左下方将弹出"材质"面板(见图 4-14),用户可按需对面板中的材质参数进行调节以达成其所期望的表现效果,也可通过单击"材质"面板左上角的示例球返回材质库,并单击"自定义"选项卡中的"输入材质" 以丢弃 Lumion 的材质而采用模型导入时的材质。

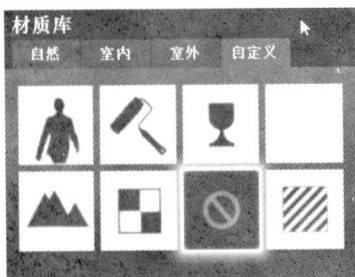

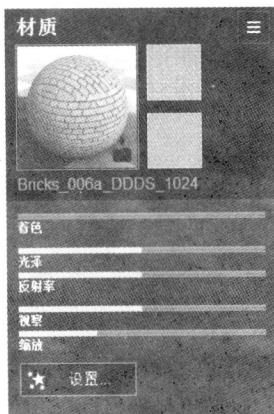

图 4-13 图 4-14

4.3　导入导出材质

在 Lumion 中对模型附上材质后,"材质"编辑面板右上方会出现 ▤ 按钮,点击该按钮,将出现"重载模型(Reload model)"、"从新文件中载入模型(Reload model from a new file)"、"材质组(Material set)"、"编辑(Edit)"四个命令,如图 4-15 所示。

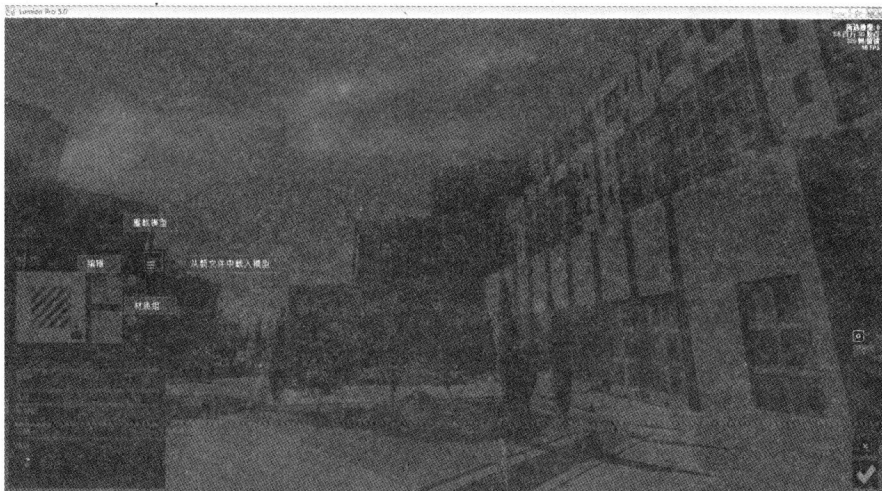

图 4-15

(1)重载模型:该命令用于重新载入上一次在 Lumion 中修改保存后的模型。

(2)从新文件中载入模型:点击"从新文件中载入模型"按钮,在弹出的对话框中选择需要导入的模型并双击,即可替换当前模型(见图 4-16)。

图 4-16

(3)材质组:该命令主要用于导入和导出成套材质。以导入材质组为例,具体的操作如下:点击"材质组"按钮,在弹出的选项(见图 4-17)中选择"读取(Load)"选项,当出现"打开"对话框(见图 4-18)时,选择需导入的材质组文件(* .mtt)并双击即可。

图 4-17   图 4-18

点击屏幕右下角的"确认"按钮 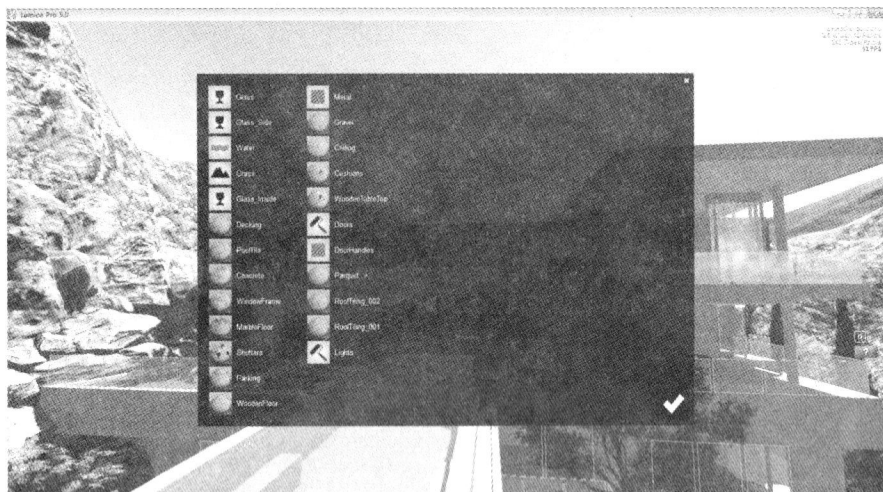，使上述操作生效（见图 4-19）。

图 4-19

（4）编辑：该命令主要用于导入和导出单个材质，以及对材质进行复制和粘贴。

4.4   本章小结

本章重点介绍了 Lumion 材质，包括 Lumion 材质的基本知识，如何为场景中的构件制作和修改材质，如何在 Lumion 中导入、导出材质。通过本章的学习，读者可掌握 Lumion 材质的使用。

第 5 章　Lumion 场景输出

本章学习要点

- 熟悉 Lumion 的新增特效
- 学习如何在 Lumion 中渲染场景
- 学习在 Lumion 中制作动画的基本方法

5.1　新增特效

点击"主控栏"的"拍照模式（Photo）"按钮 📷 ，进入"场景渲染"面板（见图 5-1），该面板主要用于为场景添加特效并渲染输出静帧图片。

图 5-1

在前面天气与景观章节中已简单介绍了如何编辑天气参数，但是这些参数的调节往往无法达到我们预想的效果，如雨天、雾天、雪天等。因此，在"场景渲染"面板中，又为用户提供了一个新的功能，即"新增特效"（New effect）。

点击"新增特效"按钮 ✨ ，进入"照片特效"面板，该面板包含"世界（World）"、"天气（Weather）"、"物体（Objects）"、"相机（Camera）"、"风格（Style）"、"艺术（Artistic）"、"草图（Sketch）"7 个选项卡，到时可在场景中添加这 7 类特效（见图 5-2）。

图 5-2

5.1.1　世界

点击"世界"按钮 ，进入"世界"选项卡，在该选项卡中可调节场景中的"太阳(Sun)"、"阴影(Shadow)"、"凝结(Contrails)"、"水(Water)"、"全局光(Global Illumination)"、"反射(Reflection)"、"太阳体系(Sun Study)"、"月亮(Moon)"等参数(见图 5-3)。

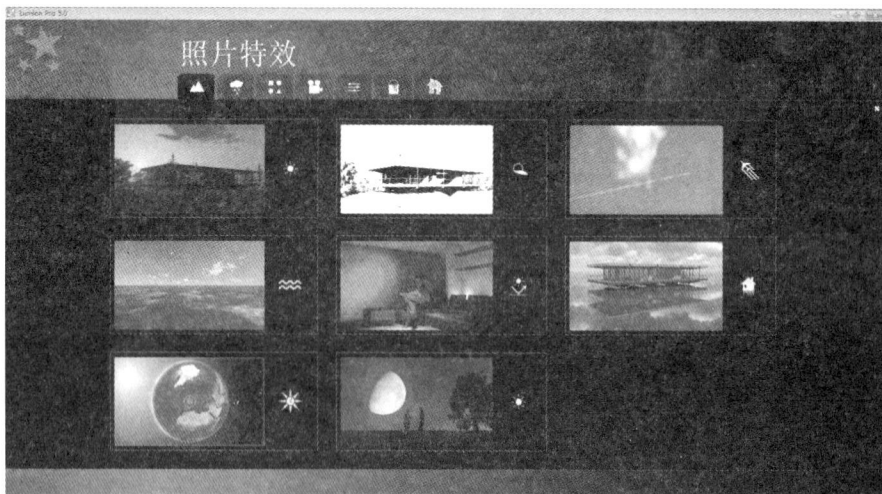

图 5-3

1. 太阳

点击缩略图 ，将呈现类似于图 5-4 所示的屏幕，其左上角的下方为"太阳"特效面板，用户可通过控制面板中的各个滑杆来实现对"太阳高度(Sun height)"、"太阳方位(Sun heading)"、"太阳亮度(Sun brightness)"、"太阳尺寸(Sun disk size)"等参数的调节。在调节参数的过程中，可以通过屏幕右上方的预览窗口，观察参数变化后场景的效果。

图 5-4

点击"太阳"特效面板中的 ▤ 按钮,弹出更多的编辑选项 ▤ ,包括:

- 删除(Remove):可以删除已添加的场景特效。
- 隐藏(Hide):可以隐藏已添加的场景特效;再次点击,即可取消隐藏。
- 移动(Move):当场景中添加多个场景特效时,可以通过上下移动、移动、向下等方式,调节场景特效显示的优先级,处于上方的特效将被优先显示。
- 编辑(Edit):利用该命令以复制和保存当前场景特效,以便其能应用到其他场景中。

2.阴影

点击缩略图 ,在弹出的"阴影"特效面板(见图 5-5)中可对阴影的多项参数进行调节。

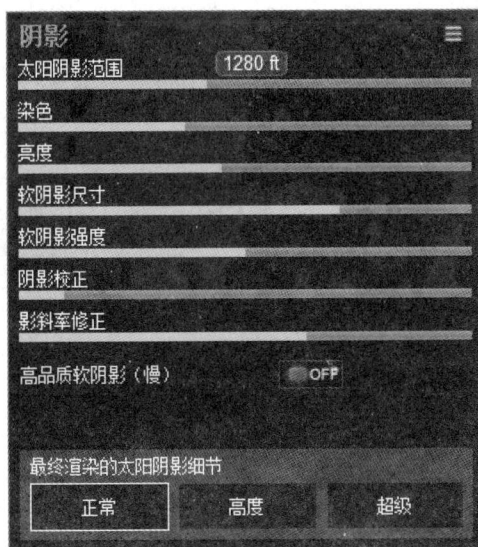

图 5-5

• 太阳阴影范围(Sun shadow range)：可以调节阴影范围的大小，如图 5-6 和图 5-7 所示。

图 5-6

图 5-7

• 染色(Coloring)：可以调节阴影的色调，当数值大于 0 时，阴影为冷色调；当数值小于 0 时，阴影为暖色调，如图 5-8 和图 5-9 所示。

图 5-8

图 5-9

• 亮度(Brightness)：用于调节阴影的亮度，如图 5-10 和图 5-11 所示。

图 5-10

图 5-11

• 柔和阴影大小(Soft shadow size)：用于调节阴影的柔和程度，如图 5-12 和图 5-13 所示。

图 5-12

图 5-13

- 柔和阴影大小(Soft Shadow Amount):用于调节柔和阴影的大小,数值越大,阴影越明显,如图 5-14 和图 5-15 所示。

图 5-14

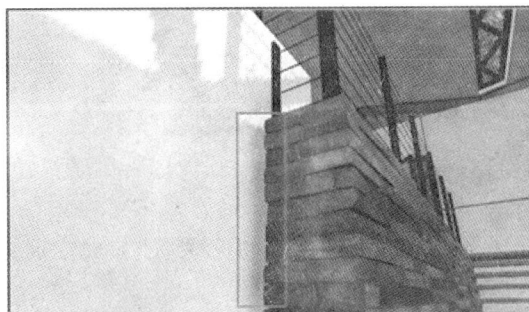

图 5-15

- 阴影校正(Shadow correction):用于调整校正 3D 模型和阴影之间的差距,如图 5-16 和图 5-17 所示。

图 5-16

图 5-17

- 阴影斜率校正(Shadow slope correction):用于纠正光线通过三维模型的缺失,如图 5-18 和图 5-19 所示。

图 5-18

图 5-19

· 最终渲染的太阳阴影细节(Final render shadow detail)：可以在正常(Normal)、高度(High)、超级(Super)三种等级中进行选择,从而确定最终渲染的阴影细节的效果。

3.月亮

点击缩略图  以添加"月亮"特效,通过滑杆可控制或调节该特效面板上的"月亮高度(Moon height)"、"月亮方位(Moon heading)"、"月亮尺寸(Moon size)"等参数,如图 5-20 所示。

需要注意的是,在调节"月亮"参数之前,必须先在"天气"面板中将太阳高度调到水平面以下。

图 5-20

5.1.2 天气

点击"照片特效"面板中的"天气"按钮 ,进入"天气"选项卡,在该选项卡中可对场景中的"云彩(Cloud)"、"雾气(Fog)"、"雨(Rain)"、"雪(Snow)"、"体积云(VolumeClouds)"、"植物风(Foliage Wind)"、"地平线云(Horizon Cloud)"、"体积光(Volumetric Sunlight)"等

参数进行调节,如图 5-21 所示。

图 5-21

以雾天和雨天为例,点击 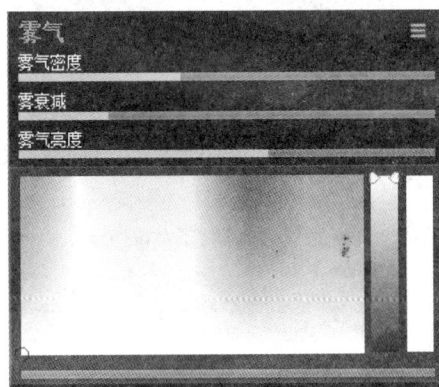 以添加"雾气"特效,在弹出的"雾气"面板中可对雾气的密度、衰减度、亮度及颜色等参数进行调节(见图 5-22),包括:

图 5-22

- 雾气密度(Fog density):用于调节雾气的密度,数值越大,视线越模糊,如图 5-23 和图 5-24 所示。

图 5-23

图 5-24

- 雾气衰减度(Fog Falloff):用于调节雾气的衰减程度,数值越大,视线越清晰,如图 5-25 和图 5-26 所示。

图 5-25　　　　　　　　　　　　　　　　　　图 5-26

- 雾气亮度(Fog brightness):用于调节雾气的亮度,数值越大,雾气越亮,视线越模糊, 如图 5-27 和图 5-28 所示。

图 5-27　　　　　　　　　　　　　　　　　　图 5-28

另外,还可以通过对颜色面板的控制,调节雾气的色调,使画面呈现另一种风格。

点击 以添加"雨"特效,在弹出的"雨"面板中可对雨水的密度、速度、风向以及云的参数进行调节,如图 5-29 所示。

图 5-29

- 雨滴密度(Rain Density):可以用来调节雨的密集程度,如图 5-30 和图 5-31 所示。

图 5-30 图 5-31

- 失真校正(Drop distortion):适度拉动该滑杆可以使场景画面更逼真。
- 多云(Cloudy):用于调节天气的亮度以及空气中的湿度。数值越大,天气越暗,空气中湿度越大,如图 5-32 和图 5-33 所示。

图 5-32 图 5-33

- 风向 X 轴、风向 Y 轴(Wind X、Wind Y):用于调节雨水的方向。
- 降雨速度(Rain Speed):用于调节雨滴下落速度。

5.1.3　物体

在"照片特效"面板中点击"物体"按钮 ，进入"物体"选项卡,该面板可以添加"高空云层(Hide Layer)"、"移动(Move)"、"表示层(Show Layer)"、"天空下降(Sky Drop)"、"高级控制(Advanced Move)"、"声音(Sound)"、"群体移动(Mass Move)"等特效,这些特效多用于动画制作中,其中"高空云层"、"表示层"可应用于照片特效,如图 5-34 所示。

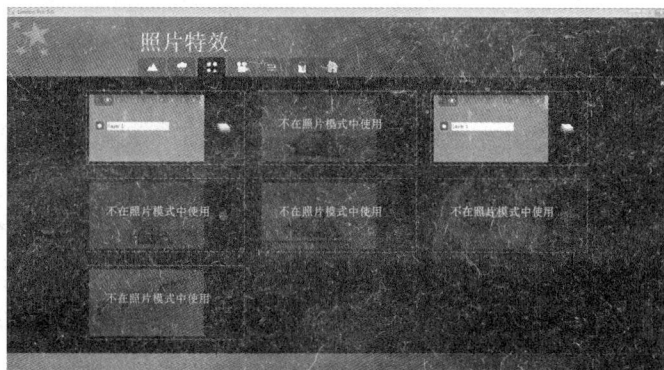

图 5-34

73

例如,"表示层"特效一般用来设置图层中物体的可见度及变化。将滑杆移到不同的数值,场景中会呈现不同的物体,如图5-35和图5-36所示。

图 5-35   图 5-36

5.1.4 相机

点击"相机"按钮 ![icon],在弹出的"相机"选项卡中可添加"动态模糊(Motion blur)"、"景深(Depth of field)"、"镜头光晕(Lens flare)"、"近剪裁平面(Near clip plane)"、"鱼眼(Fish eye)"、"手持相机(Handheld camera)"、"曝光度(Exposure)"、"两点透视(2-Point perspective)"等特效,如图5-37所示。其中,"动态模糊特效可以在制作动画时使用"。

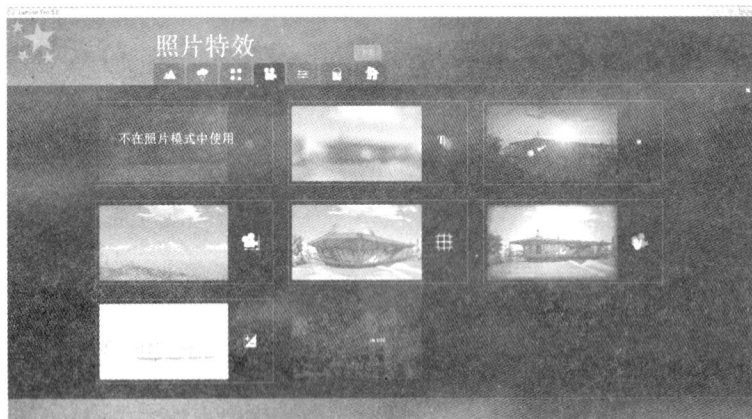

图 5-37

下面以"景深"特效为例,介绍相机特效的使用方法。点击添加"景深"特效,可调节相机焦距以及调整场景中前后景的关系(见图5-38),该特效中的相应参数如图5-39所示。

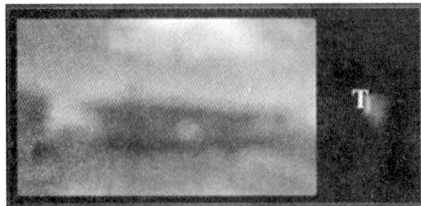 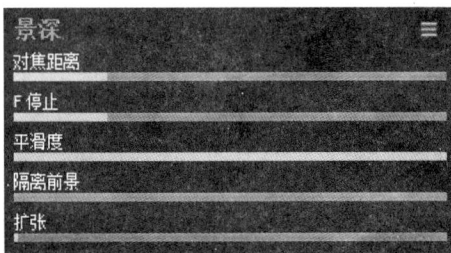

图 5-38   图 5-39

- 对焦距离(Focus distance)：用于调节相机的焦距。
- F 停止(F stop)：用于调节焦点后衬景的清晰度。数值越小，衬景越模糊，如图 5-40 和图 5-41 所示。

图 5-40　　　　　　　　　　　　　　　　图 5-41

- 平滑度(Smoothness)：用于调节模糊衬景的平滑程度。
- 隔离前景(Isolate foreground)：可以使前景更清晰，后景更模糊。随着数值的增加，场景自下而上开始变得清晰，如图 5-42 和图 5-43 所示。

图 5-42　　　　　　　　　　　　　　　　图 5-43

- 扩张(Expansion)：用于调节衬景的虚化范围及强度，如图 5-44 和图 5-45 所示。

 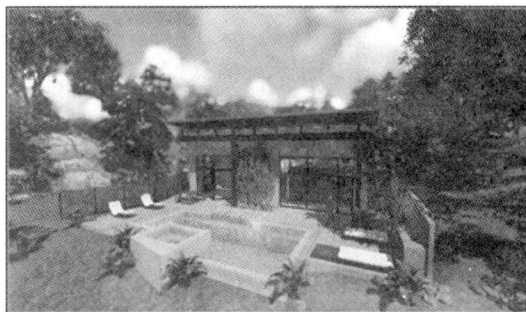

图 5-44　　　　　　　　　　　　　　　　图 5-45

5.1.5　风格

点击"风格"按钮 ，进入"风格"选项卡，它包含"输入/输出(In/Out)"、"泛光

(Bloom)"、"叠加图像(Overlay image)"、"锐化(Sharpness)"、"精细饱和度(Selective satura-tion)"、"色彩校正(Color correction)"、"漂白(Bleach)"、"标题(Titles)"、"模拟色彩实验室(Anolog color lab)"等特效选项按钮,如图5-46所示。其中,"输入/输出"和"标题"特效在照片模式中不可用。

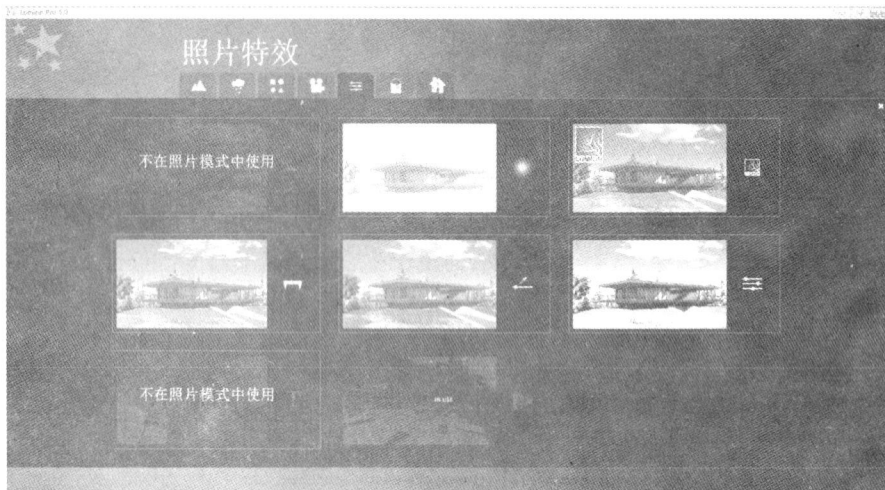

图 5-46

下面以锐化(Sharpness)为例,介绍"风格"特效的使用方法。

点击"锐化"按钮,在弹出的"锐化强度(Sharpness intensity)"滑杆上进行滑动,调节图像边缘细节的对比度,使场景整体更加清晰,如图5-47和图5-48所示。

图 5-47

图 5-48

5.1.6 艺术

点击"艺术"按钮 ,进入"艺术"选项卡,通过它可添加"暗角(Vignette)"、"噪音(Noise)"、"体积光(God rays)"、"色散(Chromatic aberrations)"、"漂白(Bleach)"、"视频制式(Broadcast safe)"、"材质高亮(Material highlight)"等特效,如图5-49所示。

图 5-49

下面以"噪音"为例,介绍"艺术"特效的使用方法。单击"噪音"选项,在弹出的"噪音"面板(见图 5-50)中可对"强度(Intensity)"、"颜色(Color)"、"大小(Size)"进行调节,为场景添加一层噪点,从而形成一定的噪波效果,如图 5-51 和图 5-52 所示。

图 5-50

图 5-51

图 5-52

而"暗角"特效可以用于给画面周围覆盖一层黑色退晕。如图 5-53 所示为添加了"暗角"特效后的效果图。

图 5-53

5.1.7 草图

点击"草图"按钮 🏠 ,进入"草图"选项卡,通过它可实现"绘画(Painting)"、"水彩画(Watercolor)"、"草图(Sketch)"、"漫画(Menga)"、"卡通画(Cartoon)"、"油画(Oil painting)"、"蓝图(Blueprint)"、"粉彩素描(Pastel Sketch)"等特效,如图 5-54 所示。

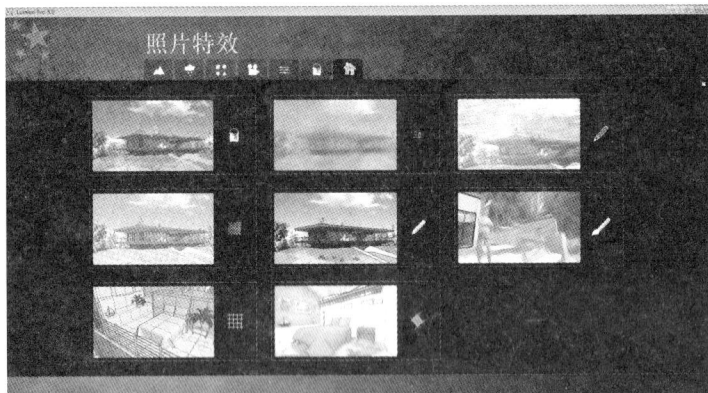

图 5-54

以"漫画(Manga)"特效为例,通过它可实现将画面转变为漫画的效果,如图 5-55 所示。

图 5-55

5.2　场景渲染

场景渲染面板除了可以对场景添加特效外,最重要的就是可以对场景进行渲染,该面板主要包括预览、场景保存、渲染尺寸选择三大部分。

5.2.1　预览窗口

在预览窗口中采用与场景编辑模式下相同的操作方式,可以调整摄像机拍摄的角度。同时,控制预览窗口下方的滑杆,可以改变摄像机的焦距(见图 5-56)。另外,该窗口也起到了渲染时提供即时预览的功能。

图 5-56

5.2.2　场景保存窗口

场景保存窗口用于保存拍摄场景的角度,具体操作方法如下:先在预览窗口将场景调整到合适的角度,然后利用键盘上的"Ctrl"＋"数字键",即可保存,也可以将光标移到缩略图上,点击保存相机窗口 ![icon] 按钮。而如需切换到之前保存的场景角度,可以点击对应场景的缩略图,也可以利用键盘上的"Shift"＋"数字键"实现,如图 5-57 所示。

· 该部分仅可以保存拍摄场景的角度,不能保存添加的特效。

图 5-57

5.2.3　选择合适的渲染尺寸输出场景效果

该窗口提供了如图 5-58 所示的四种渲染尺寸,双击任一类型的尺寸,将弹出如图 5-59

所示的对话框,添加文件名并选择输出图片的格式和路径,点击保存按钮即可输出场景效果。

图 5-58

图 5-59

5.3 动画制作

点击"动画模式"按钮 ，进入"动画制作"面板(见图 5-60),该面板主要用于为场景制作动画,包括动画编辑窗口、特效编辑窗口、动画预览窗口三部分。

图 5-60

5.3.1　动画编辑窗口

动画编辑窗口主要用于添加视频、动画、图片以及录制和保存动画。

1. 添加编辑动画

在未制作过动画的场景中,点击"动画模式"按钮 ，会出现如图 5-61 所示的画面。已录制好的动画则会以一张缩略图方式出现在下方有标号的方框内,每张缩略图代表一个动画片段。

图 5-61

选择任一方框,会在其上方出现"录制(Record)" 、"图像(Image)" 、"视频文件(Movie From File)" 三个按钮。

(1)录制

点击"录制"按钮 ，进入"录制动画"面板,即可开始录制动画(见图 5-62)。与之前操作类似,在录制视频的窗口中可以通过鼠标右键、键盘方向键以及焦距滑杆的配合使用来调节镜头。由于 Lumion 具有自动生成完整动画的功能,因此在制作动画中只要录制的关键帧即可,即每当确定好镜头要录制关键帧时,点击画面中的"拍摄照片(Take photo)"按钮 ，再调节"时间"按钮 ，确定该动画片段的时间,点击确认即可录制好一个动画片段。

图 5-62

（2）图像

点击"图像"按钮 ，弹出如图 5-63 所示对话框。

图 5-63

选择所要添加的图片并打开，即可将图片当成一个动画片段插入播放列表中。

动画片段中可以添加的图片格式包括 BMP、JPG、TGA、DDS、PNG、PSD 和 TIFF。

（3）视频文件

点击"视频文件"按钮 ，弹出如图 5-64 所示对话框。

图 5-64

选择一个 MP4 格式的视频,即可将该视频片段插入到播放列表中。

2.保存动画

当整个动画录制完成之后,点击画面右下方的"保存视频(Save Movie)"按钮 ,弹出

如图 5-65 所示的"保存(渲染)整个动画"面板,通过它可将视频保存成不同格式的文件。

图 5-65

(1)MP4

选择 MP4 选项可将制作完成的视频保存成视频文件。具体应先设置以下输出参数:

· 　每秒帧数(Frames per second):每秒帧数越大,动画质量越好,文件尺寸越大。

• 最终输出质量(Final output quality)：用于调节渲染动画的精度,三颗星为最高,一颗星为最低。

• 选择分辨率(Choose resolution)：分辨率越高,动画质量越好。

之后点击"开始动画导出(Start movie export)"［图标］并选择保存路径,即可完成视频文件的制作。

(2)图像序列(Images)

选择图像序列选项可将制作完成的视频保存成 BMP、JPG、TGA、DDS、PNG、DIB、PFM 等图片格式,即把视频转化成图像序列。如图 5-66 所示,该选项对应的选项卡所涉的前面三个参数与"MP4"选项相同,不再赘述。以下介绍"自定义输出(Custom output)"、"帧范围(Frame range)"等参数。

图 5-66

• 自定义输出(Custom output)：可以将场景保存成各种通道图,方便后期 PS 处理,可保存的通道类型如下：

［D］:保存深度通道图(Save depth map)。所保存的通道图如图 5-67 所示。

图 5-67

N：保存法线通道图（Save normal map）。所保存的通道图如图 5-68 所示。

图 5-68

S：保存高光反射通道图（Save specular reflection map）。所保存的通道图如图 5-69
所示。

图 5-69

L：保存灯光通道图（Save lighting map）。所保存的通道图如图 5-70 所示。

图 5-70

A：保存天空 Alpha 通道图（Save sky alpha map）。所保存的通道图如图 5-71 所示。

图 5-71

M：材质 ID 通道图（Material ID）。所保存的通道图如图 5-72 所示。

图 5-72

- 帧范围(Frame range):可以选择一个帧范围进行渲染输出,也可以输出整个视频。

(3)单张(Single)

单张面板用于保存单张的 BMP、JPG、TGA、DDS、PNG 格式的图片。

保存单张图片时(见图 5-73),需将时间轴移到所要输出图片的帧的位置,才可对该图片进行保存。

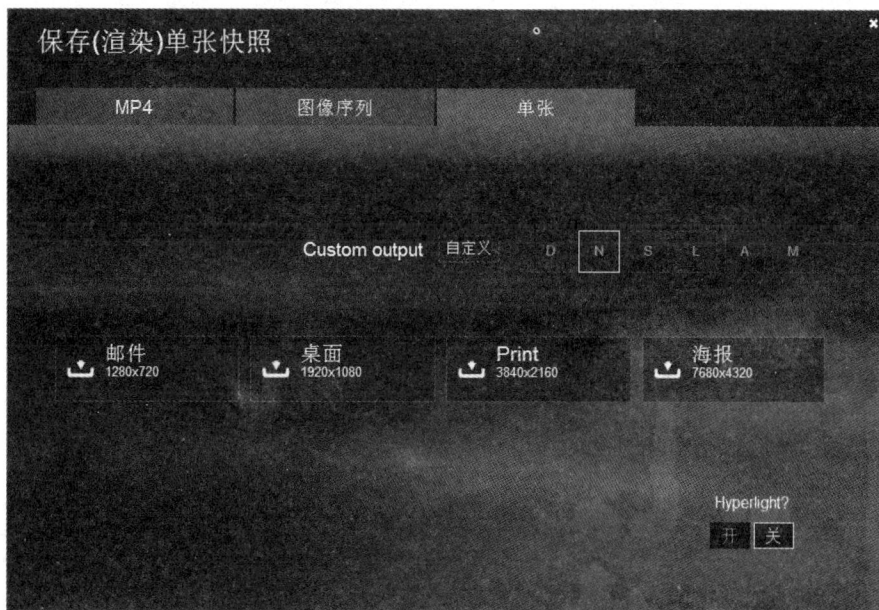

图 5-73

5.3.2　特效编辑窗口

特效编辑窗口位于"动画模式"面板的左上方(见图 5-74)。

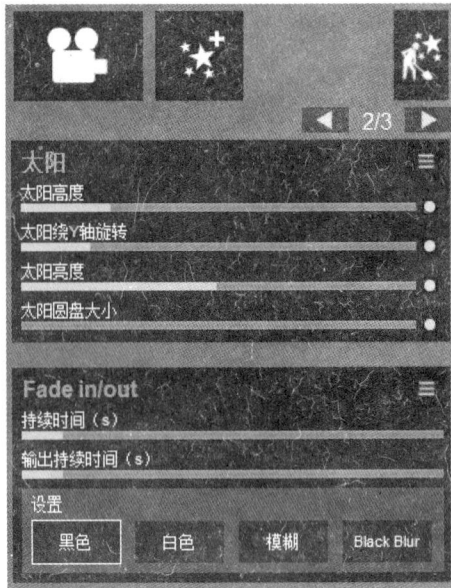

图 5-74

1. 编辑片段（Edit clip）

首先任意选择一个已录制好的动画片段，点击"编辑片段"按钮 ，画面重新返回录制关键帧的界面（见图 5-75）。如需修改其中已录制好的关键帧，应先选择该关键帧的缩略图，再重新调节相机镜头，最后点击"拍摄照片"按钮 ，即可更新关键帧。如需删除其中的关键帧，只需点击该关键帧缩略图右上方的"删除"按钮 即可。

图 5-75

2.添加"淡入淡出"特效

(1)任意选择一个已录制好的动画片段,点击"添加特效"按钮 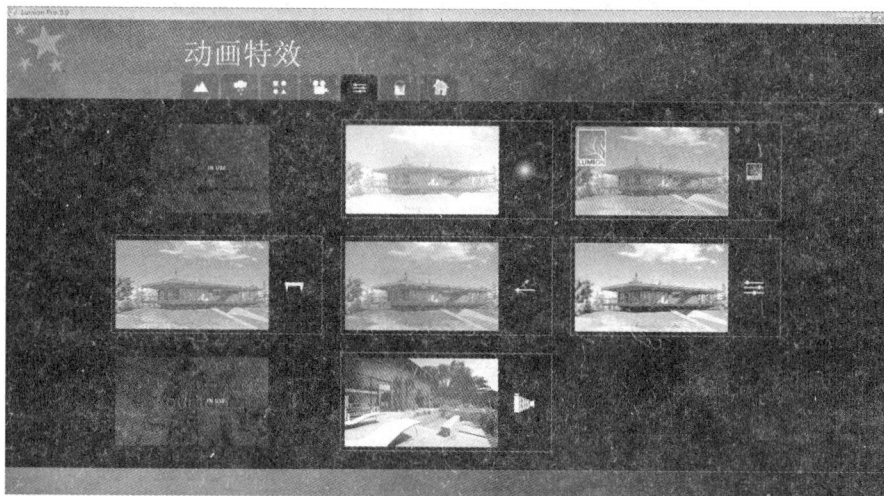,即进入如图 5-76 所示的特效面板。

图 5-76

(2)选择需要添加的特效"淡入淡出"(Fade in/out),即可将其添加到该动画片段中(见图 5-77)。与此同时,在"特效"编辑窗口中将出现如图 5-78 所示的"淡入淡出"特效编辑面板。

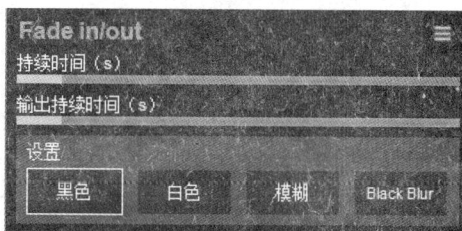

图 5-77

图 5-78

(3)在"设置(Settings)"参数项中定义动画片段开始和结束时的画面,有黑色(Black)、白色(White)、模糊(Blur)、黑色模糊(Black Blur)四种可供选择,进一步移动滑杆控制特效的持续时间(duration)。

3.添加"移动"特效

(1)在场景中插入一个在行走的人物,如图 5-79 所示。

图 5-79

（2）添加"移动"特效，如图 5-80 所示。

图 5-80

（3）点击"移动"特效面板中的"编辑"按钮 ，此时画面如图 5-81 所示。点击画面左下方的"开始位置（Start position）"按钮 ，将人物移到开始位置，再点击"结束位置（End position）"按钮 ，将人物移到结束位置，点击确认。播放动画片段，即可看到画面中一个行走的人。

图 5-81

4.为关键帧添加"鱼眼"特效

部分特效如"鱼眼"特效被添加后,在其滑杆右侧会出现一个白色圆点,这说明可为关键帧添加该特效。以下以鱼眼(Fish eye)特效为例,制作一个由正常场景渐变到鱼眼场景再渐变回正常场景的动画片段,具体步骤如下:

(1)选择刚刚添加移动特效的动画片段,继续点击添加鱼眼特效,将"扭曲(Distortion)"滑杆调到 0 即正常模式,如图 5-82 所示。

图 5-82

(2)拖动时间轴到中间的位置(见图 5-83),点击滑杆右边的白色圆点,此时即可添加关键帧特效,将"扭曲(Distortion)"调到一定数值。用同样的方法在时间轴开始和结束位置各添加一个关键帧特效,将其"扭曲"调整为 0。此时播放动画片段,即可得到所需的效果。

图 5-83

添加关键帧特效后会在时间轴上出现关键帧标记（底部带句点的白线，如图 5-84 所示）。若需删除关键帧特效，应先点击关键帧标记，然后点击特效编辑面板上"扭曲"滑杆右边的🗙标记。

图 5-84

5.3.3 动画预览窗口

动画预览窗口位于画面的右上方，主要用于预览已经录制好的动画。在预览窗口下方有个时间轴，任意选择一个动画片段，点击"播放（Play）"按钮 ▶ ，即可预览该动画。在自动播放停止情况下，也可自行拖动红色时间轴，预览动画片段，如图 5-85 所示。

图 5-85

如需预览整个动画效果，点击画面左下方"整个动画（Entire movie）"按钮 ▤ ，再点击"播放"按钮 ▶ 即可，如图 5-86 所示。

图 5-86

5.4　本章小结

　　本章介绍了 Lumion 的新增特效,以及场景渲染、场景动画制作的基本技法。通过本章的学习,读者可初步掌握输出场景效果的基本方法。

第6章　小高层住宅和办公楼 SketchUp 建模

本章学习要点

- 学习如何将 CAD 文件导入 SketchUp
- 学习 SketchUp 的各种建模工具
- 学习 SketchUp 的材质创建和编辑技巧
- 学习如何使用 SketchUp 的 SUAPP 插件
- 掌握住宅和办公楼 SketchUp 建模的技能

本章将以小高层住宅楼和办公楼的 SketchUp 建模为例,详细介绍使用 SketchUp 完成这两类建筑的建模过程。通过本章的学习和练习,读者可熟练掌握 SketchUp 的各种建模工具、SUAPP 插件以及材质的创建和编辑技巧。

6.1　小高层住宅 SketchUp 建模

现代城镇住宅分类很多,按楼体高度分类,主要分为低层、多层、小高层、高层、超高层等;按照住宅承重结构所选用的主要材料分类,可分为混合结构住宅、大模板结构住宅、框架轻板住宅、简单结构住宅;按照住宅的平面布局分类,可分为点式住宅、条式住宅。本节中选取普通点式、混合结构的高层住宅楼为例进行 SketchUp 建模。

6.1.1　从 CAD 到 SketchUp

1. 整理 CAD 文件

首先在 CAD 中整理好相关文件,包括底层平面和屋顶平面图以及各个立面图,这些图件都是设计师根据实际项目情况进行设计并绘制好的,数据合理、准确,如图 6-1 所示。

2. 在 SketchUp 中导入 CAD 文件

新建 SketchUp 文件,执行"文件"→"导入"命令,定位到 CAD 文件所在文件夹,选择"AutoCAD 文件"类型。单击图 6-2(a)中的"选项..."按钮,在弹出的对话框[见图 6-2(b)],在"几何图形"复选框中勾选"合并共面平面""平面方向一致"选项,在"比例"复选框中,单位选择"米",并勾选"保持绘图原点"选项,点击"确定"按钮,返回到"打开"对话框,扫描二维码提供的"底层平面.dwg"文件,即可在 SketchUp 中导入住宅的底层平面 CAD 文件,如图 6-3所示。

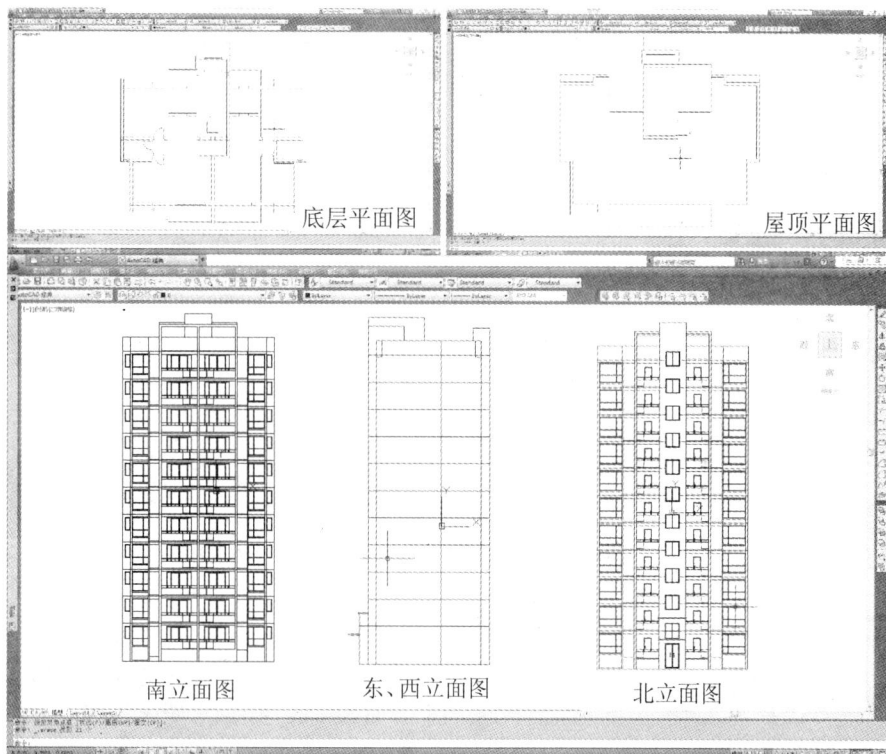

图 6-1

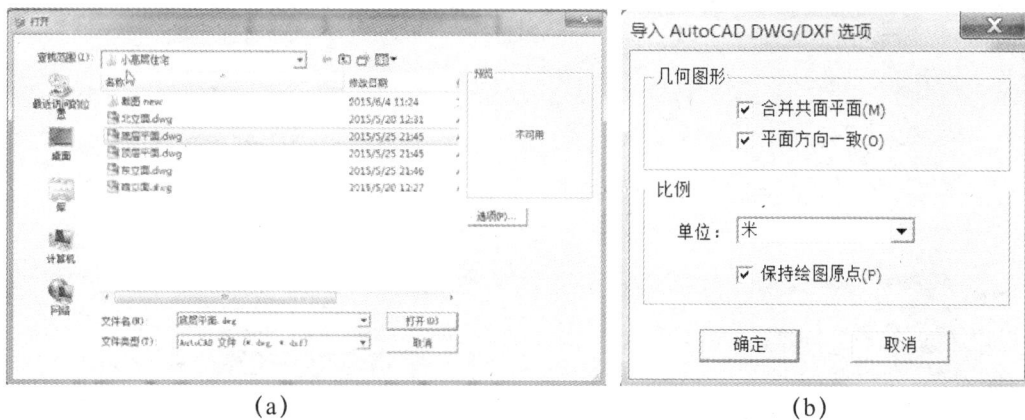

（a）　　　　　　　　　　　　（b）

图 6-2

　　将插入后的底层平面图全部炸开,操作步骤是首先选中整个平面,然后右键点击该平面,在弹出的右键菜单中点击"分解"选项即可,如图 6-4 所示。

　　炸开后,选中整个平面,如图 6-5 所示,执行 SUAPP 插件中的"生成面域"命令,将炸开后的平面线条生成面域,当弹出如图 6-6 所示的对话框时,单击"确定"按钮即可完成面域的构建。

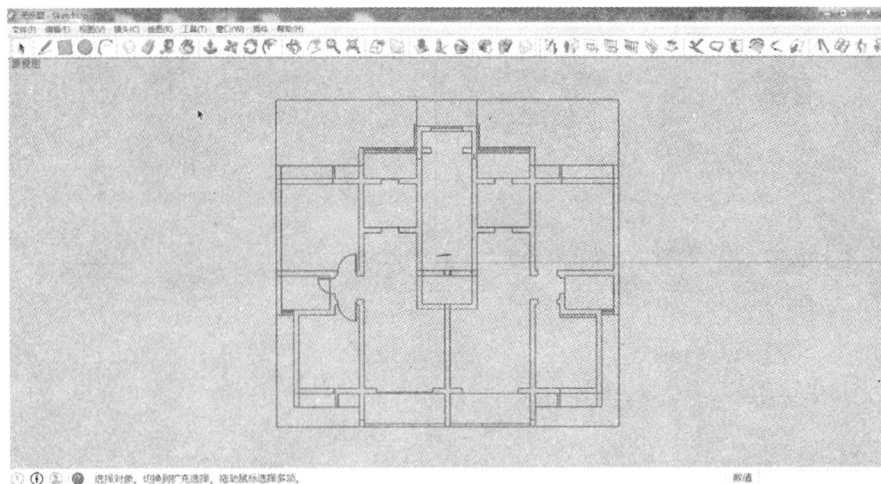

图 6-3

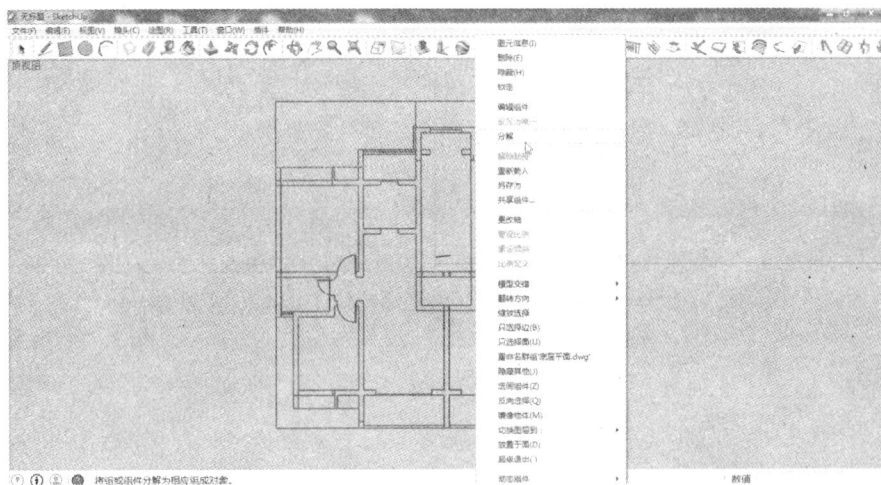

图 6-4

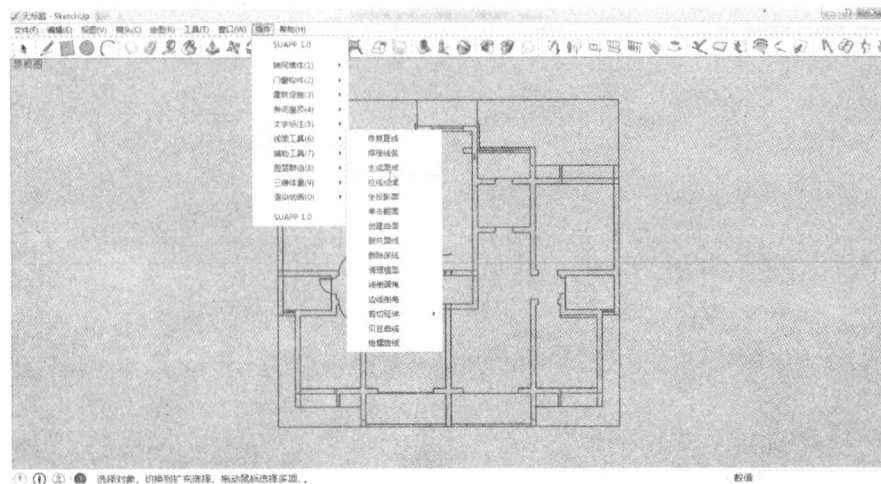

图 6-5

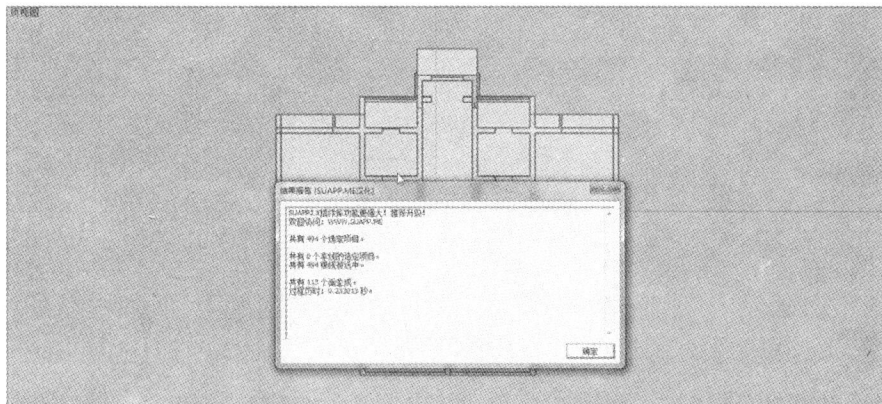

图 6-6

　　底层平面大部分都会生成面域,即在选中状态下,生成后的面域会呈浅灰色,而并未成面的线框在选中状态下,仍然呈镂空状态,即显示的是背景色,如图 6-7 所示。若有未生成面域的线框,则使用"线条"工具 ✎,沿着线框绘制直线,这些线框便可以生成面域,如图 6-8 所示。

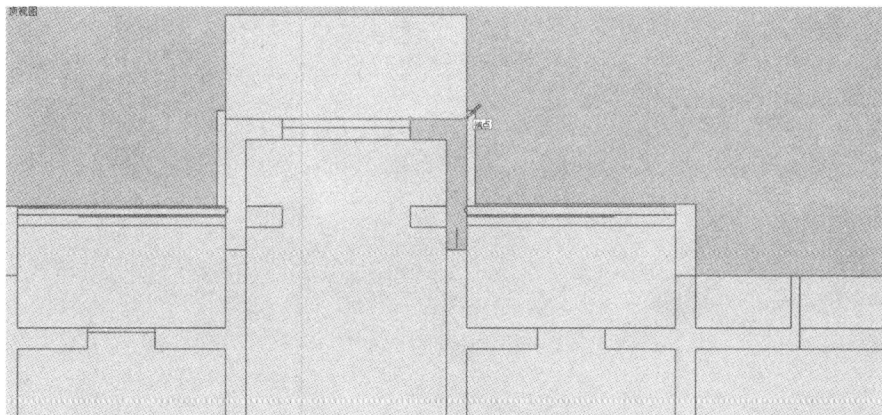

图 6-7

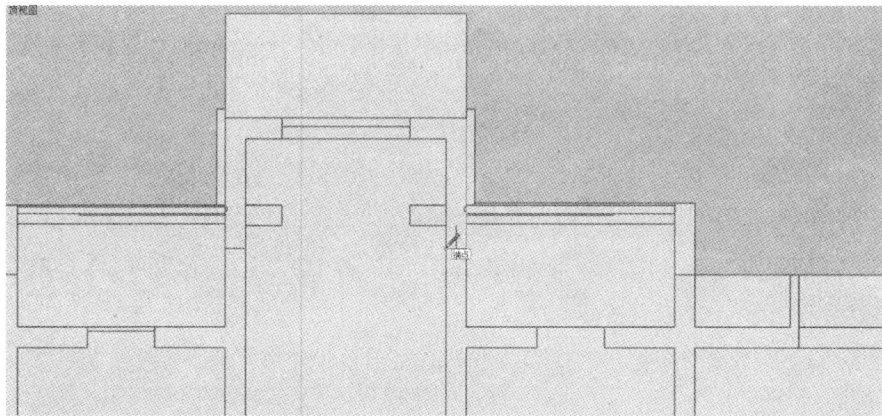

图 6-8

用同样的方法导入南立面,如图 6-9 所示。

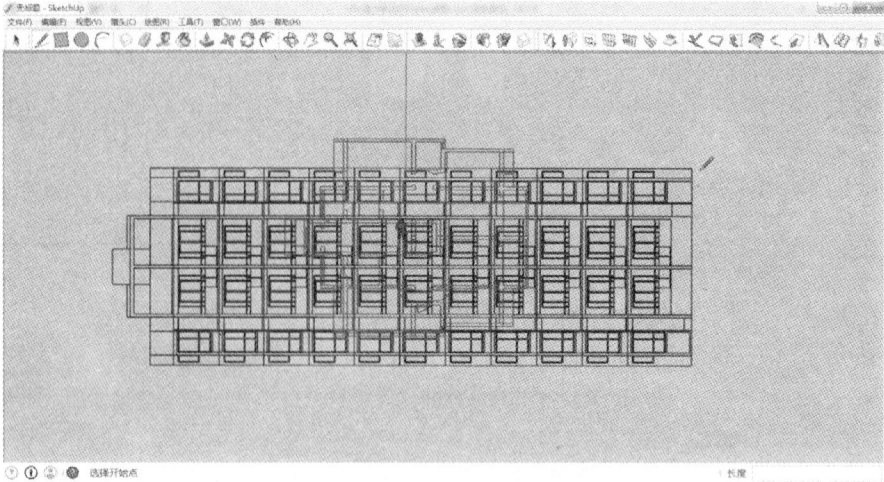

图 6-9

接着，使用"旋转"工具 将南立面进行旋转。选中南立面图，点击"旋转"工具，当界面上的"旋转"工具显示为红色时（见图 6-10），将界面上的"旋转"工具旋转 90°后单击视图即可。

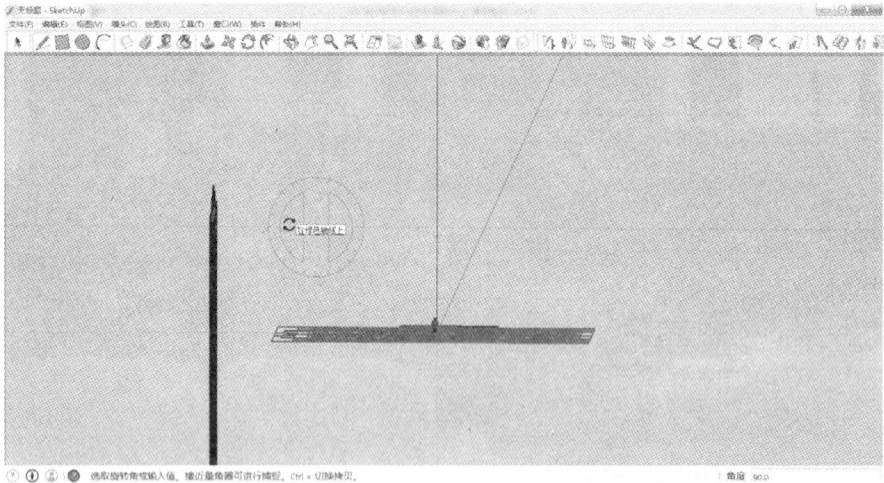

图 6-10

再使用"移动"工具 将南立面图移动到其底边与底平面图同一高度，如图 6-11 所示。"移动"工具的使用方法是选中南立面，点击"移动"工具，点选其右下角点，将其拖动到想要到达的位置即可。

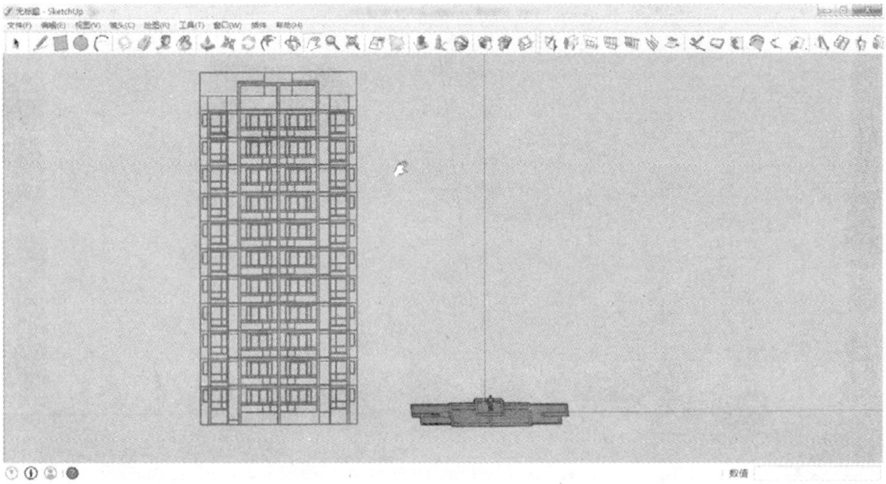

图 6-11

再用同样的方法导入并调整东、北立面的位置,结果如图 6-12 所示。

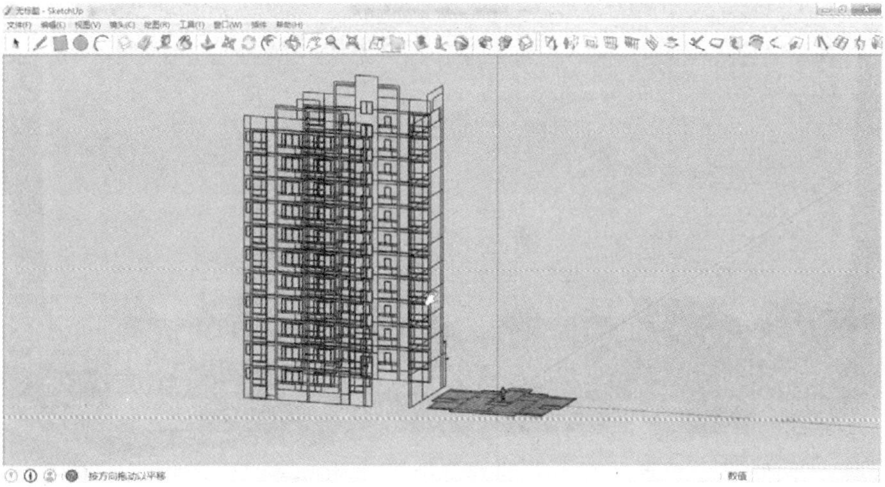

图 6-12

6.1.2　创建模型单元

1.创建墙体

开始创建模型单元。选中底层平面的面域,点击"推/拉"工具 ,如图 6-13 所示,拉升一楼西侧的墙体,墙高为 2.8 米。完成推拉后的效果如图 6-14 所示。

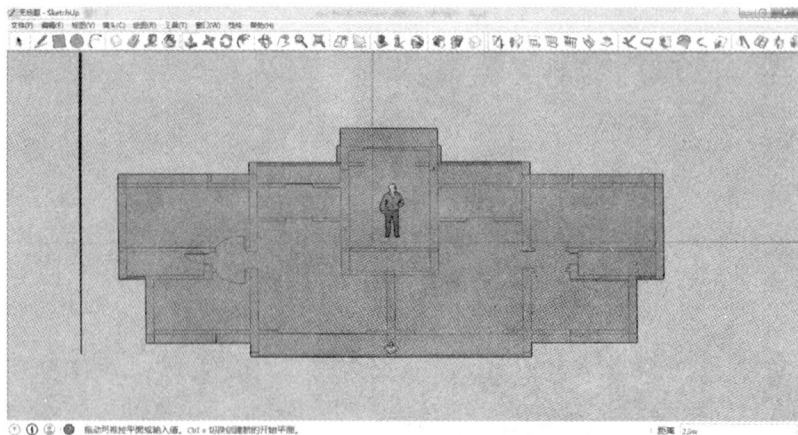

图 6-13

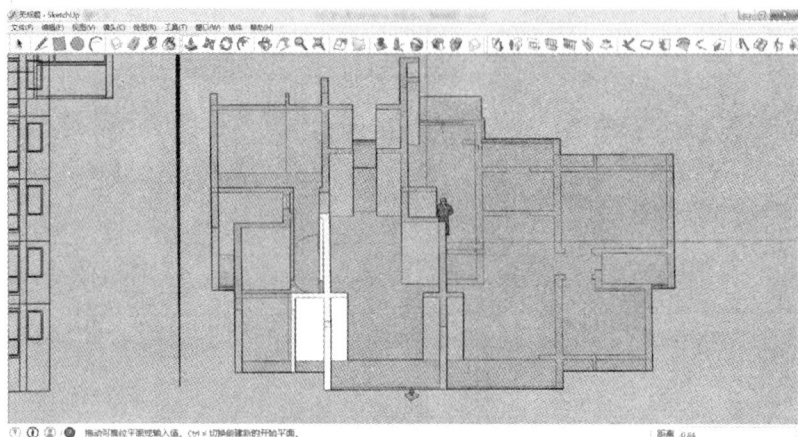

图 6-14

2.创建阳台

(1)创建北面的阳台。北面阳台上的女儿墙高度为 0.84 米,其中底下 0.1 米是墙脚。先按图 6-15 所示,使用"推/拉"工具 将女儿墙拉升 0.1 米。

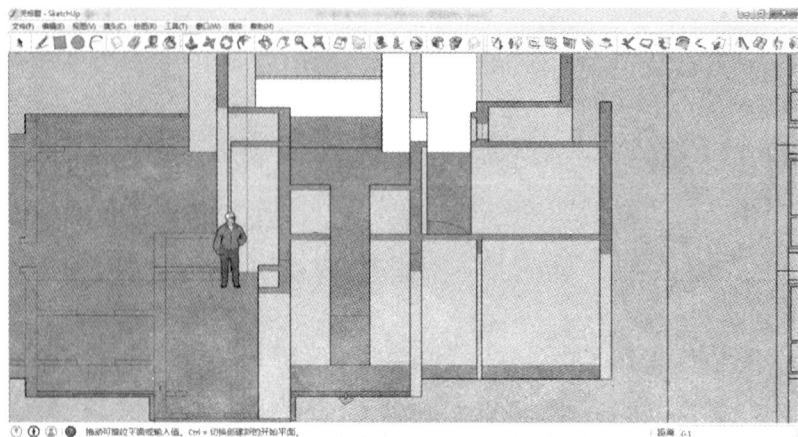

图 6-15

再如图 6-16 所示,使用"推/拉"工具 ,按下 Ctrl 键,此时"推/拉"工具 右上角将出现一个"+",继续将墙体向上拉升 0.74 米。

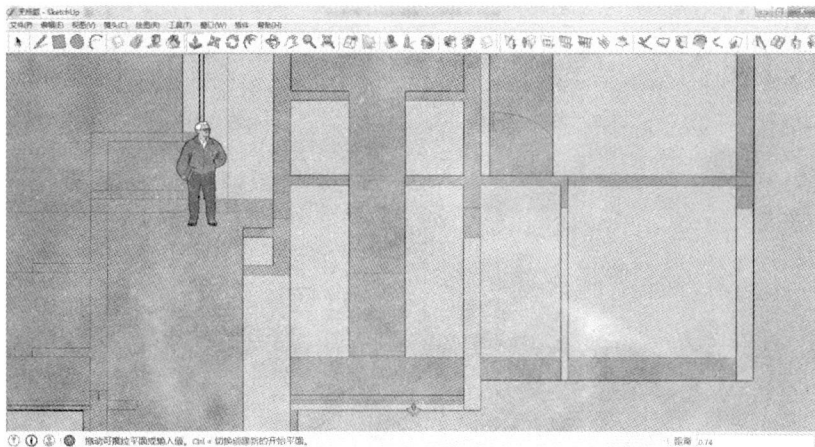

图 6-16

用"线条"工具 绘制女儿墙砖墙部分和玻璃体部分的分割线。选择"线条"工具 ,如图 6-17 所示,沿着画笔绘制的方向,输入长度为 1.73 米,再沿着终点向上垂直绘制分割线,如图 6-18 所示。

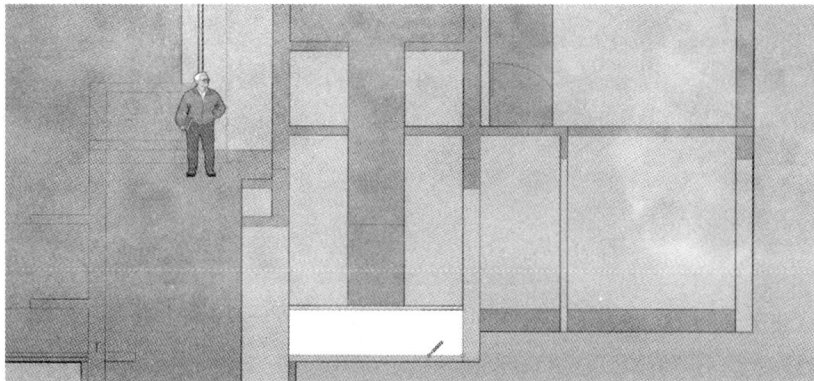

图 6-17

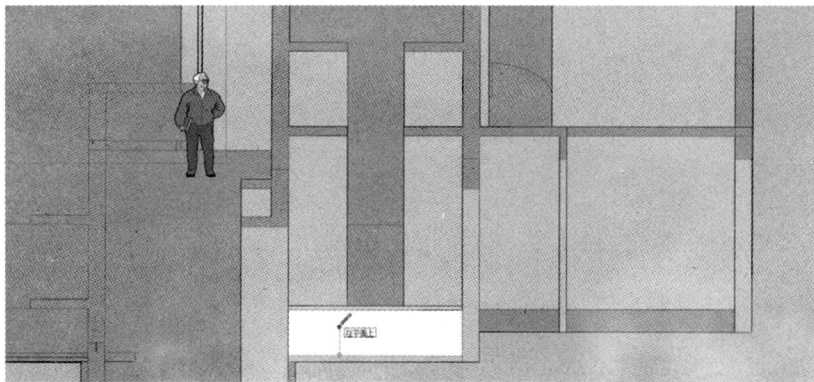

图 6-18

再使用"推/拉"工具 将女儿墙左边部分(玻璃体部分)和底座部分都向内推 0.05 米，如图 6-19 和图 6-20 所示。

图 6-19

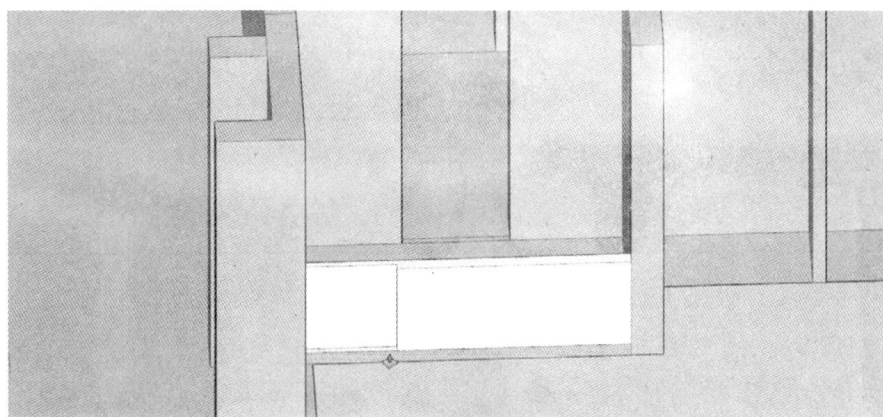

图 6-20

再绘制玻璃体部分的线框,如图 6-21 所示。

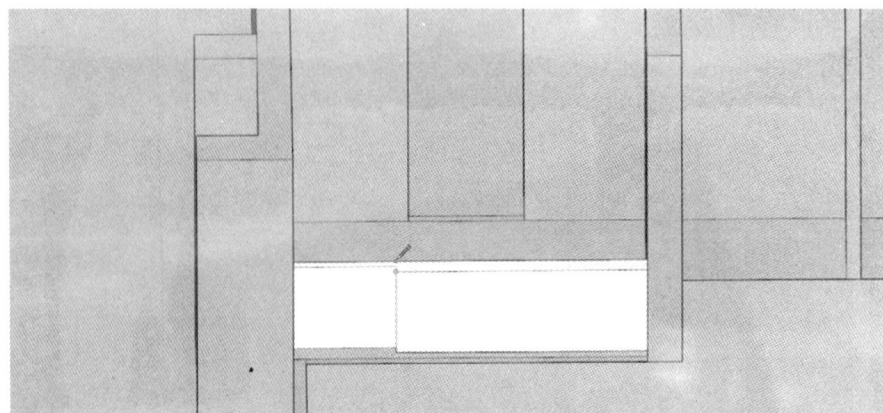

图 6-21

玻璃体部分的厚度是 0.01 米，使用"推/拉"工具 ⬆⁺ 将玻璃体内侧向外推 0.04 米，如图 6-22 和图 6-23 所示。

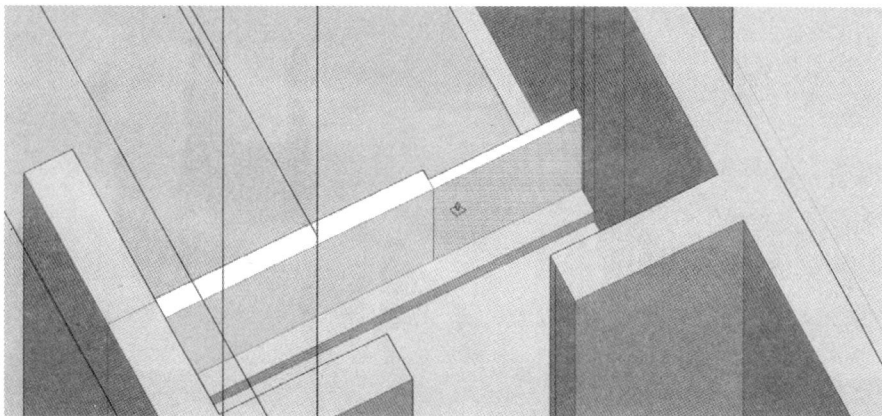

图 6-22

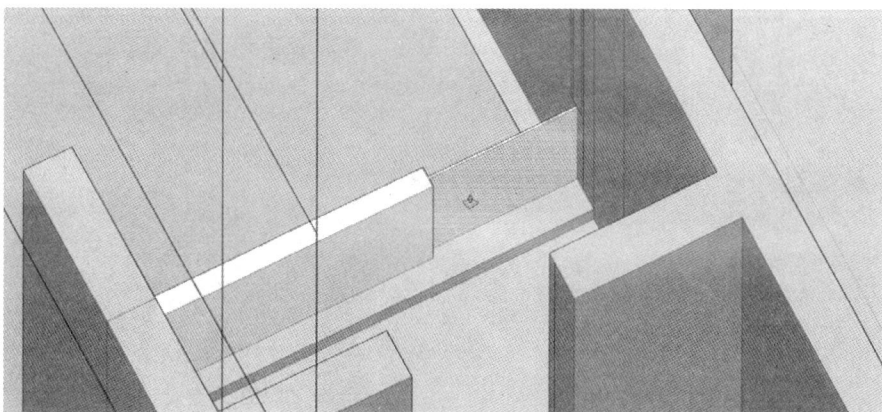

图 6-23

如图 6-24 所示，用"矩形"工具 ▭ 绘制长 0.06 米、宽 0.04 米的三个矩形。

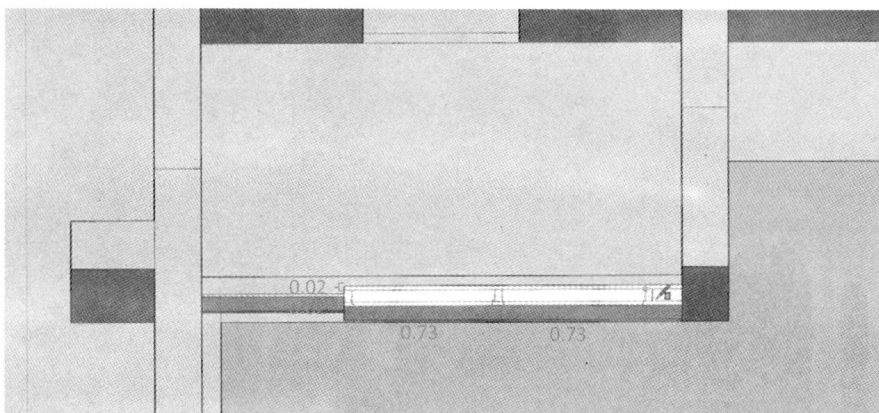

图 6-24

在如图 6-25 所示的位置绘制长 0.06 米、宽 0.04 米的矩形。

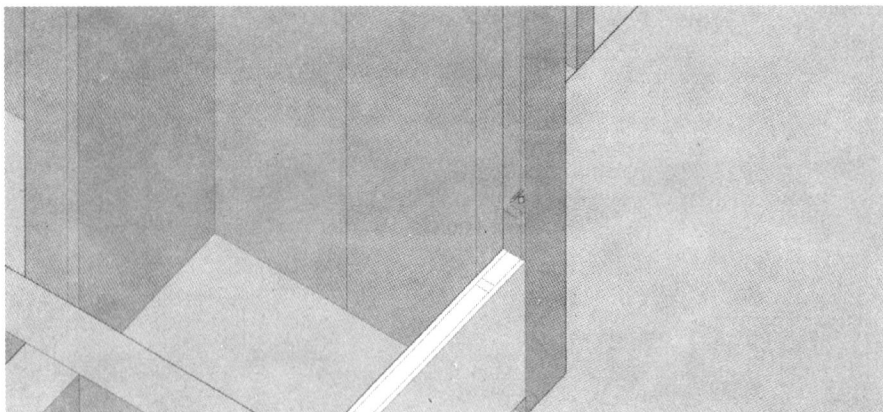

图 6-25

使用"推/拉"工具 将矩形拉升到对面的墙面,创建横栏杆,如图 6-26 所示。

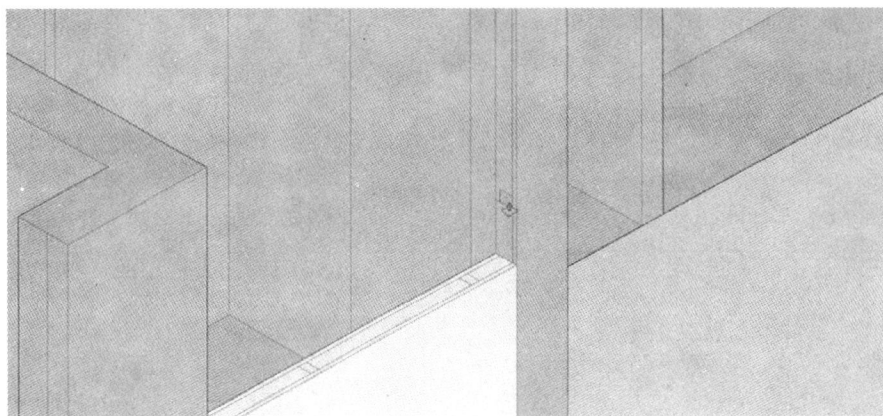

图 6-26

再使用"推/拉"工具 拉起刚才绘制的三个矩形,创建竖栏杆,如图 6-27 和图 6-28 所示。

图 6-27

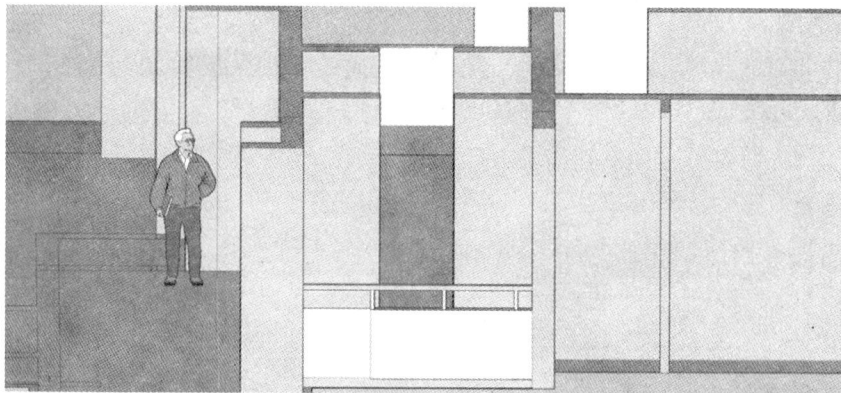

图 6-28

最后，阳台底部要下延 0.1 米高、0.3 米宽的与阳台等长的墙体，此步骤使用"推/拉"工具 往下拉升即可，如图 6-29 所示。

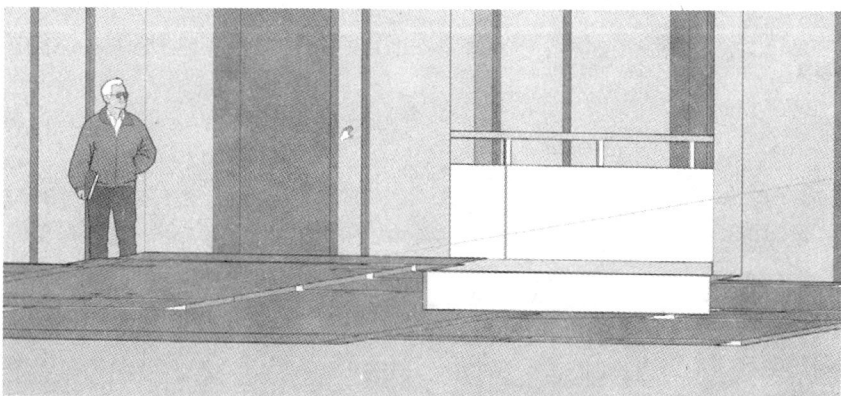

图 6-29

（2）用相同的方法创建南面的阳台，如图 6-30 所示。

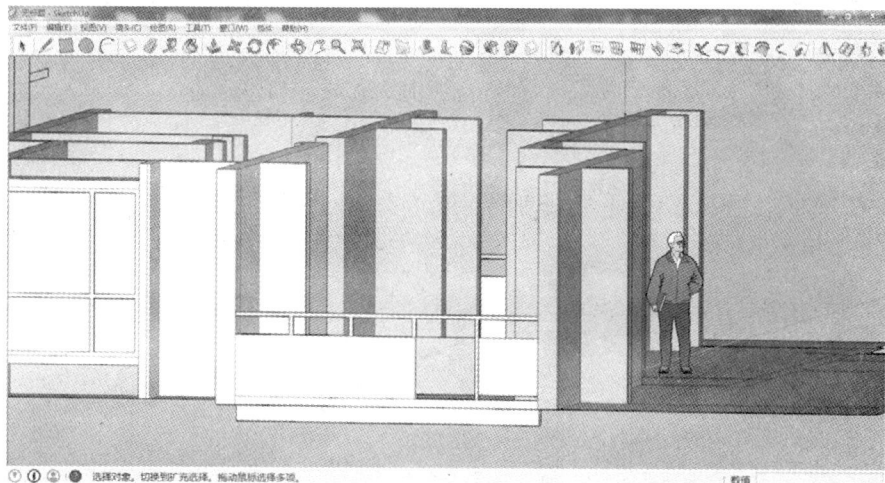

图 6-30

3.创建飘窗

（1）创建北面的飘窗，使用"推/拉"工具 将底面推起到顶部，完成推拉前后的效果，如图 6-31 和图 6-32 所示。

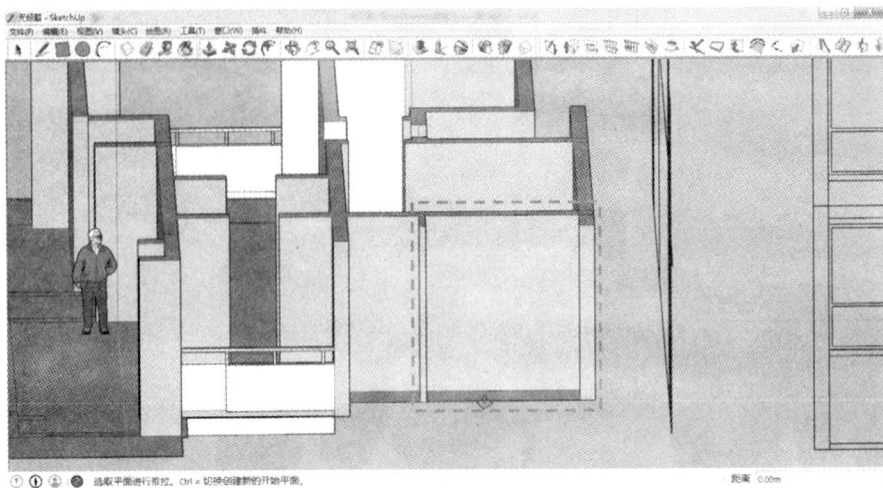

图 6-31

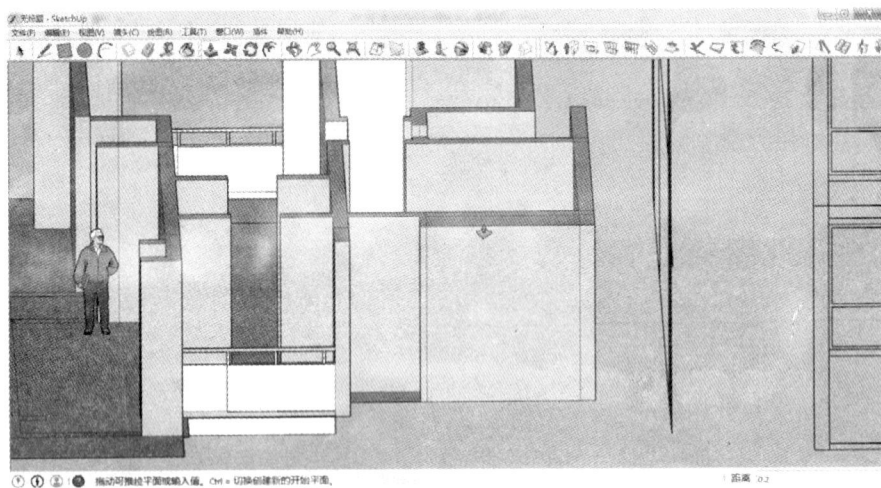

图 6-32

再使用"推/拉"工具 ，上下分别向中间推 0.2 米、0.4 米，如图 6-33 所示。

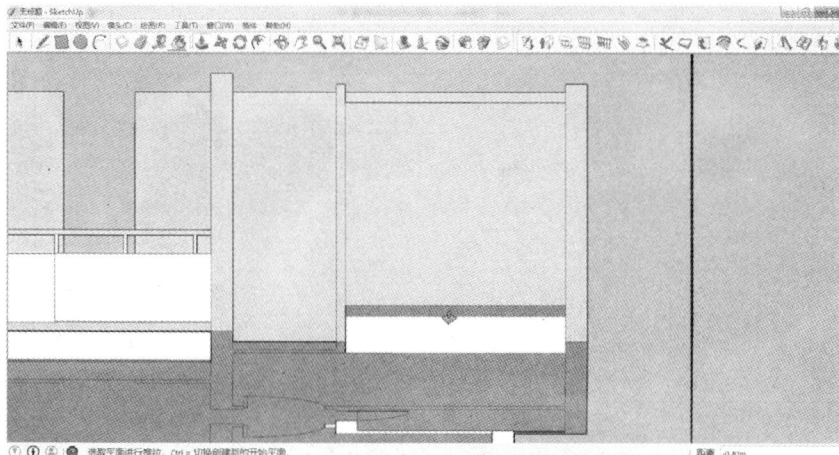

图 6-33

按住 Ctrl 键,此时"推/拉"工具显示为 ,然后上下分别向中间推 0.1 米,如图 6-34 所示。

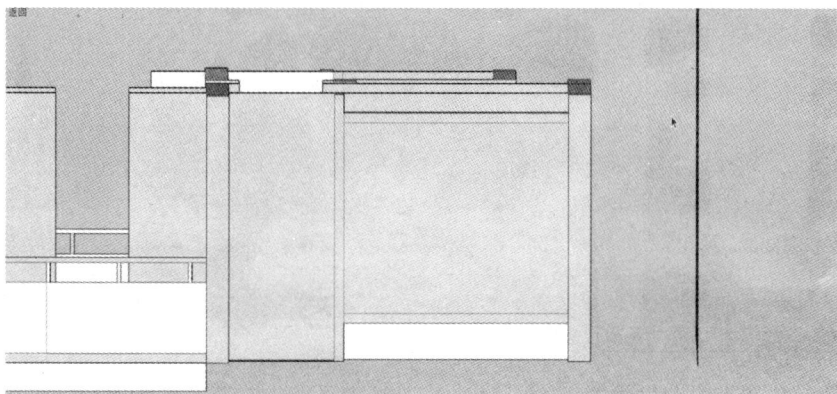

图 6-34

在外表面上绘制窗框线,窗框宽度统一为 0.05 米。玻璃窗具体尺寸如图 6-35 所示。

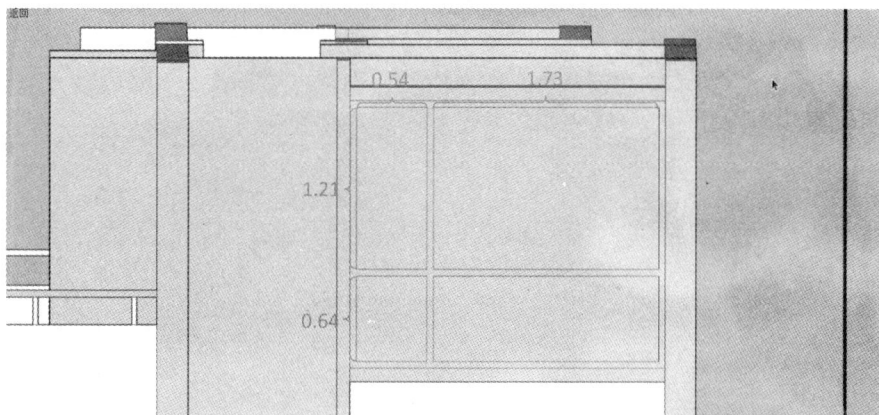

图 6-35

使用"推/拉"工具 ，将每个玻璃窗面均向内推 0.05 米，如图 6-36 和图 6-37 所示。

图 6-36

图 6-37

最后，在飘窗内侧墙面绘制距顶部 0.2 米的分割线，如图 6-38 所示。

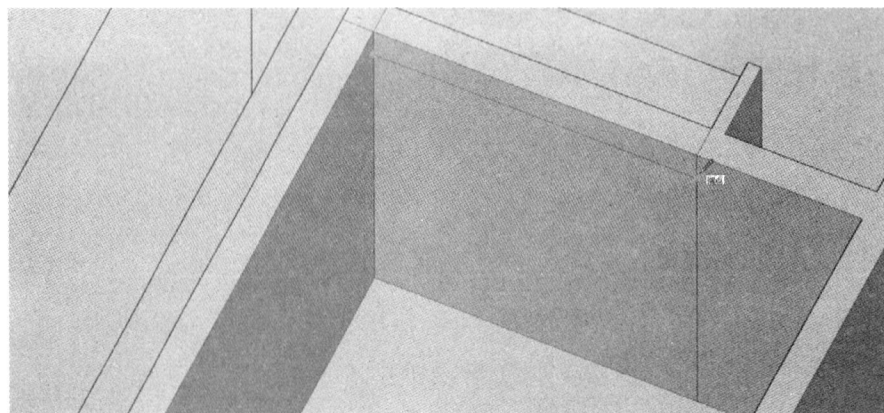

图 6-38

用"推/拉"工具 ，将分割线以下的墙面向外侧推 0.24 米，如图 6-39 所示。

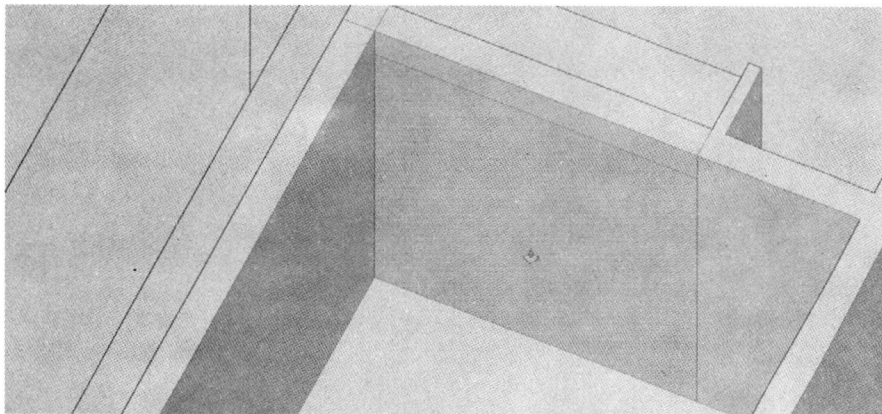

图 6-39

将中间的平面删除,如图 6-40 所示。

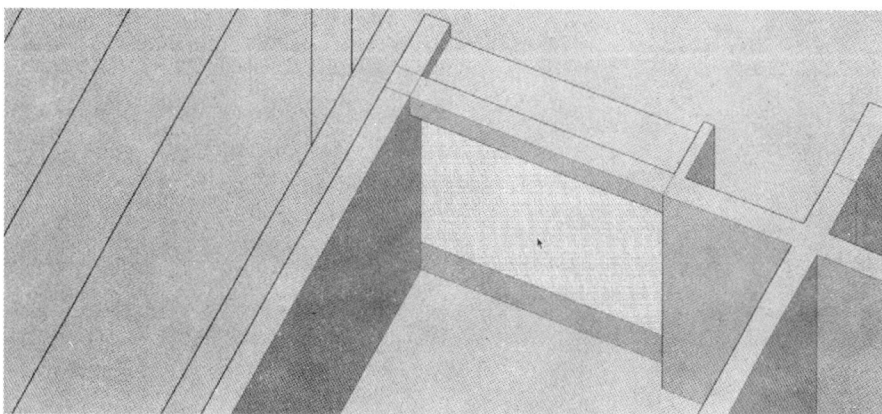

图 6-40

进一步删除多余的平面,完成飘窗的创建,如图 6-41 所示。

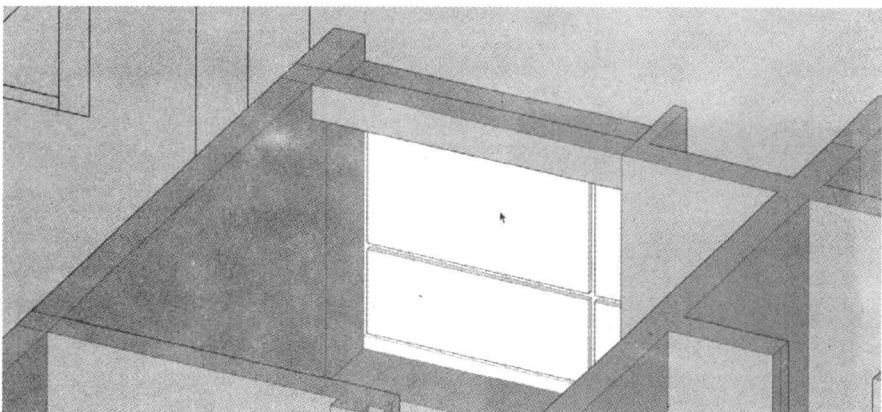

图 6-41

(2)用同样的方法创建南面的飘窗,结果如图 6-42 所示。

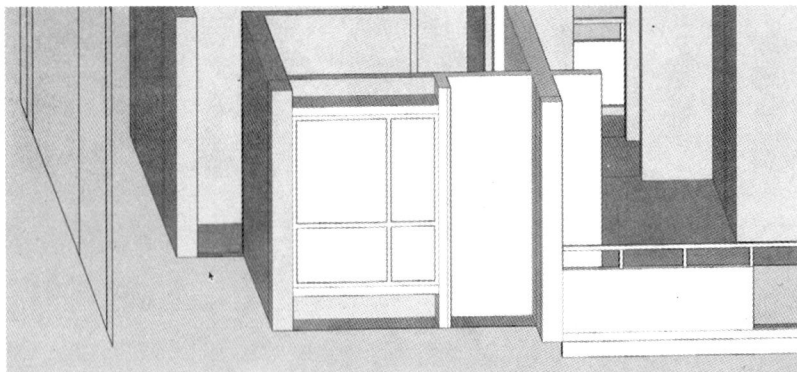

图 6-42

4.创建普通小窗

接下来创建朝南的小窗。使用形状工具中的"矩形"工具 ，以距离墙面顶部 0.3 米和左边 0.24 米的位置为起点，绘制 1.3 米×0.56 米的矩形，如图 6-43 所示。

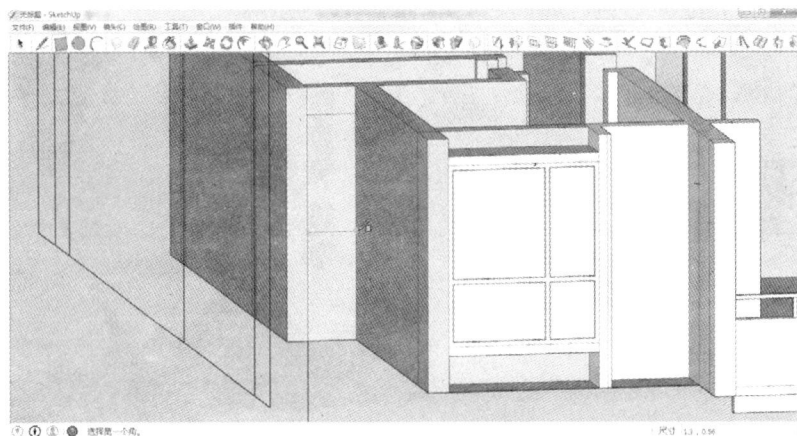

图 6-43

沿着绘制好的矩形面使用"推/拉"工具 向内侧推 0.24 米，如图 6-44 所示，并把被推后的面删除，形成镂空状态，如图 6-45 所示。

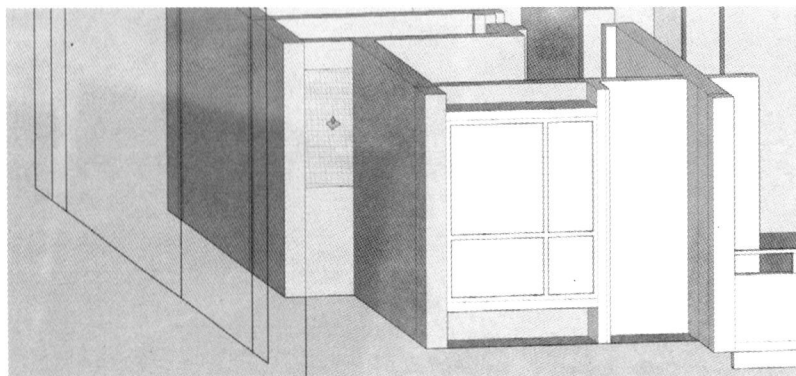

图 6-44

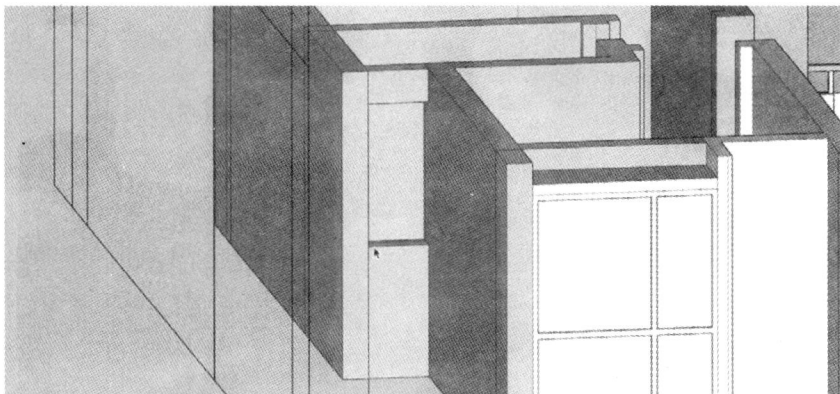

图 6-45

在距离外墙 0.17 米处，绘制与刚绘制的矩形等大的矩形，如图 6-46 所示。

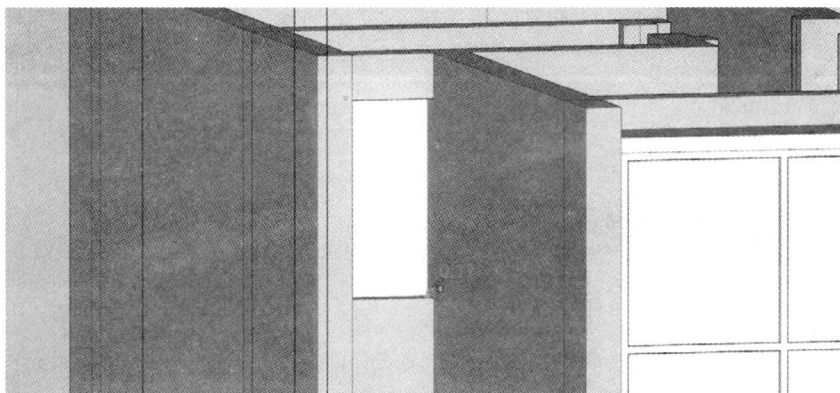

图 6-46

　　选中窗体面，点击 SUAPP 插件中的"玻璃幕墙"工具 ，在弹出的对话框中输入如图 6-47 所示的参数，点击"确定"，即可生成如图 6-48 所示的窗户。

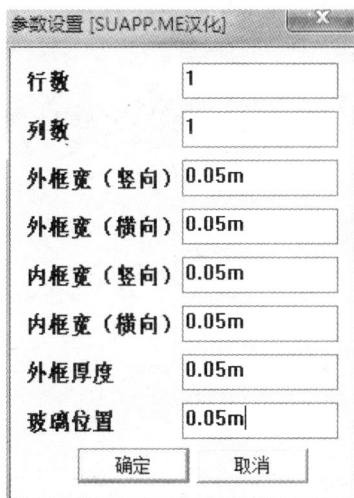

图 6-47

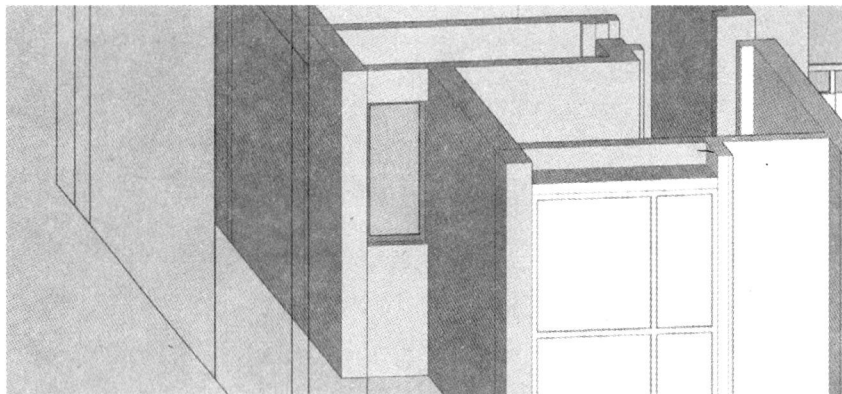

图 6-48

5.创建门

接下来创建阳台上的门。首先是南面阳台上的移门。先使用"推/拉"工具竖起墙面,如图 6-49 所示。

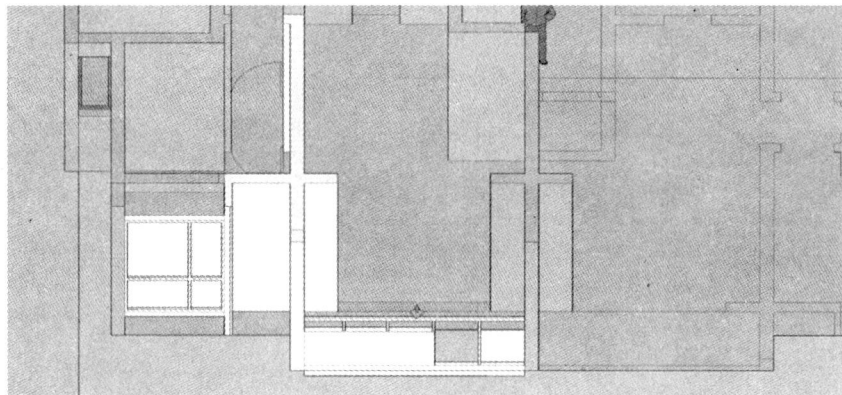

图 6-49

用"线条"工具绘制距离顶部 0.3 米的分割线,外侧、内侧都需要绘制,如图 6-50 和图6-51所示。

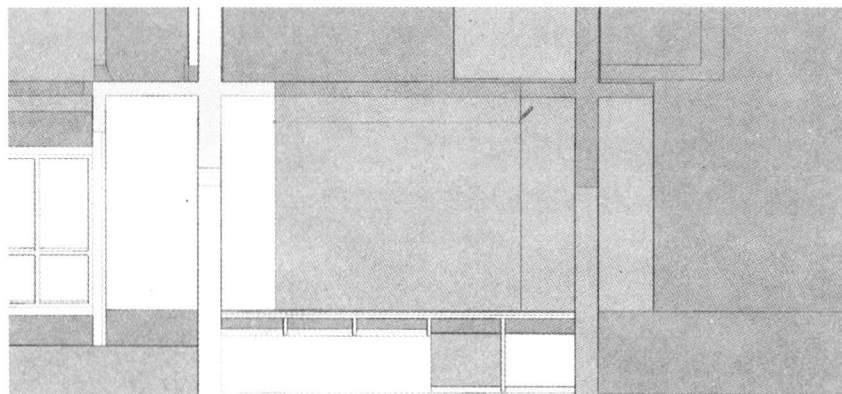

图 6-50

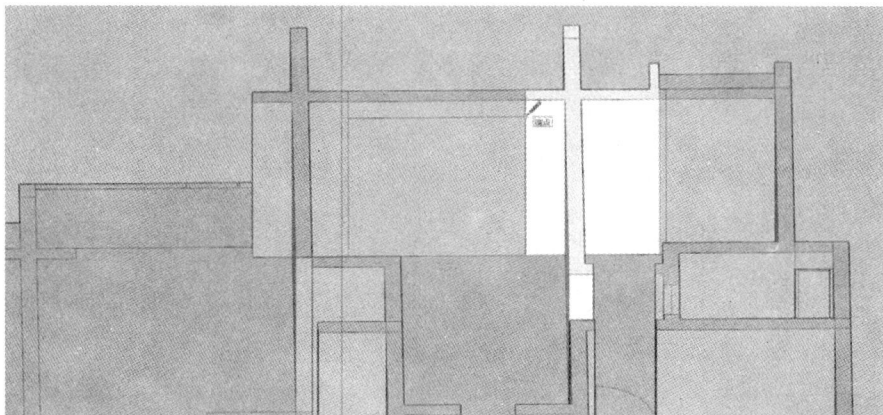

图 6-51

使用"推/拉"工具 将内侧墙面分割线以下的面向外侧推 0.24 米,即达到镂空效果,如图 6-52 和图 6-53 所示。

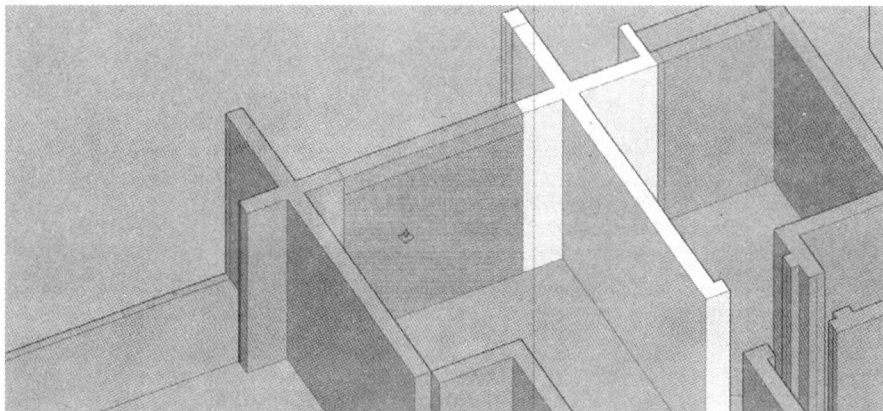

图 6-52

图 6-53

在外侧用"线条"工具 绘制移门面域,如图 6-54 所示。

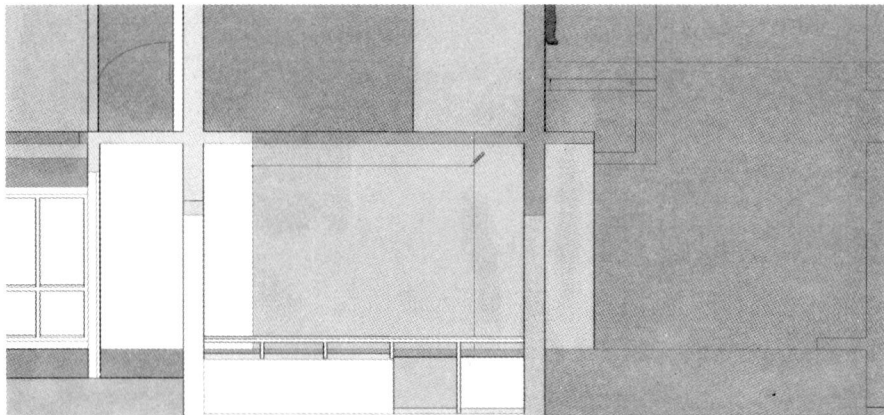

图 6-54

在墙面上绘制移门立面上的线框,尺寸如图 6-55 所示。

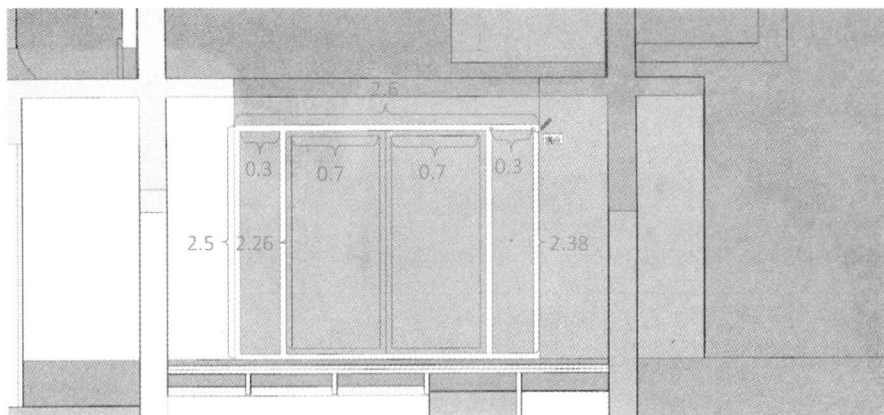

图 6-55

选择"推/拉"工具 ![tool],按住 Ctrl 键,然后将门框面向内侧推 0.05 米,如图 6-56、图6-57 所示。

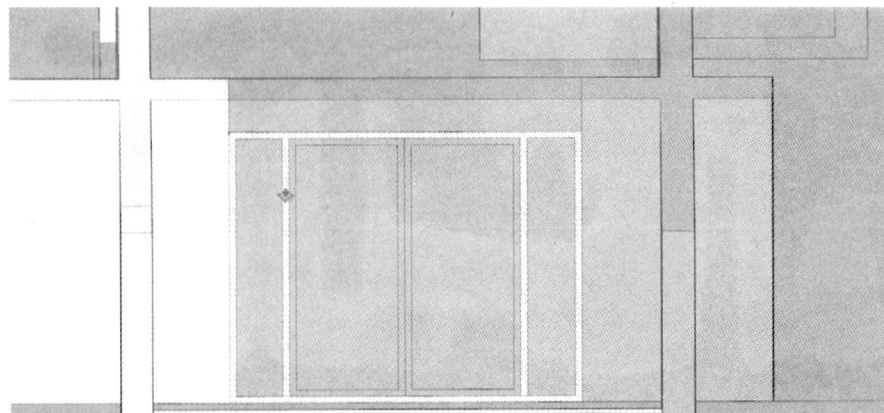

图 6-56

图 6-57

使用"推/拉"工具 将左右两侧玻璃面向内侧推 0.03 米,如图 6-58、图 6-59 所示。

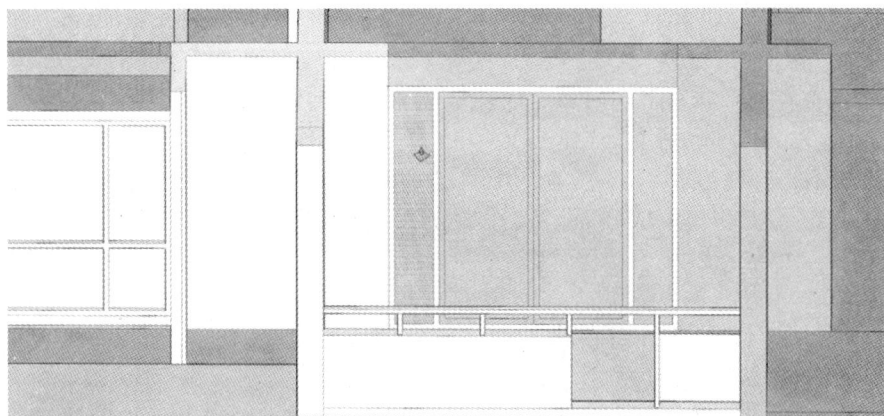

图 6-58

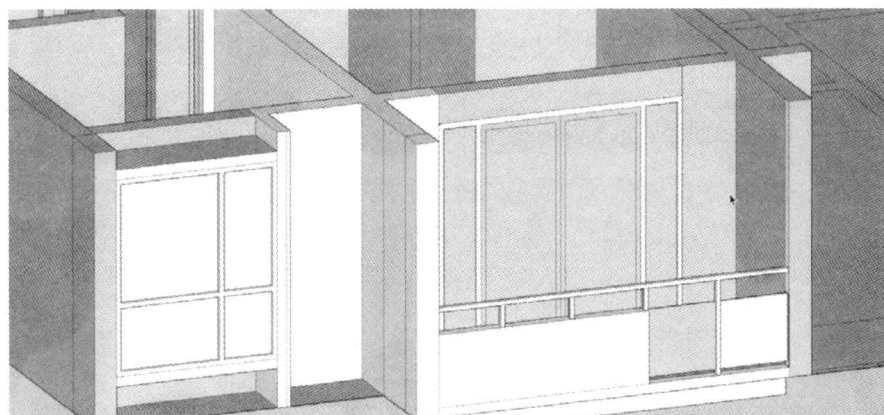

图 6-59

这样就创建好了南阳台的移门,接下来用上述创建门、窗类似的方法来创建北阳台的门,效果如图 6-60 所示。

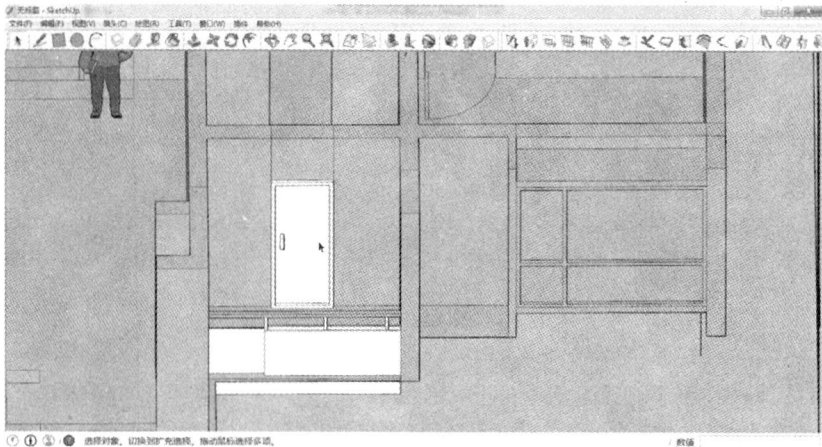

图 6-60

6.创建设备用房

首先使用"推/拉"工具 ![工具], 按住 Ctrl 键, 将设备用房底部(见图 6-61)向上推升 0.1 米, 推拉后的效果如图 6-62 所示;继续向上推升 2.4 米, 推拉后的效果如图 6-63 所示;最后再向上推升 0.3 米, 结果如图 6-64 所示。这样操作即相当于在距离顶部 0.3 米、底部 0.1 米处绘制了两条分割线, 随后再将设备用房的外立面的中间部分编辑为百叶窗质感的材质即可。

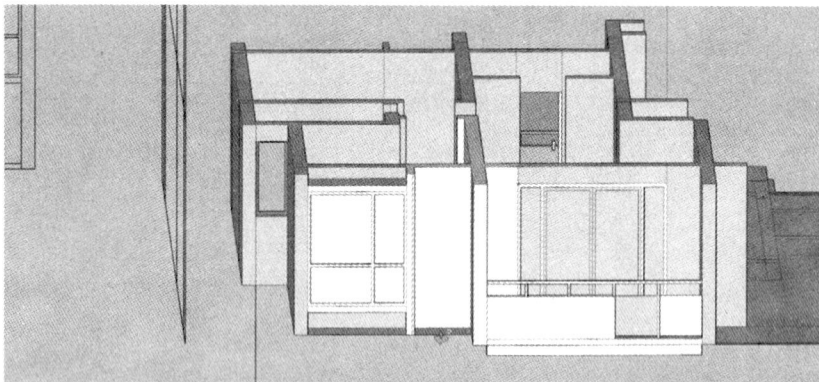

图 6-61

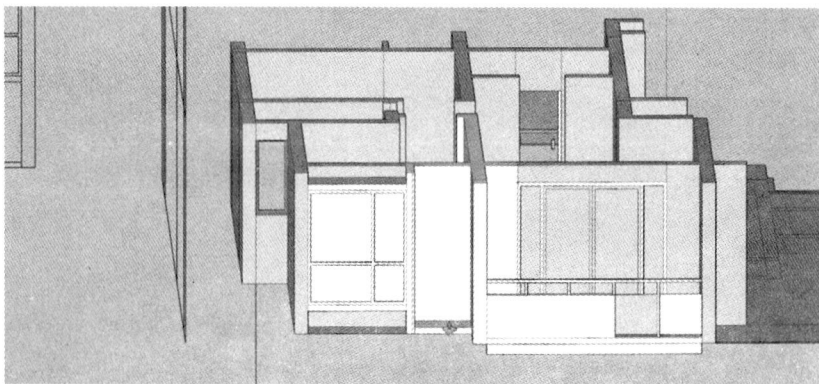

图 6-62

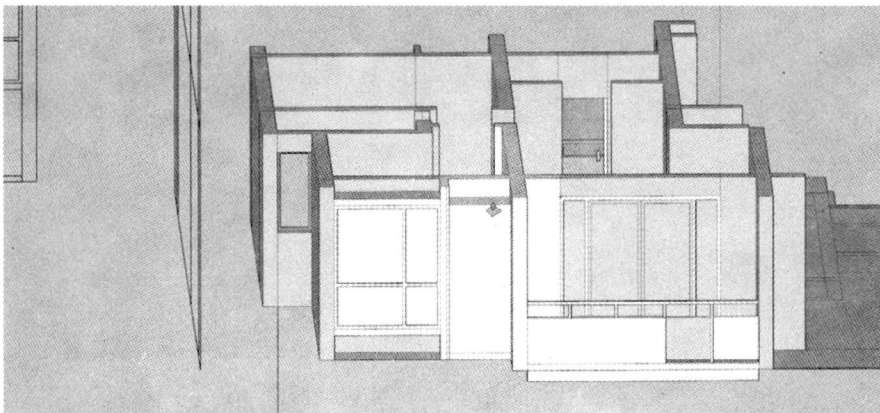

图 6-63

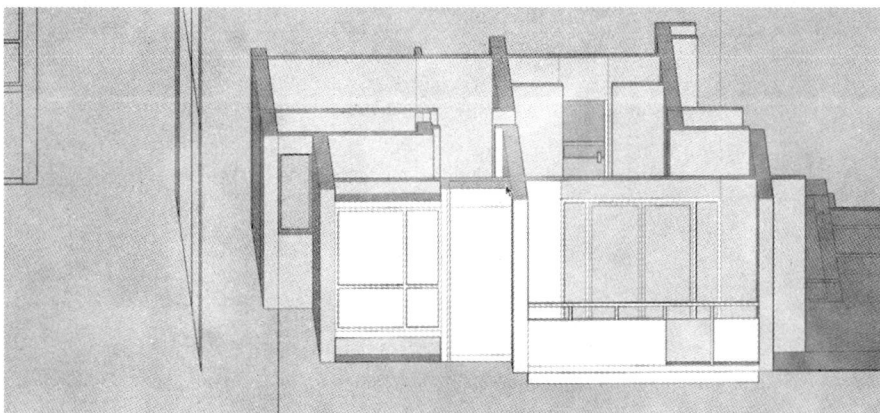

图 6-64

7. 创建楼梯间

接下来创建楼梯间。首先使用"推/拉"工具 ![icon] 拉升起楼梯间墙体，接着，按住 Ctrl 键，然后将楼梯窗台底部(见图 6-65)向上推升 0.9 米(见图 6-66)，继续向上推升至与其他墙体等高(见图 6-67)。这样操作即相当于在距离底部 0.9 米处绘制了一条分割线。

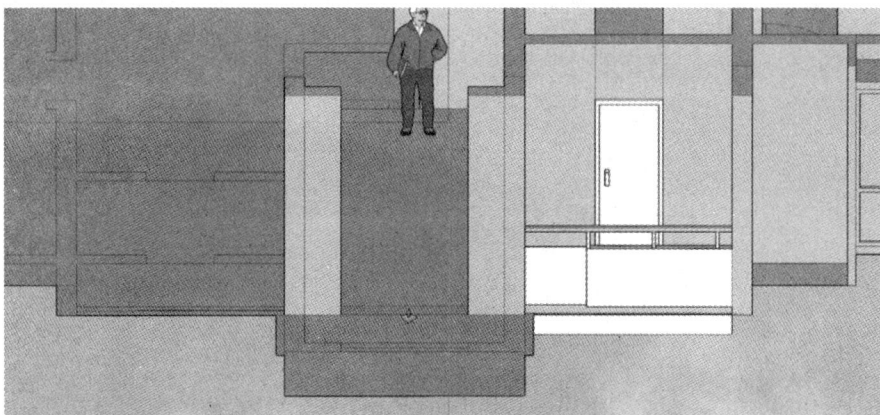

图 6-65

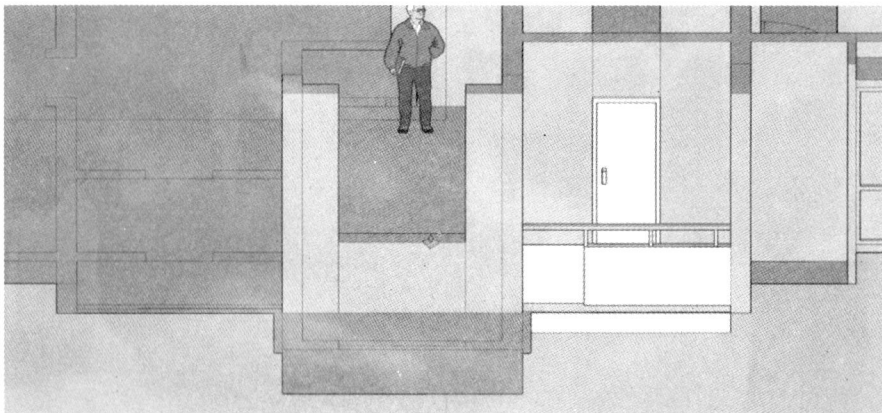

图 6-66

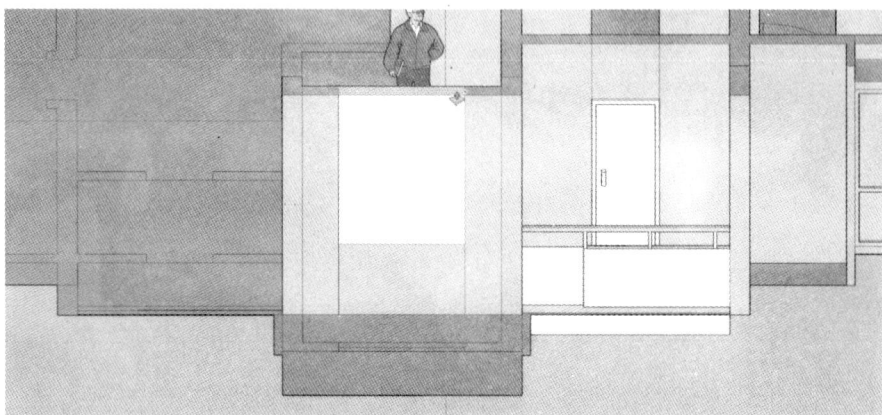

图 6-67

将底平面中多余部分删除,具体操作方法是选中需删除线条,按下 Delete 键即可,如图 6-68 所示。

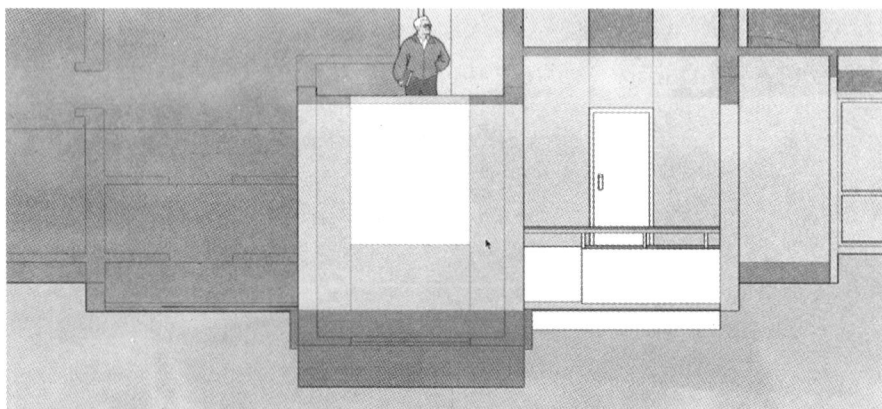

图 6-68

使用"推/拉"工具 将分割线下边的面向内侧推,直至达到镂空效果,点击 SUAPP 插件中的"墙体开窗"工具 ,将窗的参数设置成如图 6-69 所示。

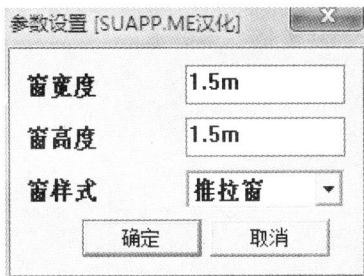

图 6-69

　　右键单击选中的窗户(见图 6-70),在弹出的右键菜单中点击"分解"选项。重复以上"分解"操作一次。

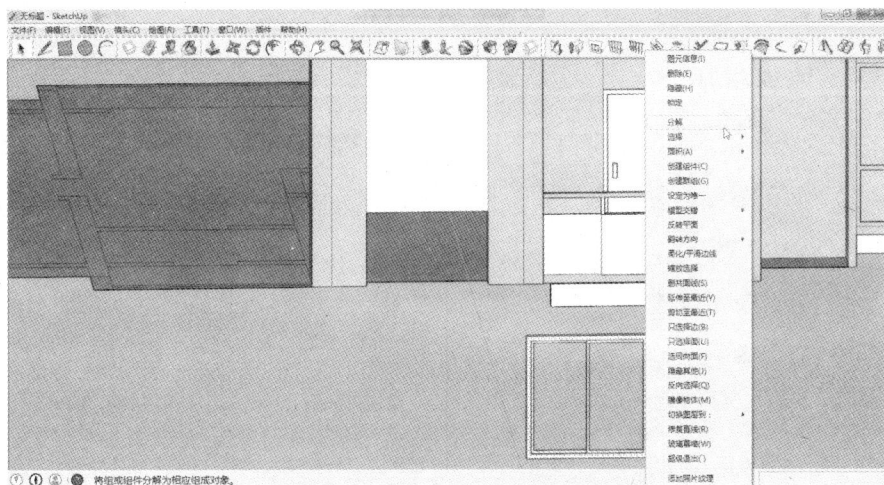

图 6-70

　　这样把窗户完全分解之后,将窗户移动到预留的窗洞位置,窗的外框表面与外墙在同一平面上,使用"矩形"工具 在两面窗户内侧绘制矩形,形成玻璃窗面,如图 6-71 所示。

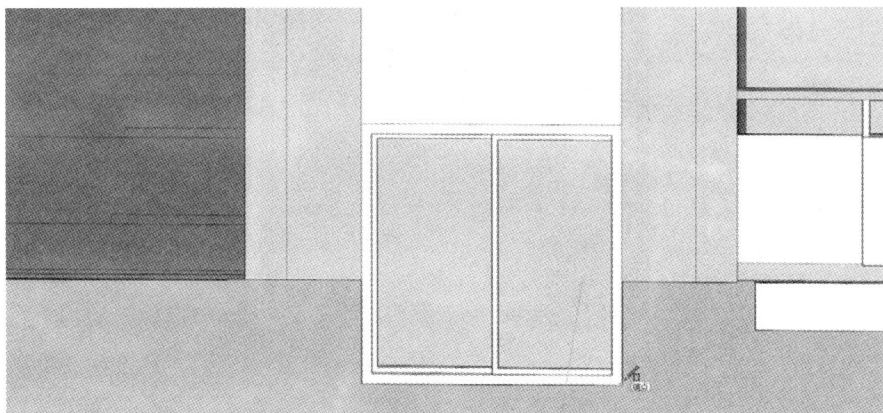

图 6-71

此外,使用"推/拉"工具 把上边的窗洞也预留出来,长度是 0.6 米,如图 6-72 所示。

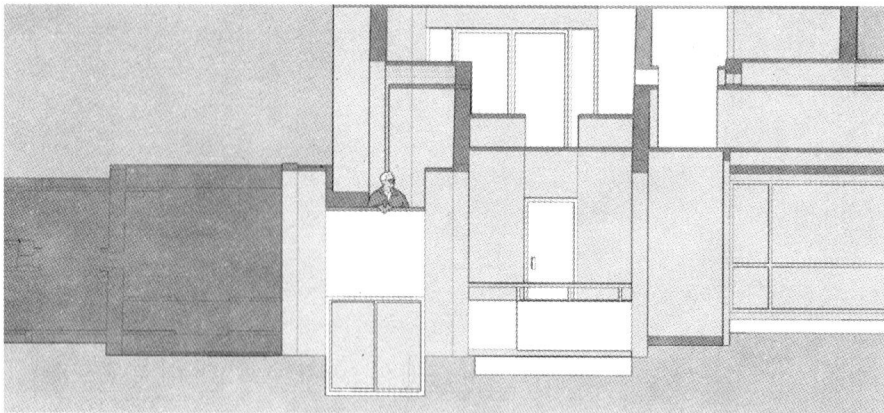

图 6-72

6.1.3 编辑材质

经过以上几个建筑部件的建模,我们基本完成了住宅模型单元的创建,此时用"橡皮擦"工具 擦除建筑表面与后期建模无关的线条。接下来只要再对建筑表面的材质进行编辑,就可以基本完成建模工作。

(1)编辑建筑物表面的材质。点击"颜料桶"工具 ,在弹出的"材质"对话框的下拉列表中选择"半透明材质"材质类型(见图 6-73),进一步选择该材质类型下的"深灰半透明玻璃"材质,点击玻璃门、窗的玻璃表面,给这些表面赋予此材质,效果如图 6-74 所示。

图 6-73

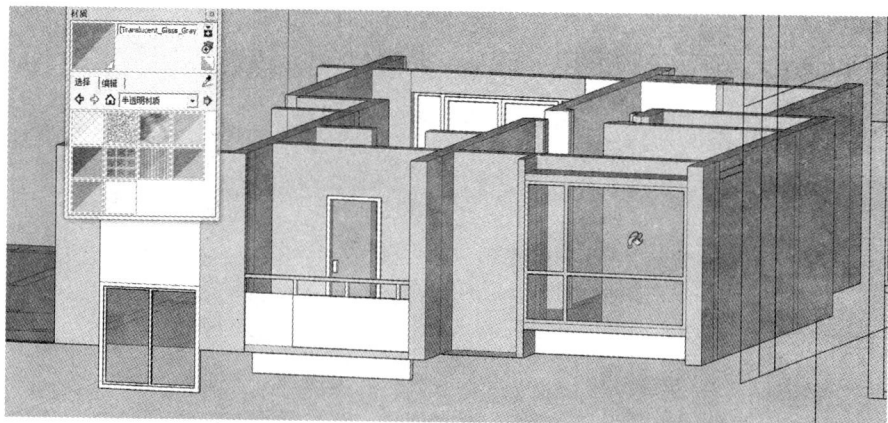

图 6-74

（2）编辑设备用房表面材质。选中设备用房的外立面，点击"颜料桶"工具 ，在弹出的"材质"对话框中，选择"百叶窗"材质类型，选择"水平布制效果"材质（见图 6-75）。

图 6-75

点击"创建材质"工具 ，在弹出的对话框（见图 6-76）中按图 6-77 所示调整颜色，点击"确定"按钮，然后对设备用房外立面进行填充即可，如图 6-78 所示。

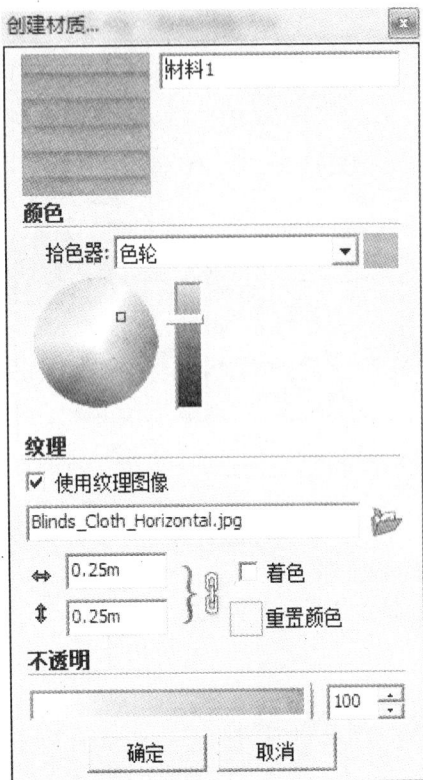 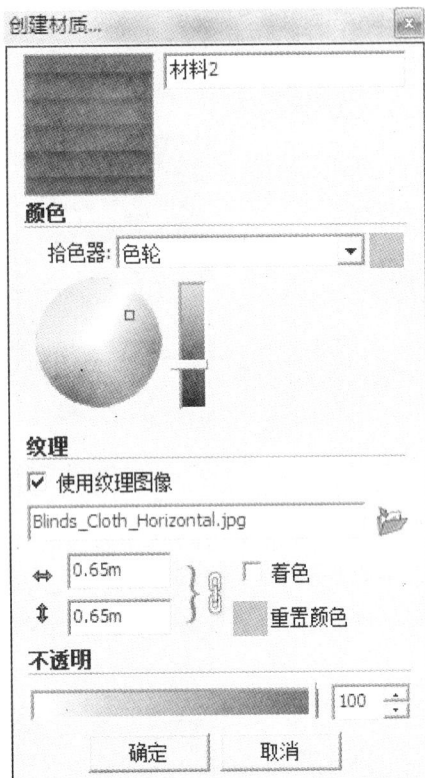

图 6-76   图 6-77

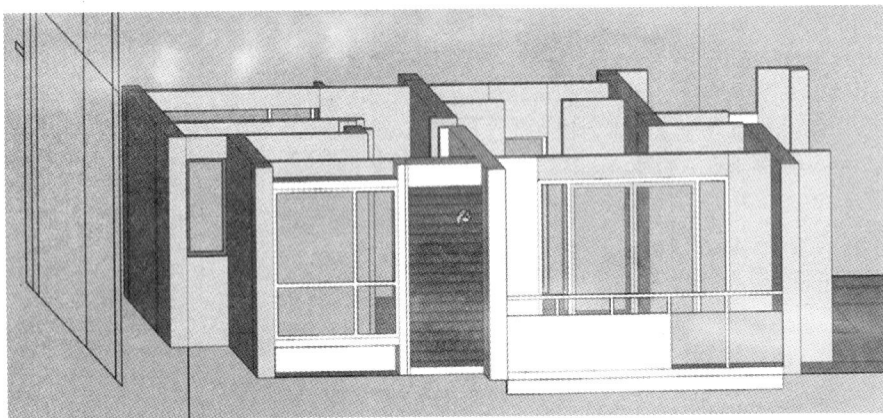

图 6-78

（3）编辑墙面材质。选中墙面，点击"颜料桶"工具 ，在弹出的"材质"对话框下拉列表中选择"砖和覆盖"材质类型，点选该类型中的"深色粗砖"材质（见图 6-79）。

图 6-79

点击"材质编辑器"中的"创建材质" <!-- button --> 按钮以创建新的材质,在弹出的对话框(见图 6-80)中按图 6-81 所示调整颜色和纹理参数,点击"确定"按钮完成材质的制作。然后对墙面进行填充,将材质应用到墙面后的效果如图 6-82 所示。

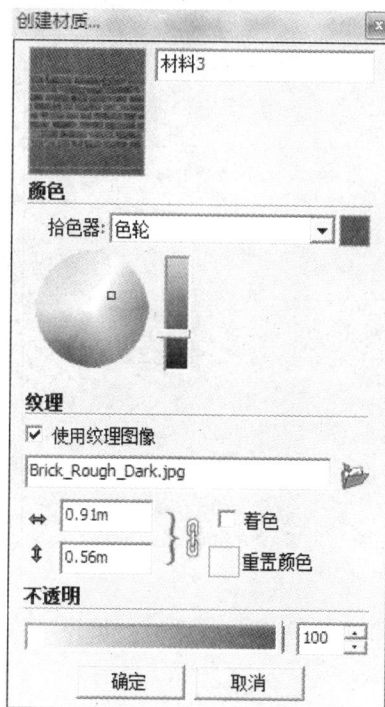

图 6-80

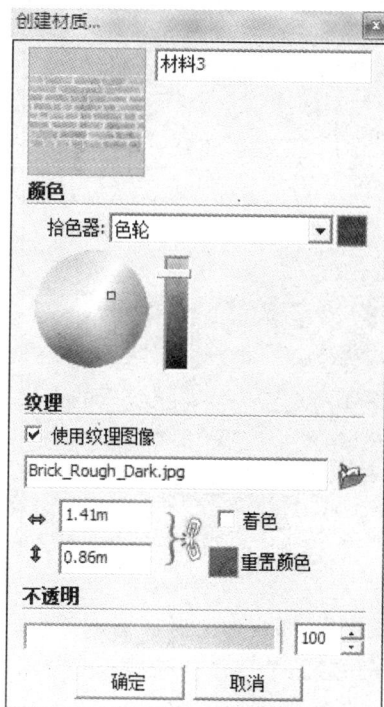

图 6-81

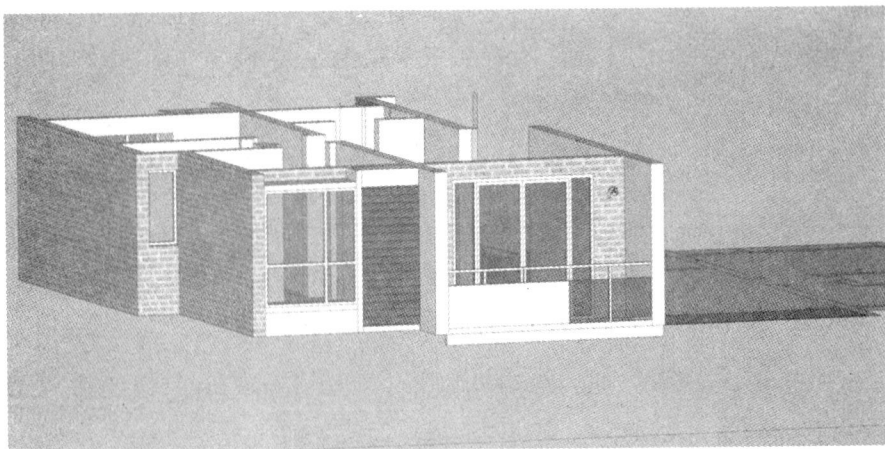

图 6-82

按照上述方法依次编辑其他表面的材质。

6.1.4 创建整体模型

1.创建住宅标准层

点击"镜像"工具 ◢，按图 6-83 所示的中轴面为镜像面，对选中的模型进行镜像操作。

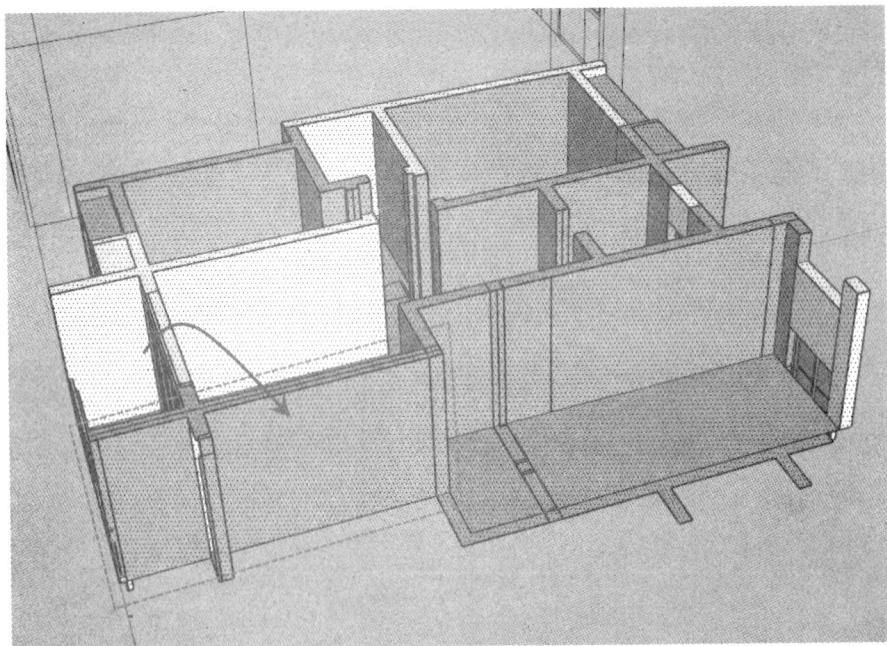

图 6-83

执行镜像操作时，当弹出对话框询问"是否删除原物体"，点击"否"按钮，以保留原始对象。完成该操作后的单层住宅模型如图 6-84 所示。

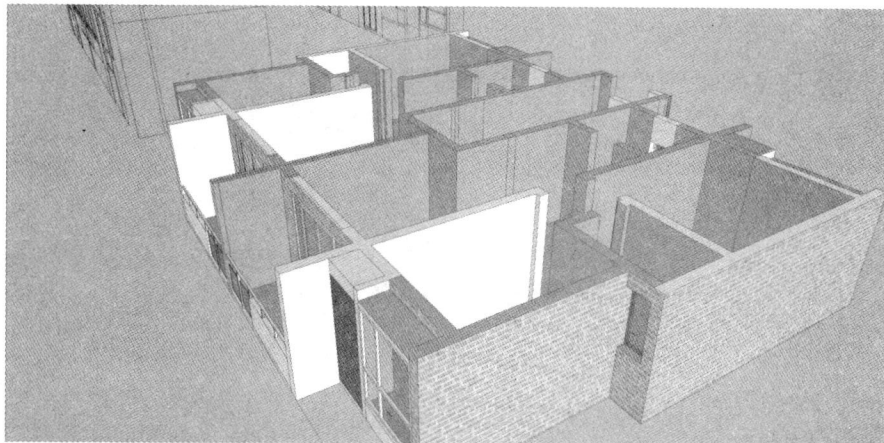

图 6-84

　　将镜像完成后的单层住宅拷贝两次,将拷贝后的两个单层住宅的外墙面材质编辑成白色(见图 6-85),分别为三个单层住宅创建组件,并将组件名称定义为"住宅标准层 1"、"住宅标准层 2"、"住宅标准层 3"。

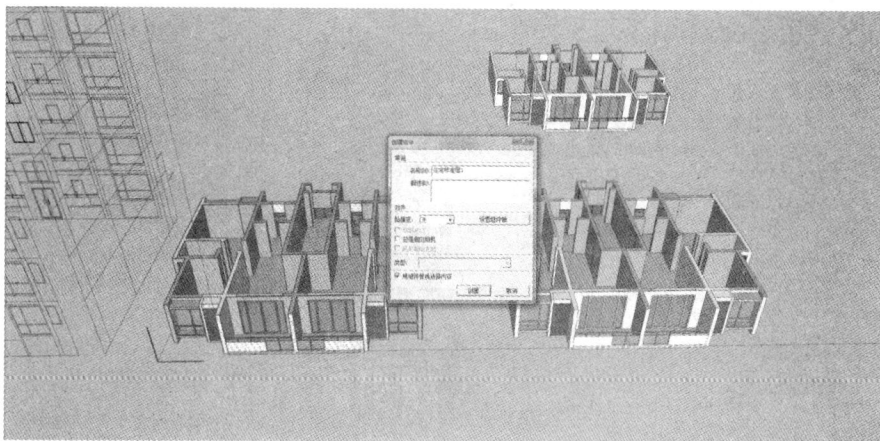

图 6-85

　　2.叠加住宅标准层

　　(1)标准层复制。首先将"住宅标准层 1"进行移动复制,具体操作是选中"住宅标准层 1",点击"移动"工具 ✥,选择左上角点,用"移动"工具确定移动复制的方向,即蓝色轴。然后按住 Ctrl 键,此时移动工具右上角会出现一个"＋",移动工具显示为 ✥,即激活"移动复制"命令。输入移动复制距离为 2.8 米,如图 6-86 所示,按 Enter 键确定即可,结果如图 6-87 所示。

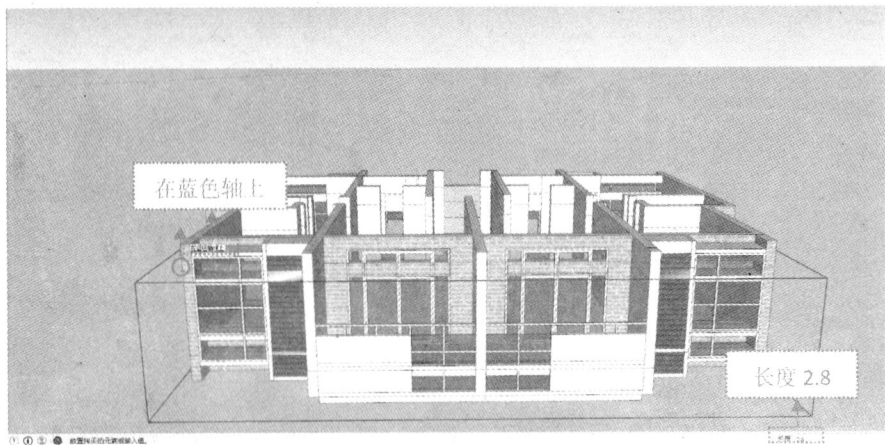

在蓝色轴上

长度 2.8

图 6-86

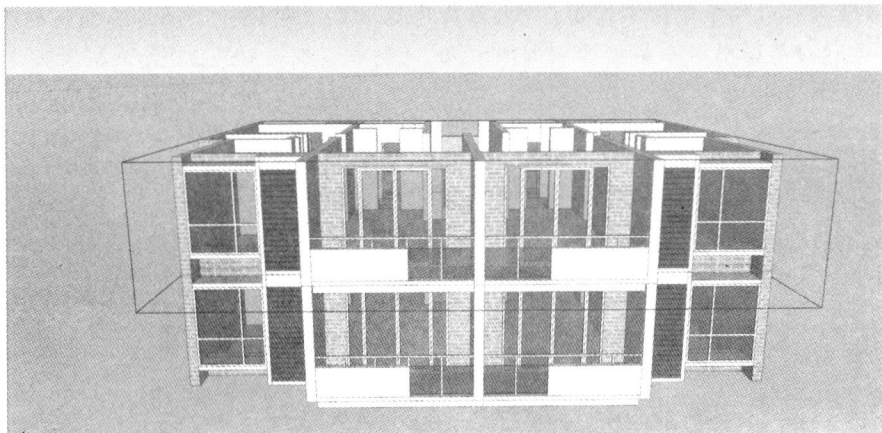

图 6-87

紧接着用键盘输入" ＊6"，按下 Enter 键，便可再移动复制 6 层"住宅标准层 1"，如图 6-88所示。

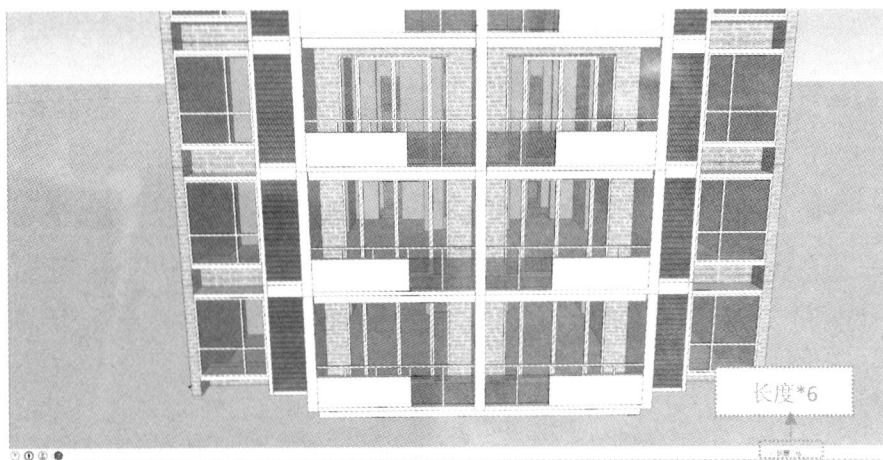

长度*6

图 6-88

（2）创建顶层和底层。按照同样的方法在建筑主体顶部移动复制两层"住宅标准层 2"，在建筑主体底部复制一层"住宅标准层 2"和一层"住宅标准层 3"，如图 6-89 所示。

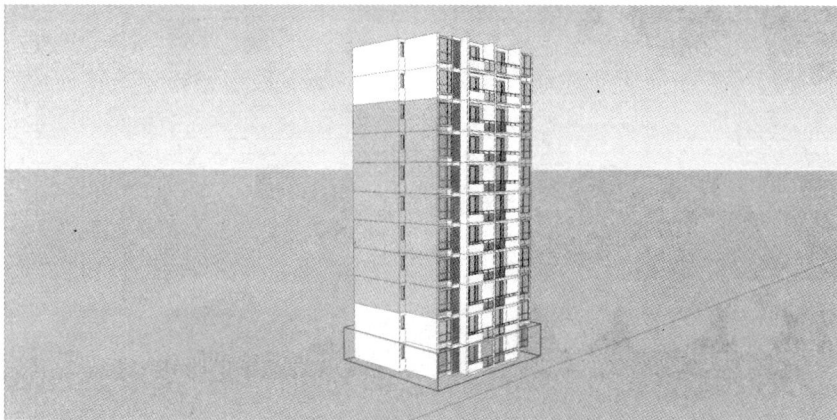

图 6-89

将底层住宅分解。使用"推/拉"工具 ⬆⁺ 将模型左侧底层墙体都向下拉升 1 米，如图 6-90所示，并创建建筑的底座，如图 6-91 和图 6-92 所示。

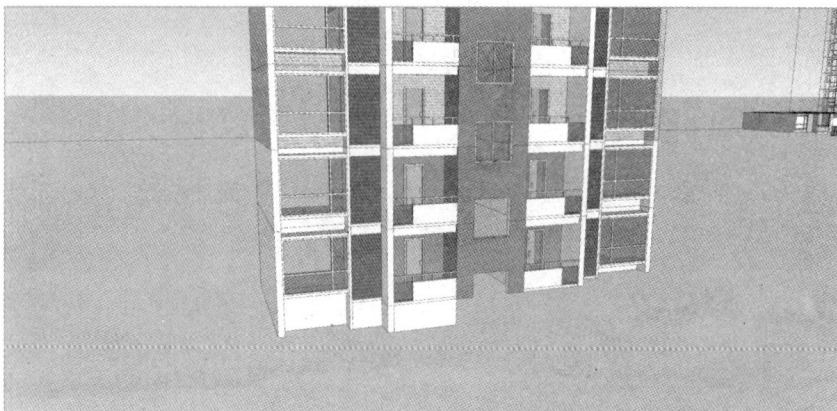

图 6-90

图 6-91

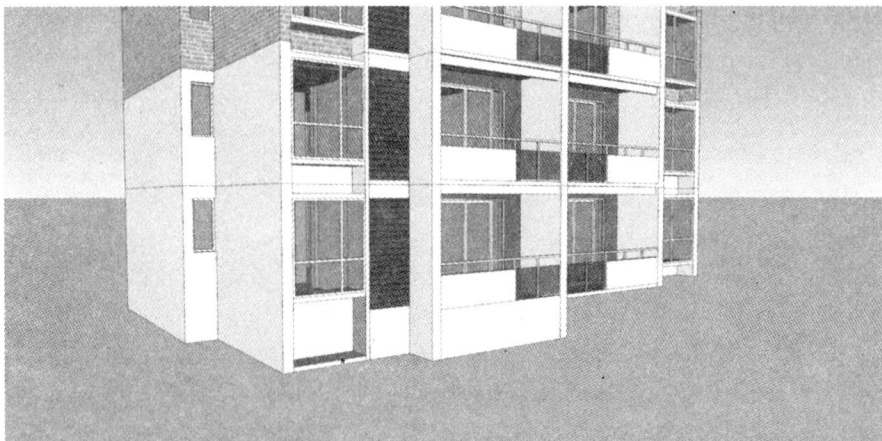

图 6-92

将刚建好的左侧底部模型进行镜像，如图 6-93 所示。

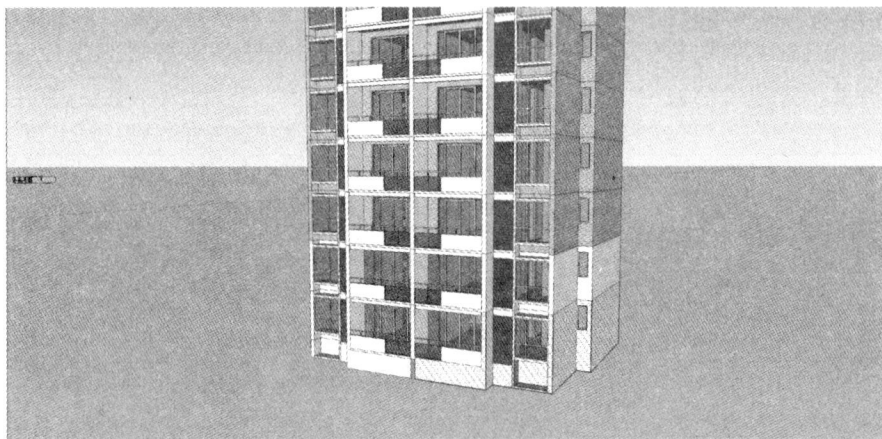

图 6-93

使用"线条"工具 ✐ 将空缺处进行填补，如图 6-94 所示。

图 6-94

3.创建住宅楼门禁

插入底层平面,如图 6-95 所示。

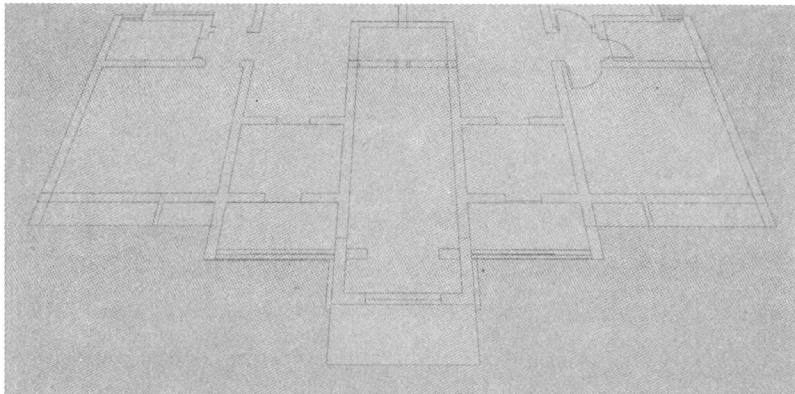

图 6-95

用"推/拉"工具 拉升起门禁的墙体部分,拉升第一次高度为 3.1 米,按住 Ctrl 键,继续拉升高度为 2.2 米,如图 6-96 所示。

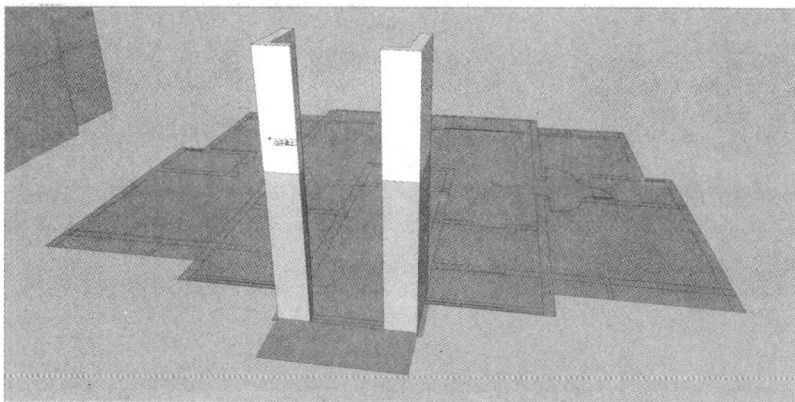

图 6-96

创建门禁的屋檐、窗、门,如图 6-97 和图 6-98 所示。

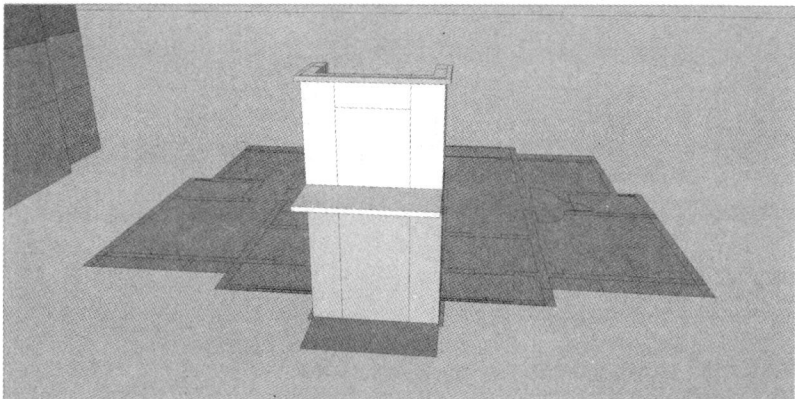

图 6-97

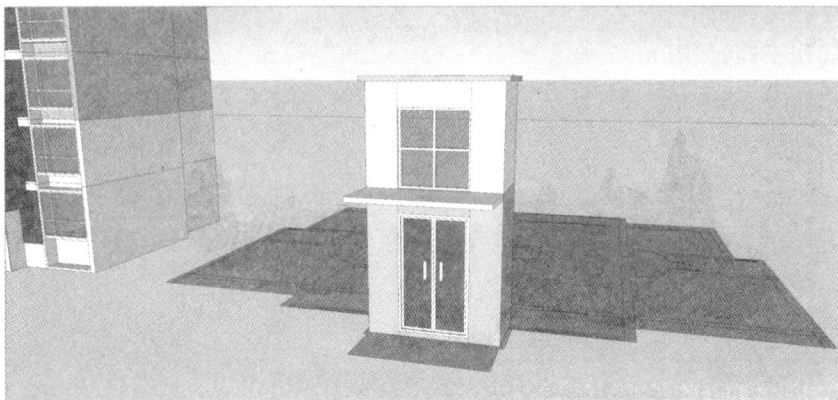

图 6-98

选中门禁并生成组件,将其拷贝并移动到建筑主体上,如图 6-99 所示。

图 6-99

使用"颜料桶"工具 将门禁的墙面、门禁与楼梯间连接处的墙面的材质编辑为"砖石建筑"材质,如图 6-100 所示。

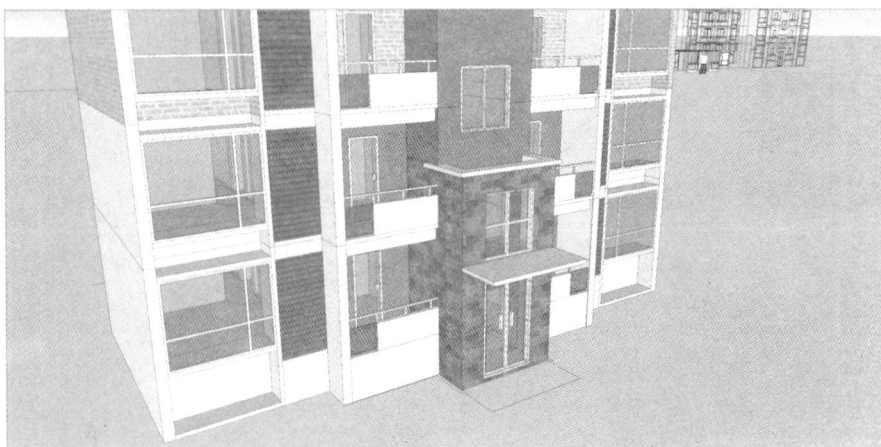

图 6-100

4.创建住宅屋顶

导入顶层平面图,如图 6-101 所示。

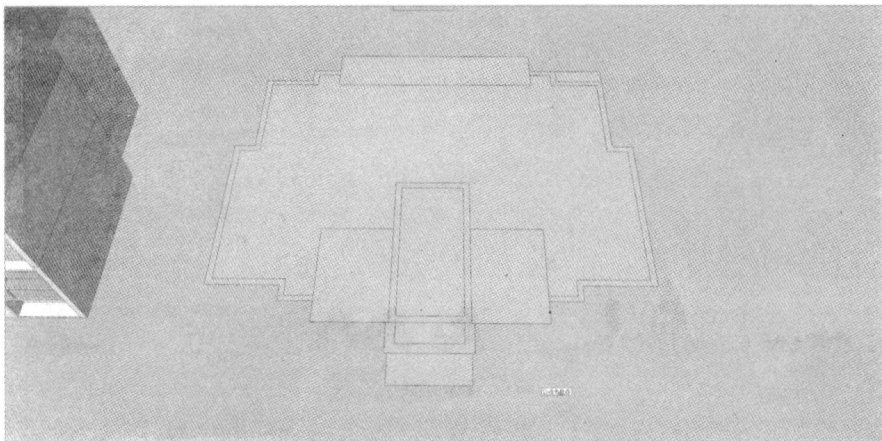

图 6-101

使用"推/拉"工具 🔼⁺ 将屋顶女儿墙拉起 1.5 米,楼梯间外墙向上拉升 3.9 米,并将楼梯间顶面向下推 0.6 米,效果如图 6-102 所示。

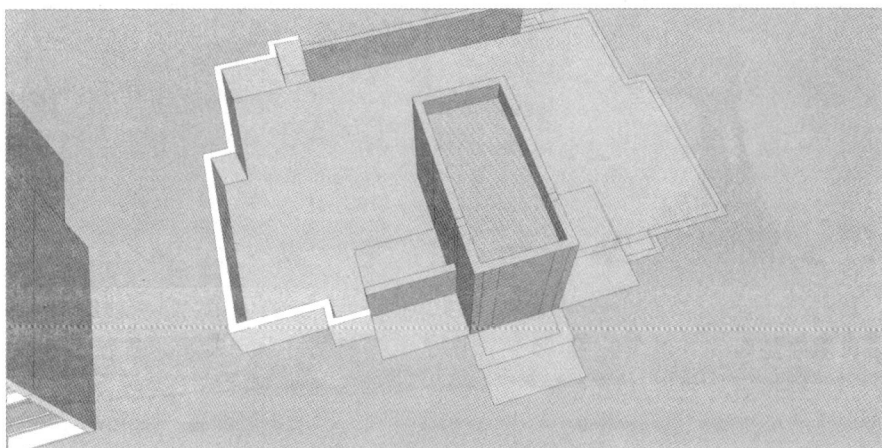

图 6-102

如图 6-103 所示,使用"推/拉"工具 🔼⁺ 竖起 3 米高、0.24 米厚的墙,并在墙右侧表面绘制与此墙顶面距 0.24 米的直线,将直线上方的面向右拉升至楼梯间表面,如图 6-104 所示。

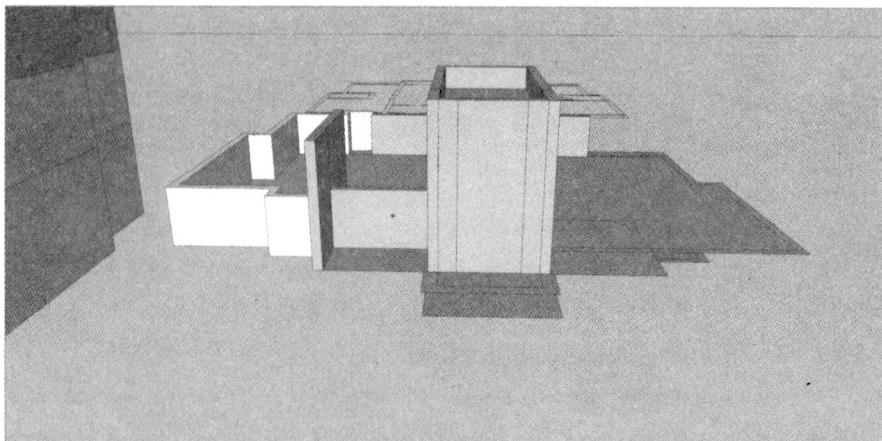

图 6-103

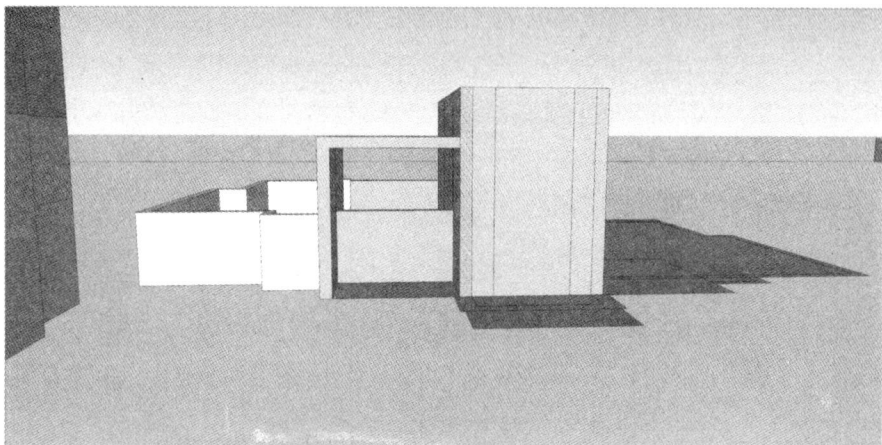

图 6-104

  在屋顶南面竖起 2.8 米高的墙,效果如图 6-105 和图 6-106 所示。推拉其顶部,顶部厚度为 0.24 米,推拉后的效果如图 6-107 所示。

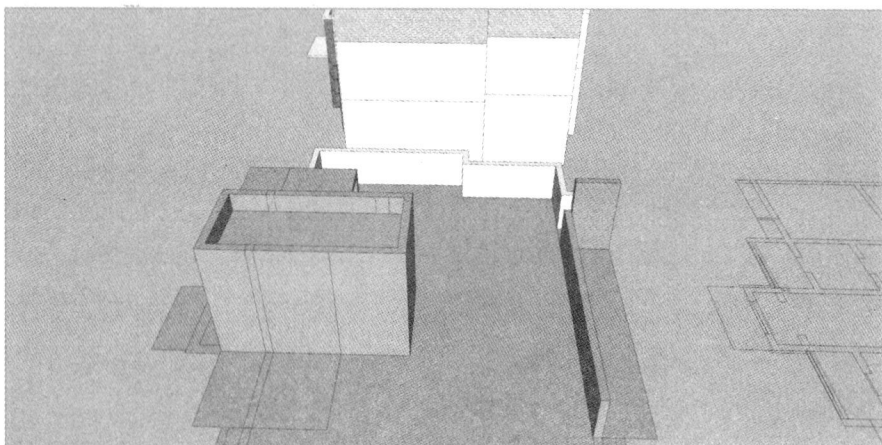

图 6-105

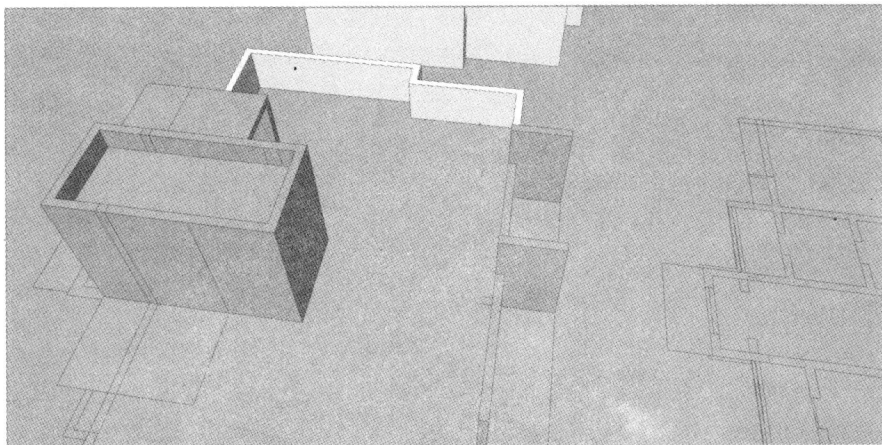

图 6-106

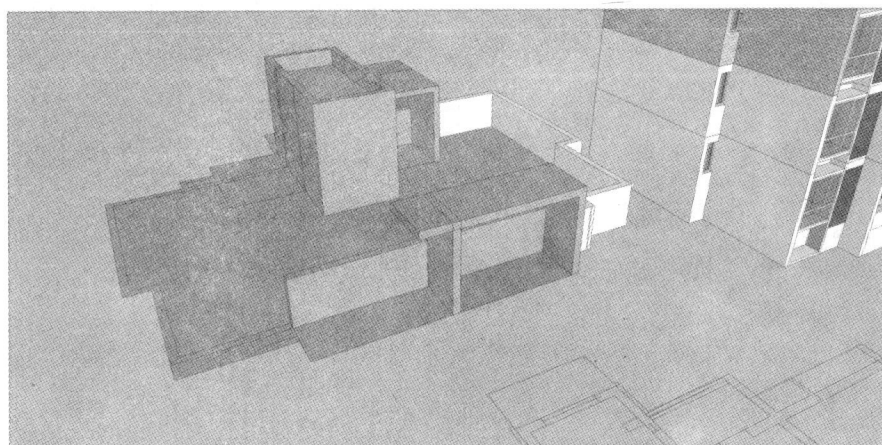

图 6-107

编辑屋顶表面的材质为白色、灰色，并预留出楼梯间处的窗洞，高度为 0.6 米，如图 6-108所示。

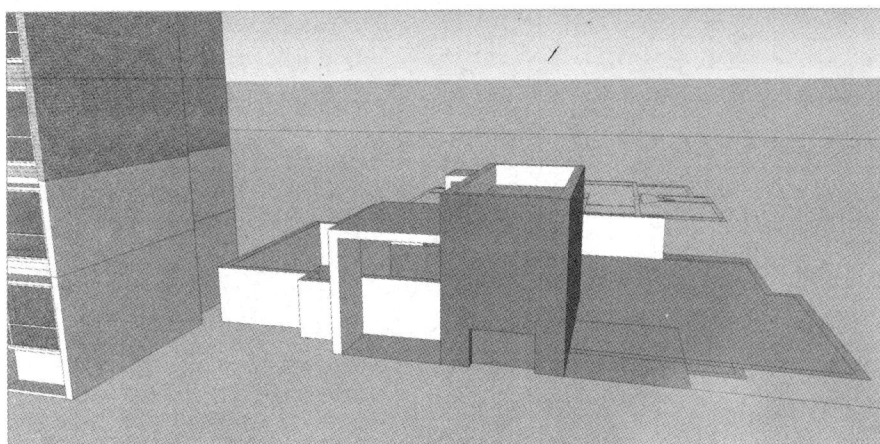

图 6-108

对已建的半个屋顶进行镜像,删除多余的线条,完成屋顶的创建(见图 6-109),并将屋顶成组。

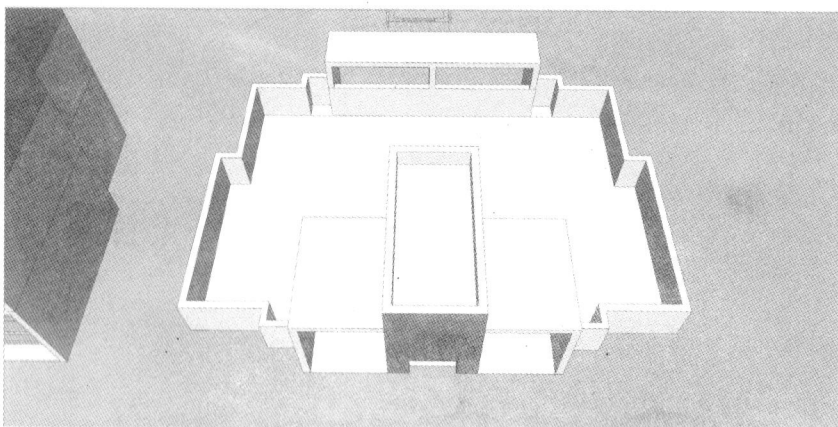

图 6-109

将屋顶拷贝并移动到建筑主体顶部,如图 6-110 所示。

图 6-110

最后创建楼梯间最顶部的窗户,即完成整幢高层住宅模型的创建,住宅模型的最终效果如图 6-111 所示。

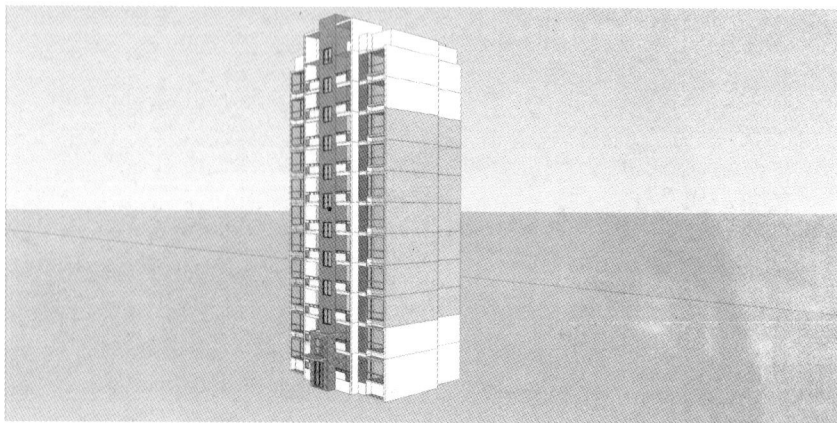

图 6-111

6.2　高层办公楼 SketchUp 建模

高层办公楼的建模与高层住宅的建模有所差异,高层住宅有明显的标准层,而高层办公楼的整体性较强,并且由于设计时大部分的层高是一致的(但也不排除个别楼层采用不同的层高),因此本节中的高层办公楼建模采用的是"整体—分片"式的方法,即首先创建建筑主体部分,再创建各分片区的要素,例如外立面主体构件、楼板、墙面修饰等,最后将这些要素拼贴到主体上。

6.2.1　从 CAD 到 SketchUp

首先在 CAD 中设计并绘制高层办公楼的底层平面、顶层平面、正立面和侧立面(与正立面同),如图 6-112 至图 6-114 所示。

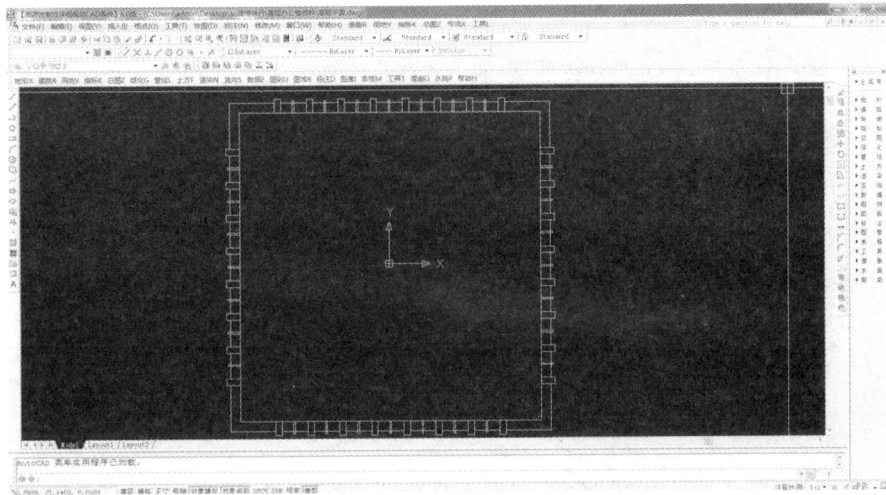

图 6-112

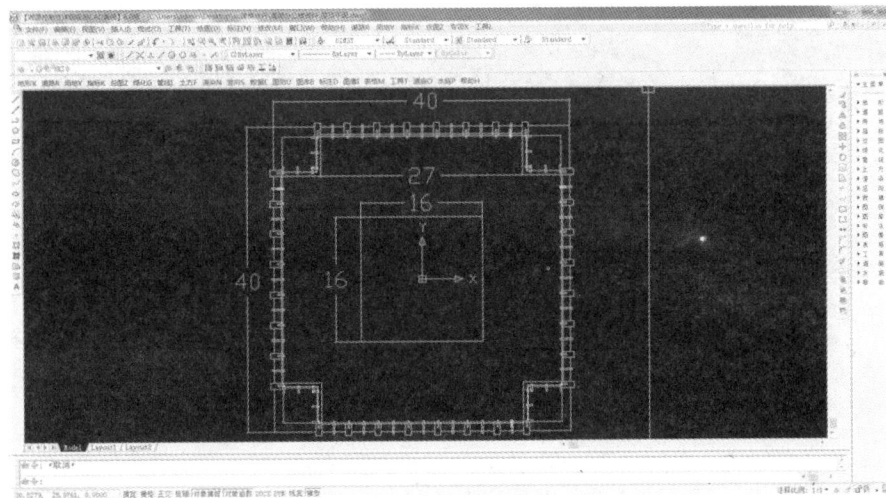

图 6-113

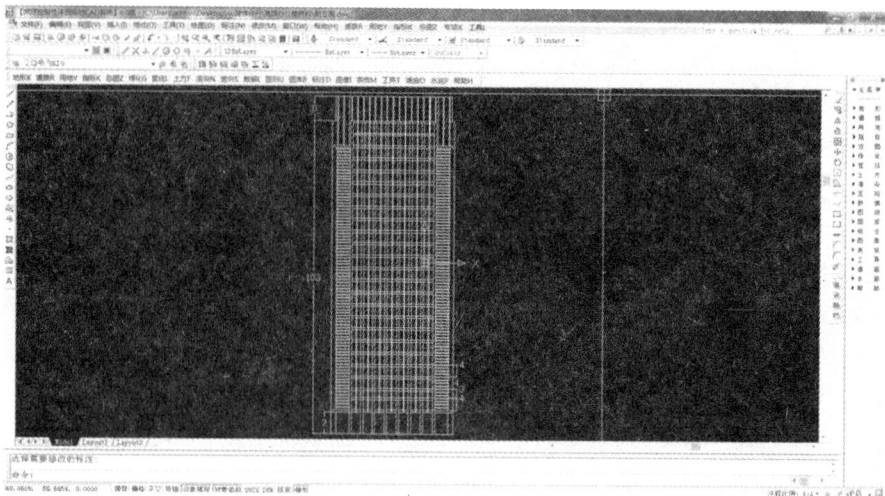

图 6-114

新建 SketchUp 文件，导入"底层平面.dwg"、"屋顶平面.dwg"、"正立面.dwg"和"侧立面.dwg"文件，再用"分解"命令和"生成面域"插件将平面图生成面域，并用"旋转"工具将立面图进行旋转，然后用"移动"工具将立面移动到其底边与住宅平面等高，如图 6-115 所示。

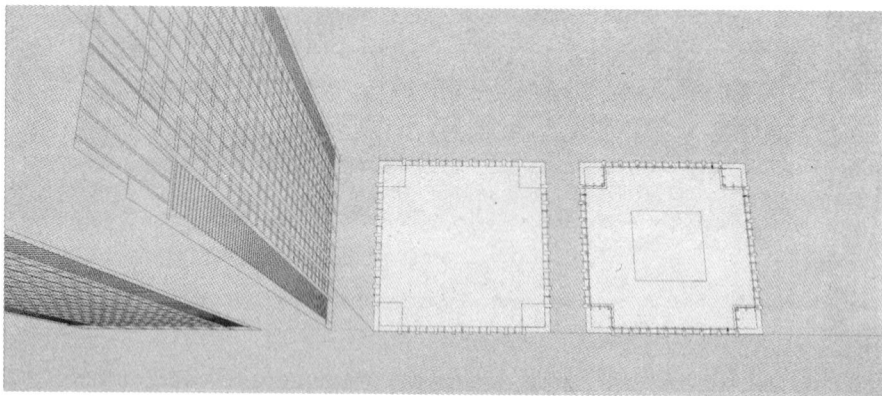

图 6-115

6.2.2 创建建筑主体

绘制边长为 37.6 米的正方形，如图 6-116 所示，用"推/拉"工具向上推拉 7.2 米，如图 6-117 所示。

图 6-116

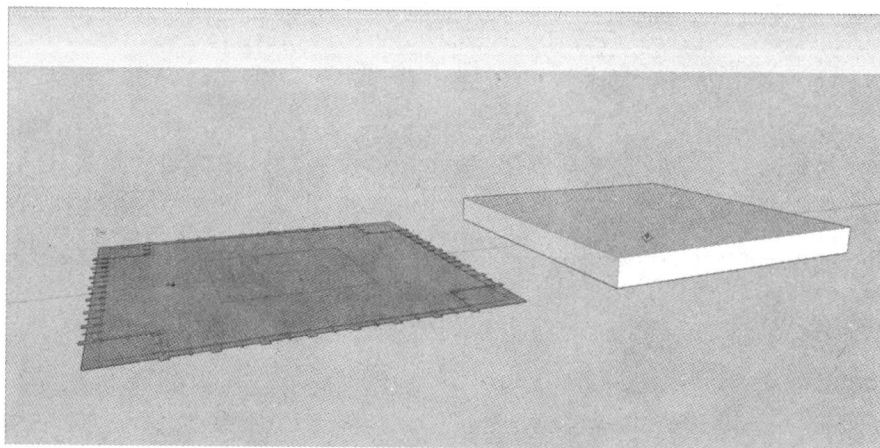

图 6-117

将创建好的方盒子,用"颜料桶"工具 ![icon] 将其表面的材质编辑为"玻璃体",并将方盒子生成组,用"移动"工具将其移动到底层平面上,如图 6-118 所示。

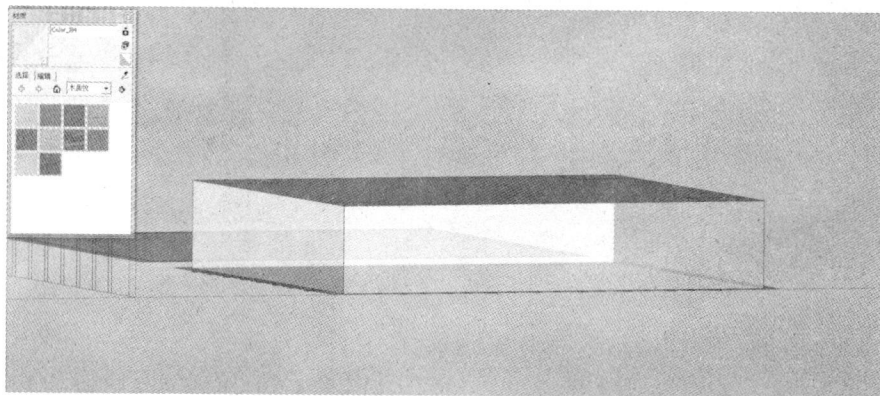

图 6-118

再绘制边长为 40 米的正方形,创建厚度为 0.8 米的楼板,并将其创建为组,用"颜料桶"工具 将分隔楼板的材质编辑为"金属接缝",并在上下面都绘制底层平面上相应尺寸的线框,如图 6-119 所示。

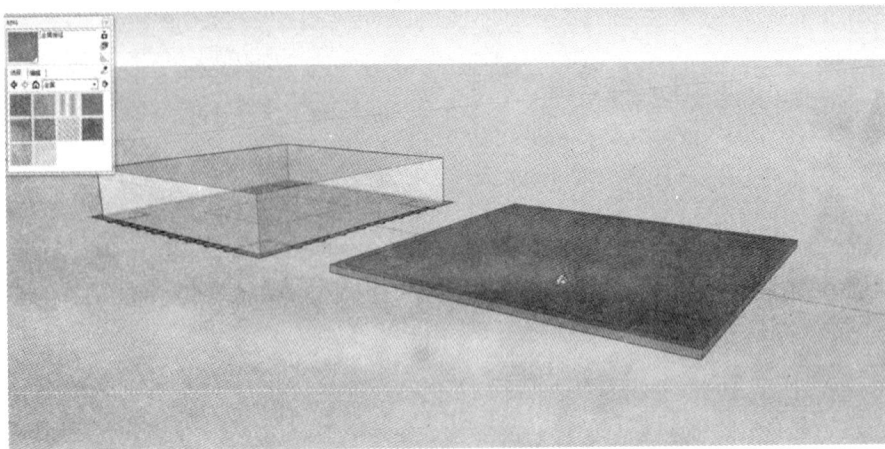

图 6-119

接着将楼板准确移动到建筑底座上,使用"推/拉"工具 拉起建筑主体部分,如图 6-120 所示,推拉距离为 103 米,在第一块楼板正上方 86.4 米处粘贴第二块楼板,如图 6-121 所示,并用"颜料桶"工具 将建筑主体表面的材质编辑为"玻璃体",如图 6-122 所示。

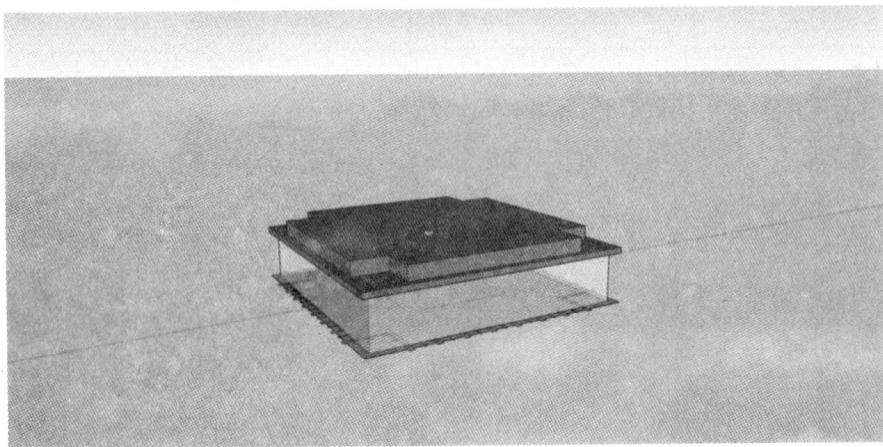

图 6-120

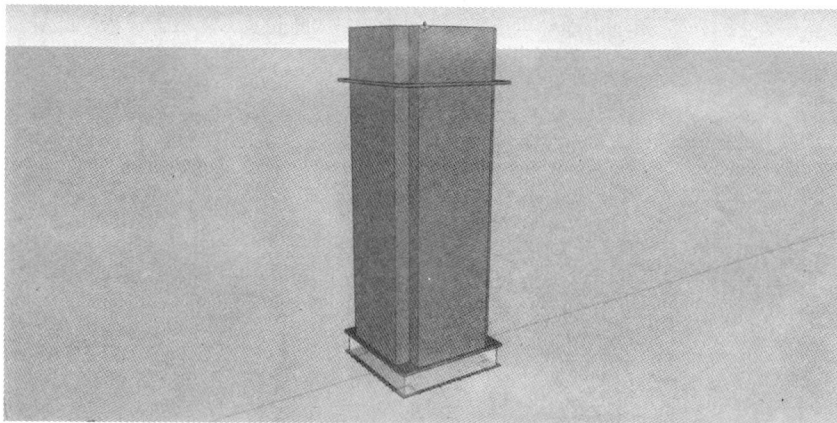

图 6-121

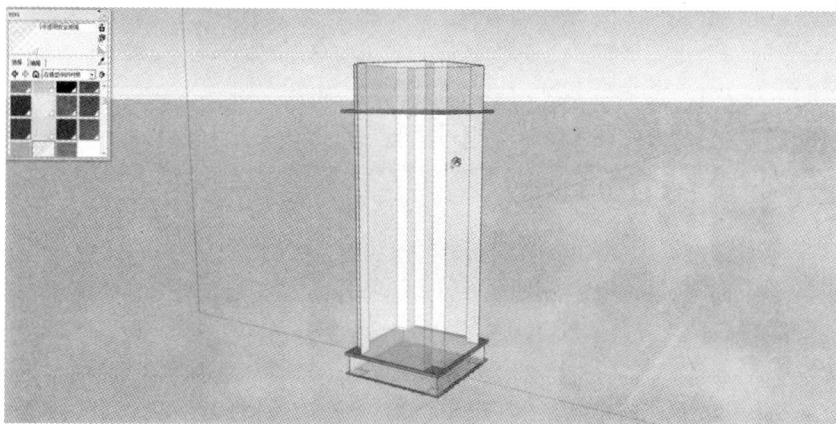

图 6-122

6.2.3　创建幕墙构件

从正立面图上复制并粘贴一半的线框，如图 6-123 所示。

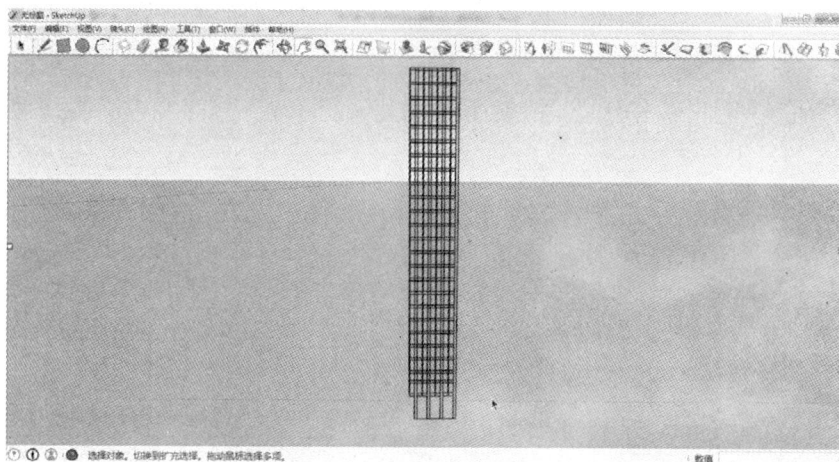

图 6-123

首先,使用"推/拉"工具 ▲⁺ 创建竖向、较细的立柱,推拉距离为 1.5 米,如图 6-124 所示。

图 6-124

然后,用移动复制的方法进行拷贝,如图 6-125 所示。

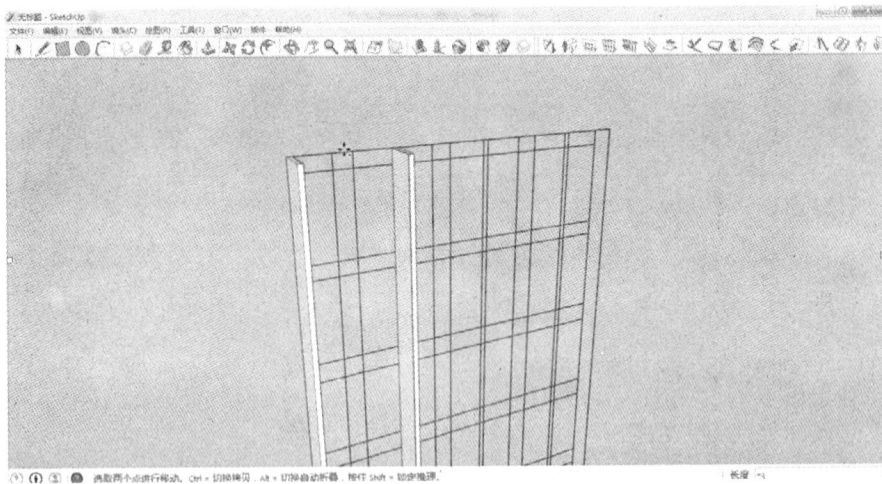

图 6-125

用同样的方法,推拉竖向、较粗的立柱,推拉距离为 1.7 米,再用移动复制的方法进行拷贝,如图 6-126 所示。

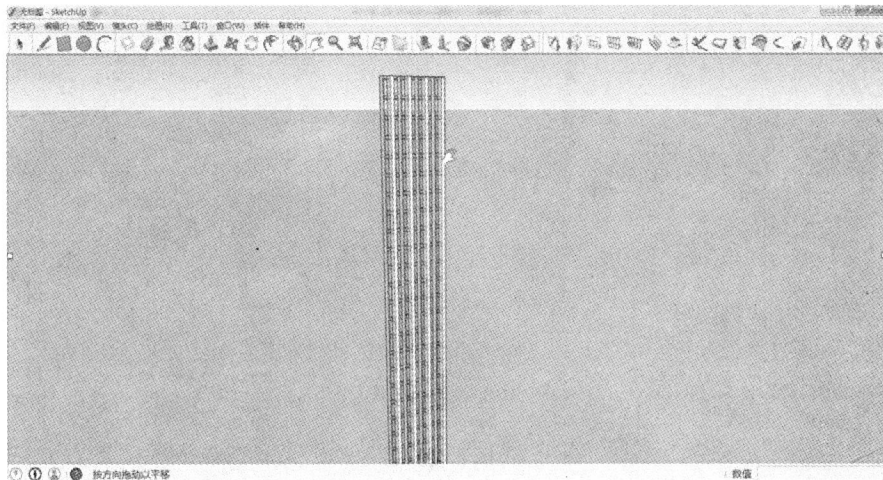

图 6-126

　　将整块部件选中,使用 SUAPP 插件中的"线面工具"生成面域,进而使用"推/拉"工具推拉出幕墙的横梁构件,推拉距离为 1.2 米,结果如图 6-127 所示,进一步将横梁生成组件。

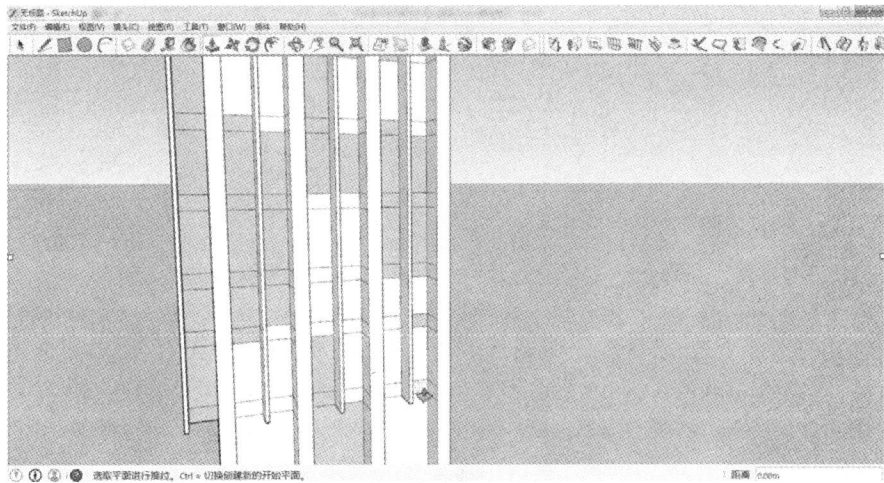

图 6-127

　　由于底下几层的层高略有差异,先复制粘贴三层幕墙的横梁构件,如图 6-128 所示。底下三层以上的建筑主体部分的层高都是一致的,此时横梁构件的创建可采用移动复制的方法,具体操作为:选择一根横梁,点击"移动"工具 ,再按一下 Ctrl 键,以激活"移动复制"命令,将鼠标向蓝色轴方向移动,输入移动距离为 4 米,按 Enter 键,便完成横梁的复制,继续用键盘输入"＊21",就可以继续在蓝色轴方向移动复制 21 条横梁,结果如图 6-129 所示。

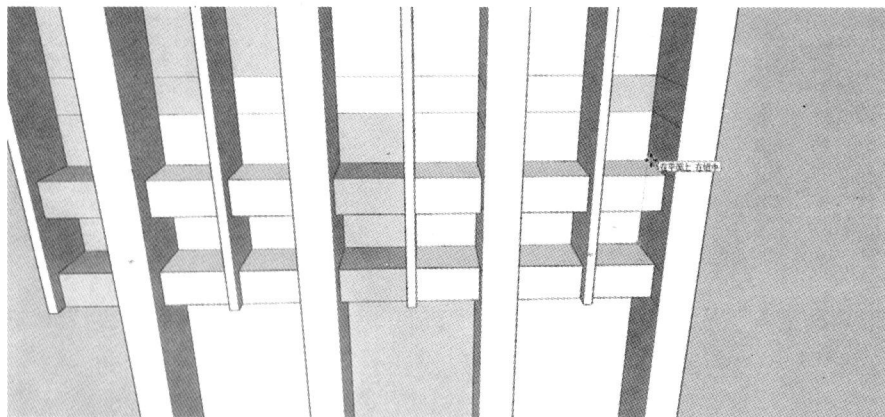

图 6-128

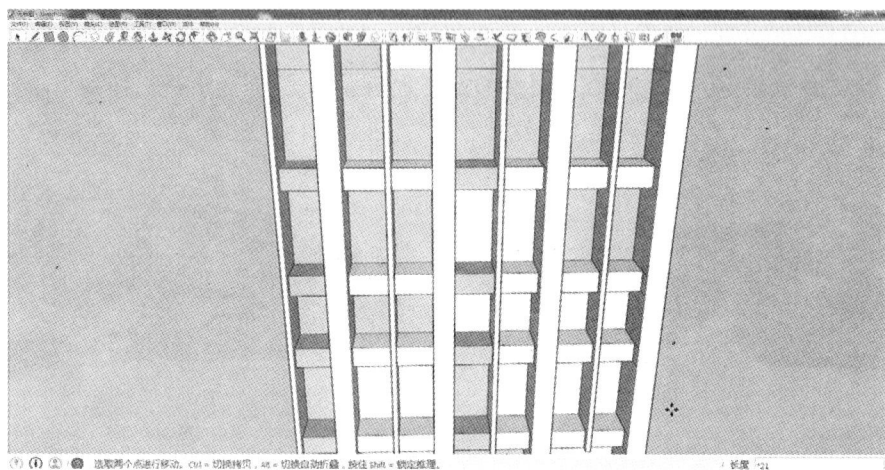

图 6-129

　　将创建好的部件全选，右键单击所选部件，在弹出菜单中点击"创建组（G）"选项以生成群组，并将材质编辑为白色，如图 6-130 所示。

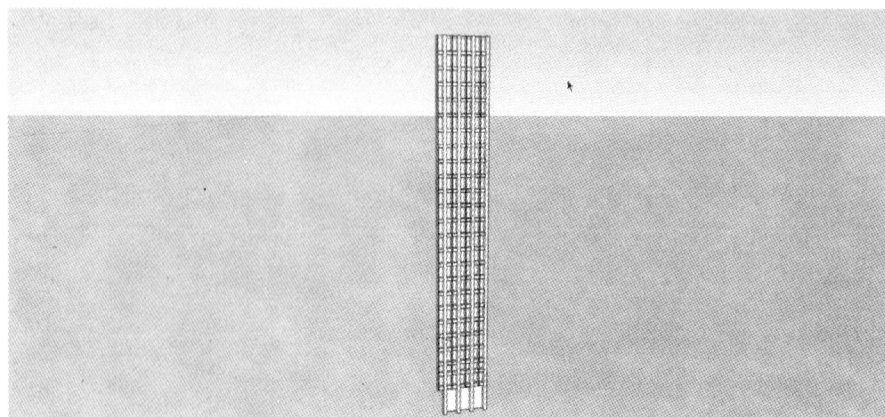

图 6-130

将已完成的幕墙立柱和横梁复制粘贴到玻璃墙正立面上的正确位置,再用"镜像"命令将以上立柱和横梁镜像复制到侧立面上正确的位置,如图 6-131 所示。

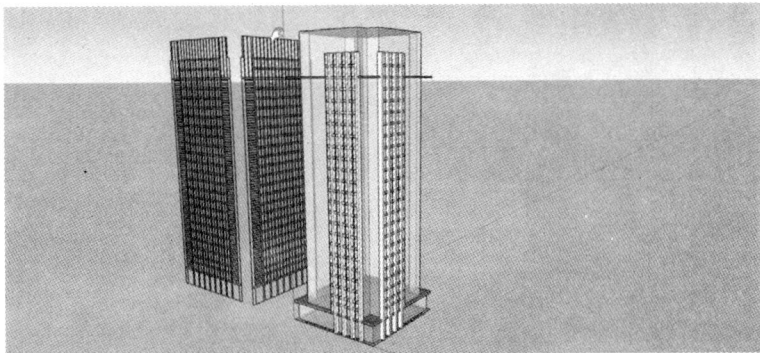

图 6-131

6.2.4 创建楼板

再次导入楼板的平面图,用"推/拉"工具 ⬚⁺ 创建楼板,推拉距离为 0.8 米,如图 6-132 所示。

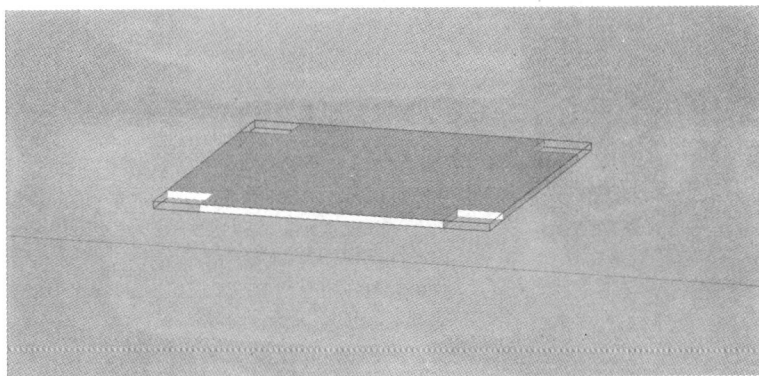

图 6-132

用上述移动复制的方法,创建整个建筑主体部分的楼板,如图 6-133 和图 6-134 所示。

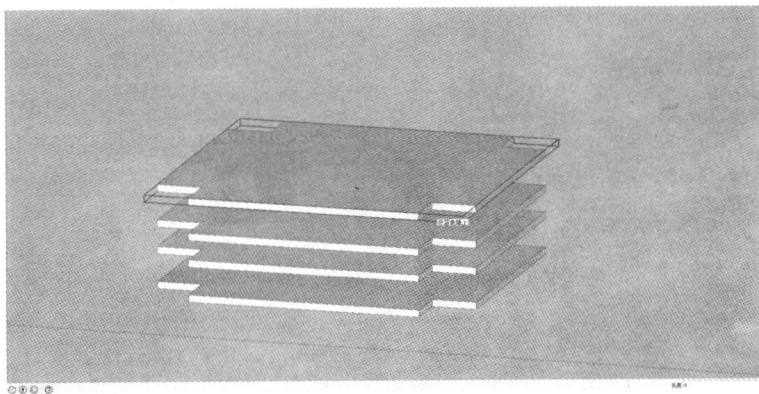

图 6-133

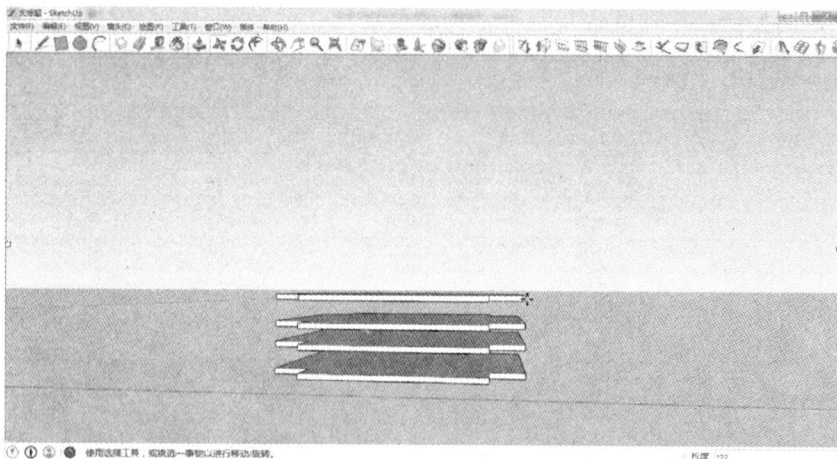

图 6-134

使用"推/拉"工具 🔼 将最顶部两层楼板地面向上推 0.2 米以修改楼板的厚度,推拉后的效果如图 6-135 所示。

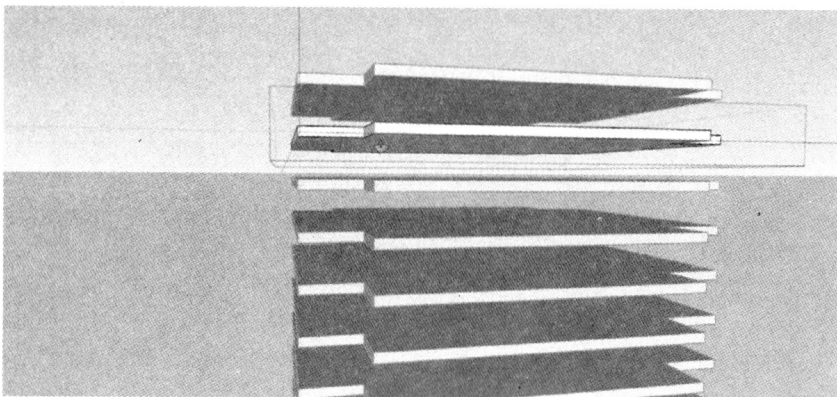

图 6-135

将最顶层的楼板的四个侧面分别向外侧拉 0.2 米,效果如图 6-136 所示。

图 6-136

将生成好的所有楼板成组,并将其准确地移动到建筑主体上,如图 6-137 所示。

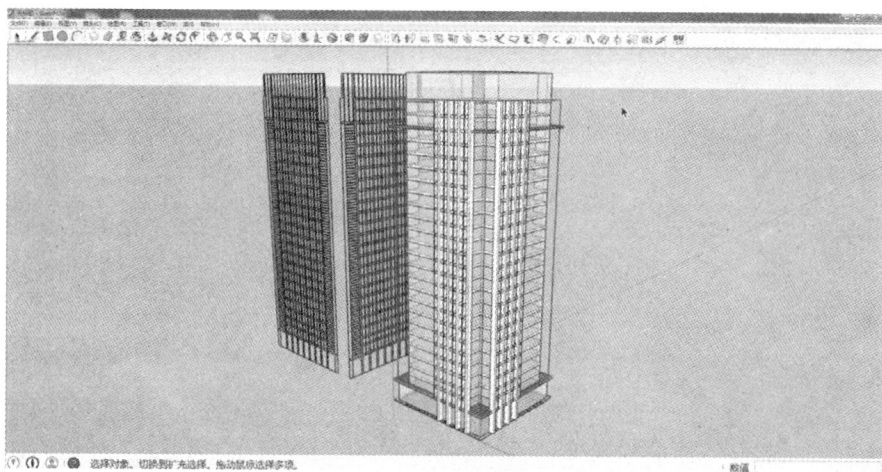

图 6-137

6.2.5　创建表面修饰

1.创建建筑四角的表面装饰

首先绘制边长为 5.2 米的正方形,然后用“推/拉”工具 将正方形向上拉起 86.4 米,如图 6-138 所示。

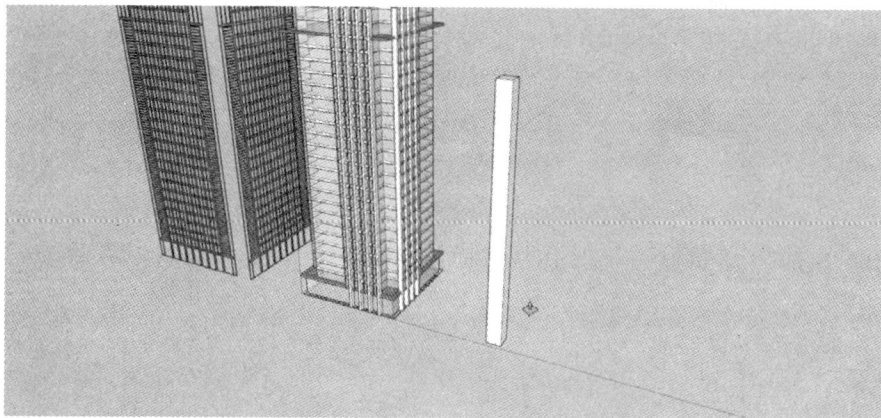

图 6-138

再将正、侧立面上相应的线框复制粘贴到该体块上,如图 6-139 所示。

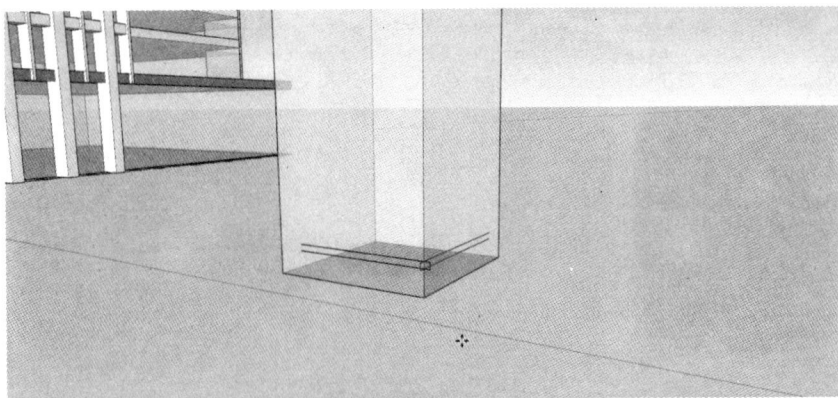

图 6-139

用"线条"工具 ✐ 延伸绘制线框,并使其成面,使用"推/拉"工具 ▲⁺对所构的面进行推拉(见图 6-140),推拉厚度为 0.2 米,创建 L 形体块。

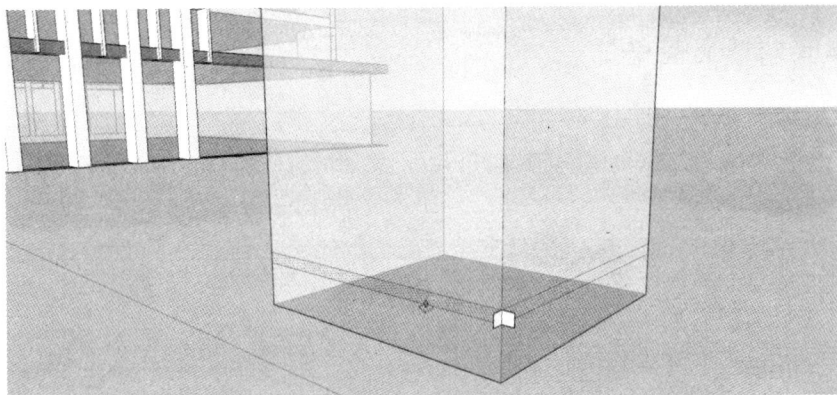

图 6-140

使用"颜料桶"工具 🪣 将 L 形体块表面的材质设定为"金属接缝",并将 L 形体块成组,如图 6-141 所示。

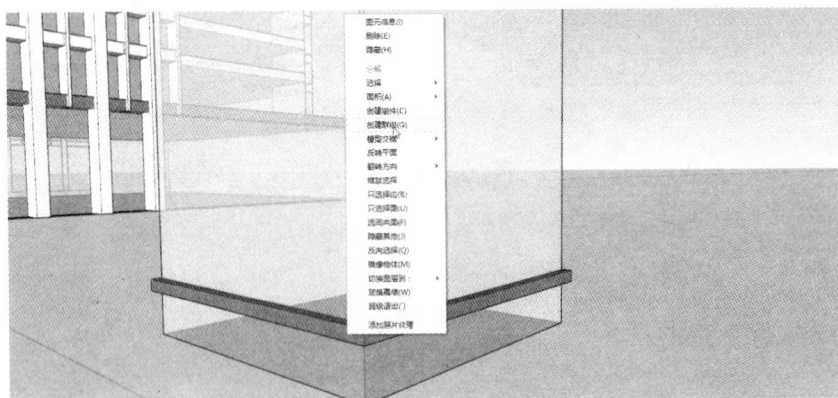

图 6-141

使用上述介绍的移动复制的方法将其批量拷贝，移动间距为 1 米，拷贝数量为 85，如图 6-142 所示

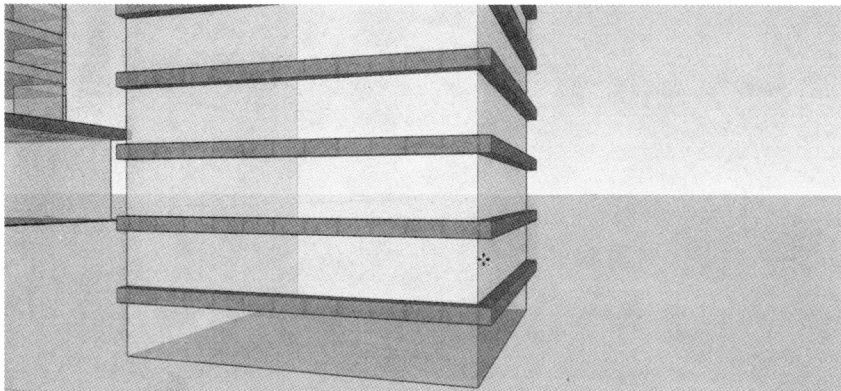

图 6-142

将整个部件全部选中并成组，将其移动复制到建筑主体上，如图 6-143 所示。

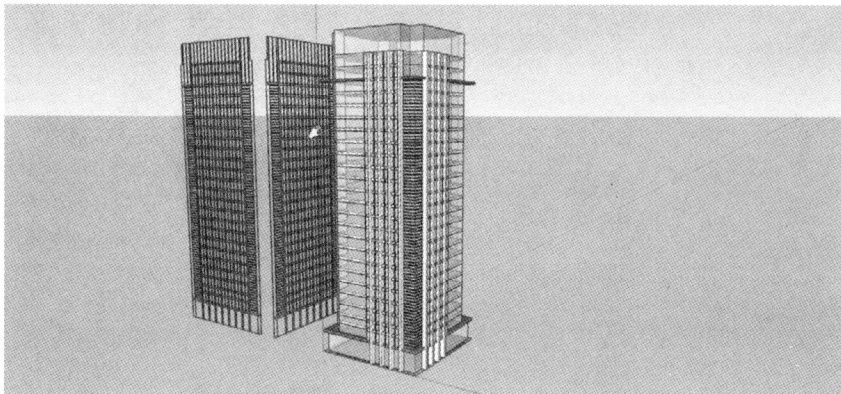

图 6-143

2. 创建顶部装饰

首先将屋顶平面图导入，如图 6-144 所示。

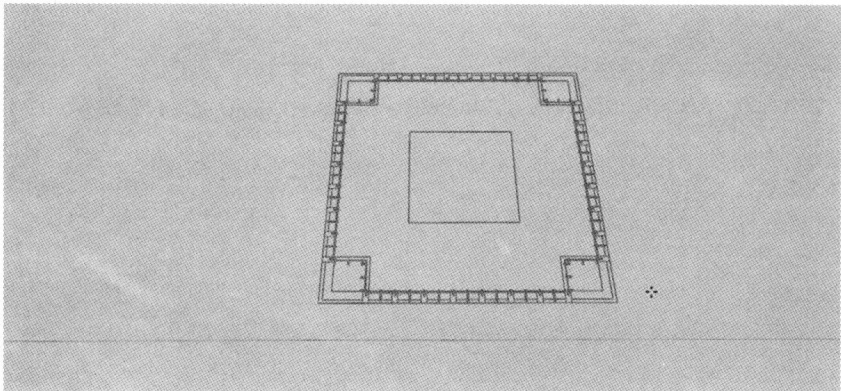

图 6-144

在屋顶平面的西南侧，绘制建筑顶部装饰的底面矩形，如图 6-145 所示。

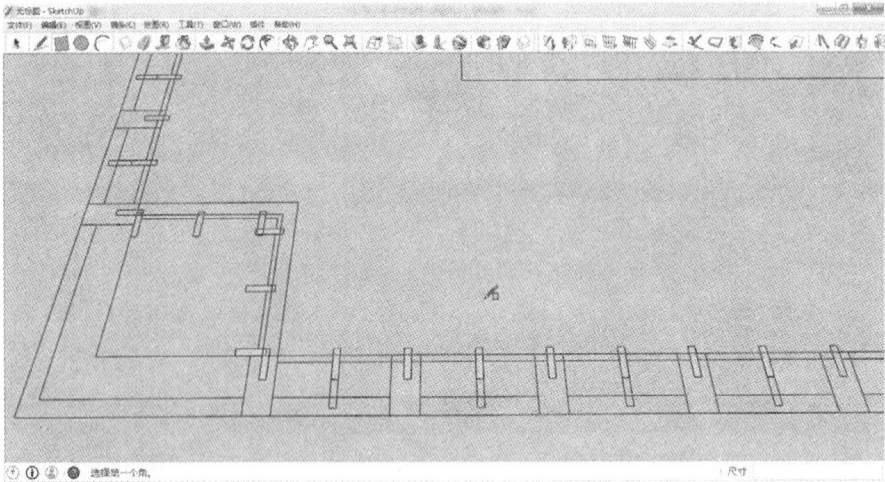

图 6-145

绘制完这些矩形后，将屋顶平面图移除，只留下矩形平面，将左上角的矩形向上推拉 16 米，并将拉升后的长方体成组，如图 6-146 所示。

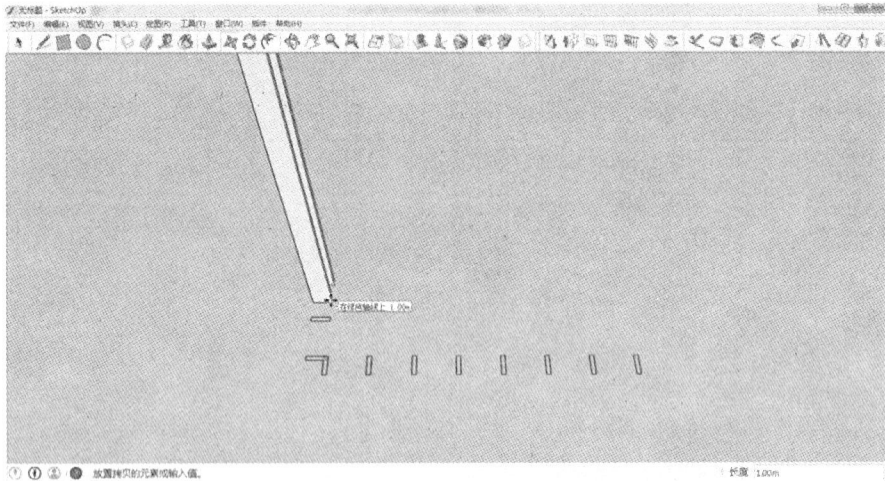

图 6-146

使用移动复制的方法拷贝长方体，移动间距为 2 米，结果如图 6-147 所示。

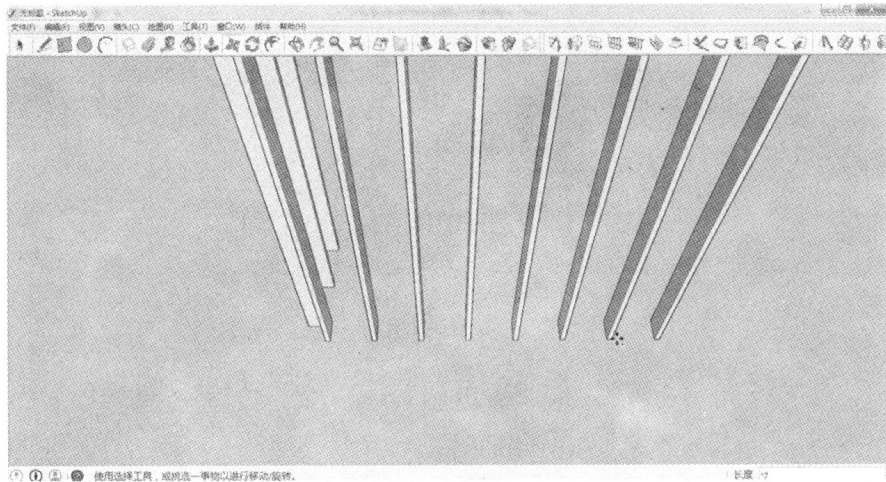

图 6-147

使用"镜像"命令 ，以及"旋转"命令 将装饰部件镜像、旋转后，复制粘贴到侧立面上正确的位置，如图 6-148 所示。

图 6-148

6.2.6 创建整体模型

完成了上一步骤之后，模型基本上完成了四分之一。由于模型的四面一致，并且每面都是中轴对称的，因此完成了模型的东南角之后，只需使用"镜像"工具 ，将东南角模型镜像到西南角，如图 6-149 所示，再将南面的模型镜像到北面即可基本完成本次建模，如图 6-150所示。

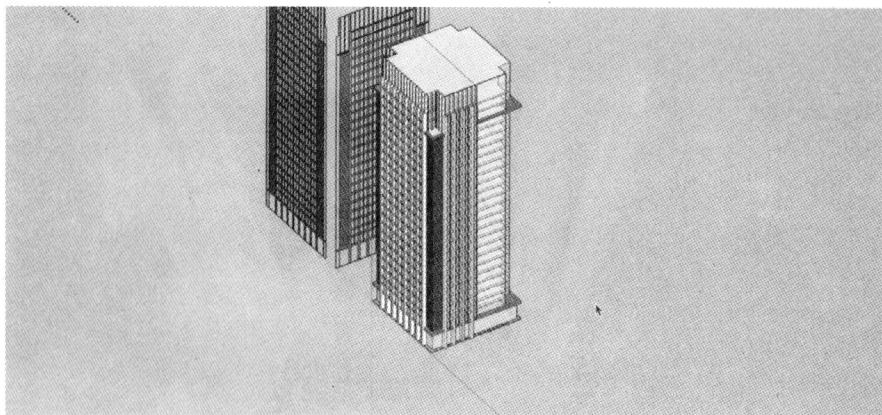

图 6-149

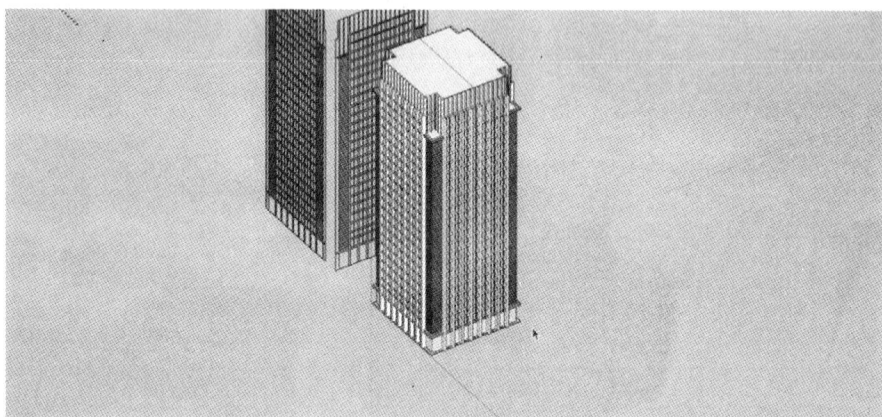

图 6-150

最后，在顶部创建屋顶构件，即完成最终的高层办公楼建模，如图 6-151 所示。

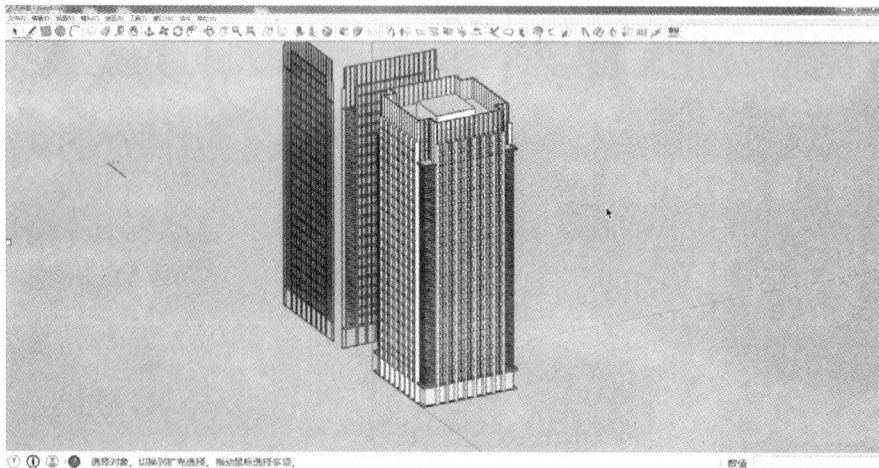

图 6-151

6.3　本章小结

本章以小高层住宅楼和办公楼的 SketchUp 建模为例,详细介绍了使用 SketchUp 完成两类建筑的建模过程。通过本章的学习和练习,读者可熟练掌握 SketchUp 的各种建模工具、SUAPP 插件以及材质的创建和编辑技巧。

第7章 滨水广场 SketchUp 建模

- 学习道路、河流和地形坡面的 SketchUp 建模技巧
- 学习道路、河流和地形坡面材质的制作
- 学习使用模型库和使用组件添加模型和配景
- 掌握滨水广场 SketchUp 建模技能

7.1 在 CAD 中绘制平面图

7.1.1 绘制 CAD 图形

（1）在 AutoCAD 中绘制滨水广场的总平面图，如图 7-1 所示。

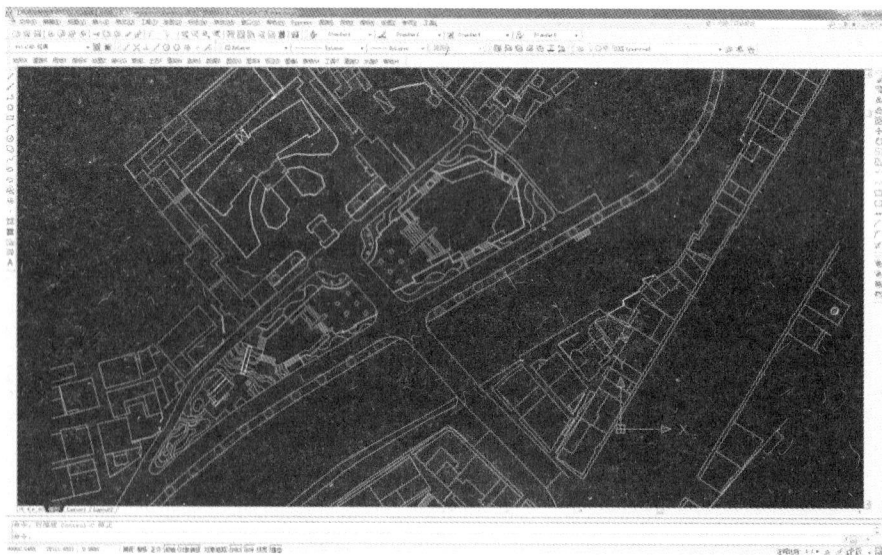

图 7-1

（2）将模型场景内各个要素分层输出。

（3）为主要的道路红线封口，方便 SketchUp 软件中后续的面域生成、推拉及材质填充等建模操作。

7.1.2　图形 Z 轴归零

在将 CAD 图形导入 SketchUp 之前,需要把所有图元的高度归零,以保证所有的要素在一个平面上。

在 CAD 命令提示行中输入命令"change",根据提示选择所有图形,按图 7-2 将"标高"特性修改为 0 以完成图形 Z 轴的归零。

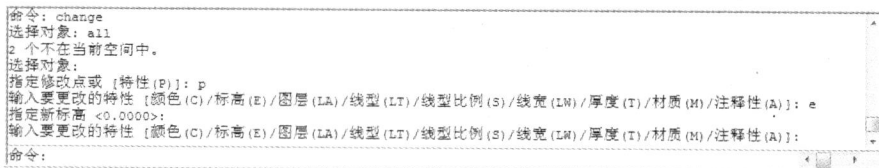

```
命令: change
选择对象: all
2 个不在当前空间中。
选择对象:
指定修改点或 [特性(P)]: p
输入要更改的特性 [颜色(C)/标高(E)/图层(LA)/线型(LT)/线型比例(S)/线宽(LW)/厚度(T)/材质(M)/注释性(A)]: e
指定新标高 <0.0000>:
输入要更改的特性 [颜色(C)/标高(E)/图层(LA)/线型(LT)/线型比例(S)/线宽(LW)/厚度(T)/材质(M)/注释性(A)]:
命令:
```

图 7-2

7.2　将 CAD 平面导入 SketchUp

7.2.1　导入 CAD 图形

启动 SketchUp,执行"文件"→"导入"菜单命令,在弹出的对话框(见图 7-3)中选择广场平面,在导入时可参考图 7-4 设置文件的类型和单位。

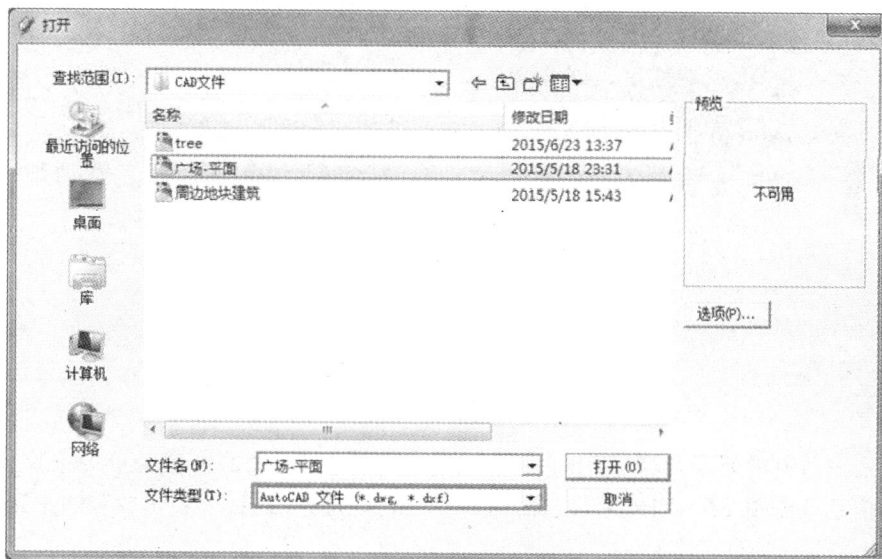

图 7-3

在导入时注意设置文件的类型和单位,与 CAD 的单位保持一致。

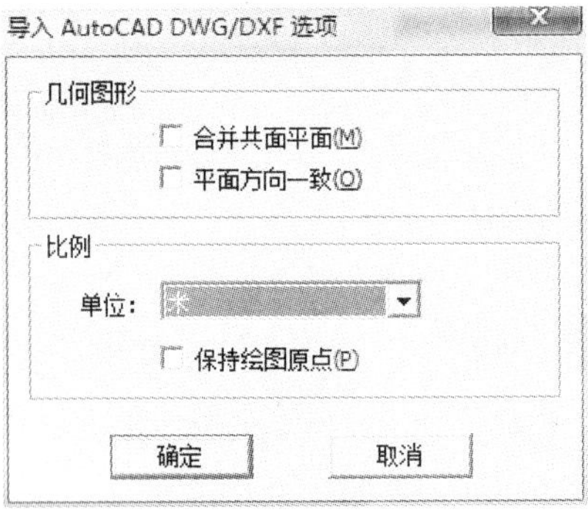

图 7-4

7.2.2　图层合并及构面

(1)如图 7-5 所示分解所导入的 CAD 平面图,以便下一步对相关要素进行编辑。

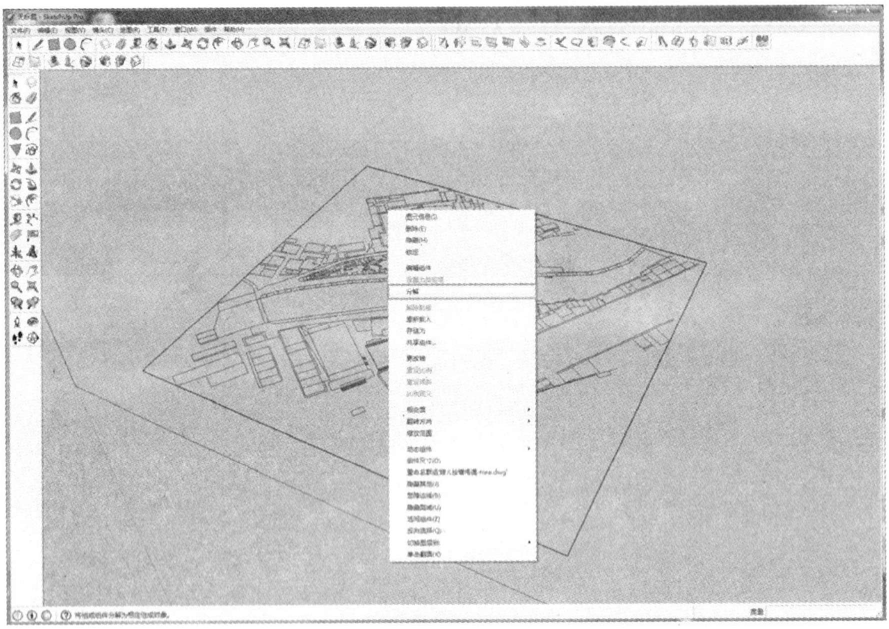

图 7-5

(2)选中所有的要素,并在选中的要素上右击鼠标,在弹出的右键菜单中选择第一个选项"图元信息"(见图 7-6),在"图元信息"窗口(见图 7-7)的"图层(L):"下拉列表中选择"Lay-er0",将所选要素均移至"Layer0"层。

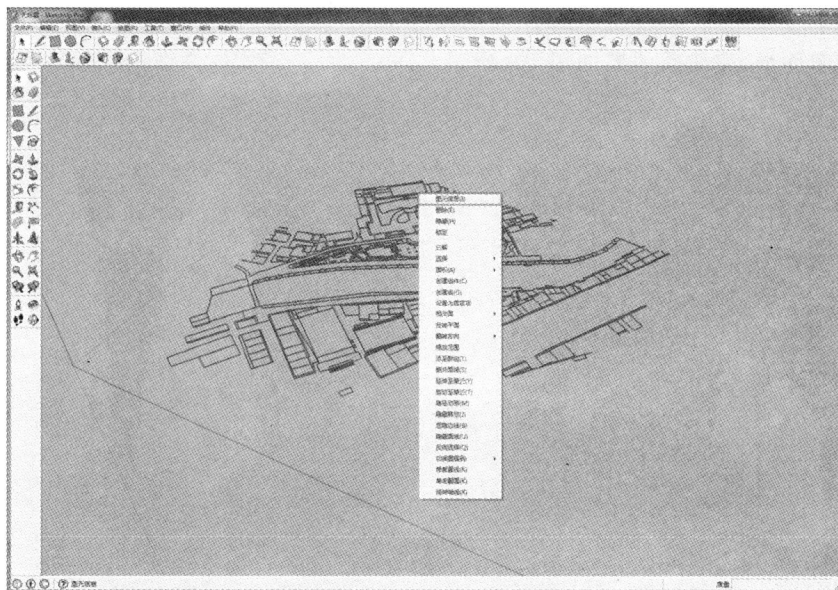

图 7-6

图 7-7

（3）使用"标注线头"插件（Label stray lines）标注断头线。图 7-8 显示了带有引线和文本的断头线标注，使用"线"工具 ✏ 连接断头线，完成场景的封面操作。

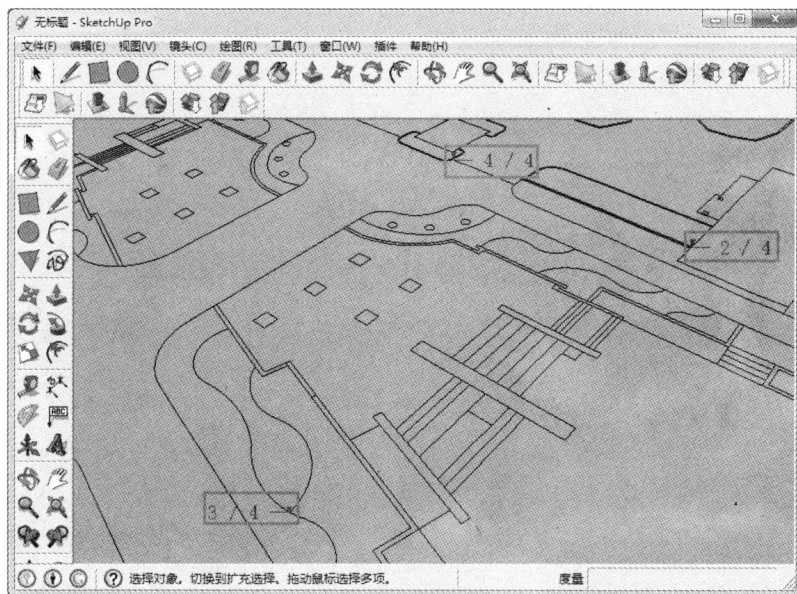

图 7-8

（4）清理场景中的多余线条，并选中场景中的所有元素，使用 SUAPP 的"线面工具/生成面域"构建面域，完成后效果如图 7-9 所示。

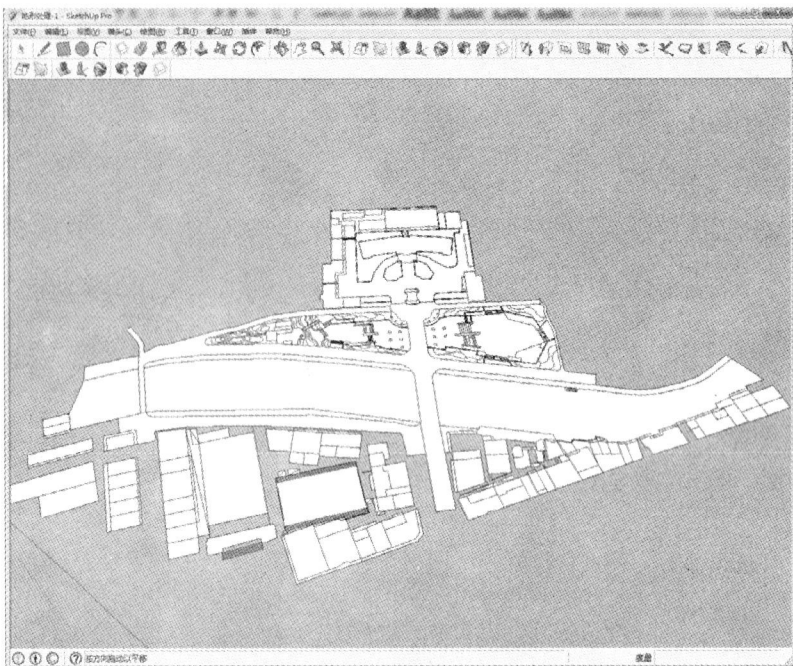

图 7-9

（5）选择场景中的所有要素，使用菜单命令"编辑/创建组（G）"将其创建为群组，如图 7-10 所示。

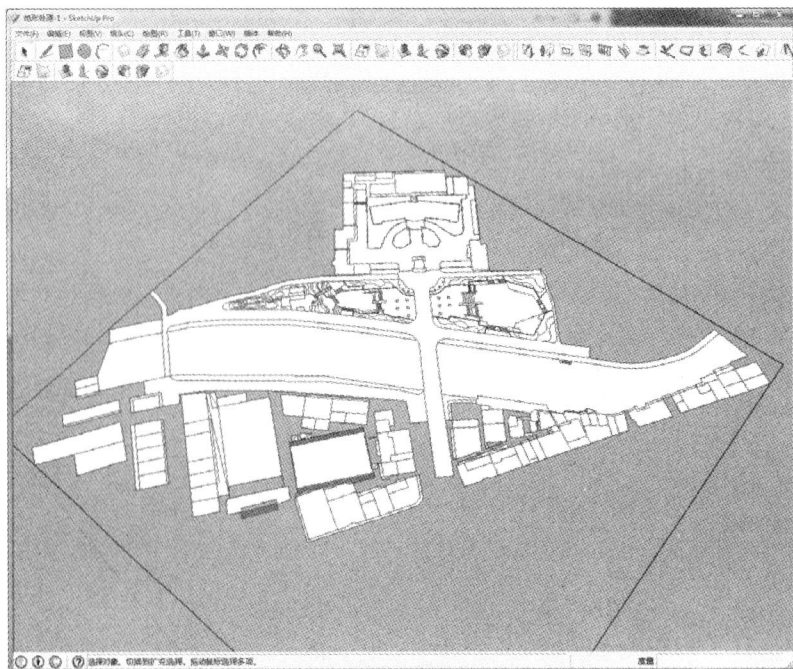

图 7-10

7.3　河流、道路和地形创建

7.3.1　河流、道路创建

为了便于后期渲染,路面应区别于地平面。本案例道路推拉至低于广场硬质铺地面 0.2 米,完成操作后的效果如图 7-11 所示。

图 7-11

为了避免后期 Lumion 渲染过程中造成水面浮于河岸的不真实感,可以在创建水面的同时在其下方绘制一个地面。具体过程如下:

利用“推拉”工具 将河道平面拉至低于水面一定距离。如图 7-12 所示,图中虚线所示的面为地表面。

按住 Ctrl 键,再利用“推拉”工具 复制推拉水面,如图 7-13 所示。

为水面指定一个半透明的蓝色材质,并将其赋予河道,完成后效果如图 7-14 所示。在 7.4 节中将对水体材质做进一步的处理。

图7-12 图7-13 图7-14

7.3.2 地形坡面创建

利用"推拉"工具 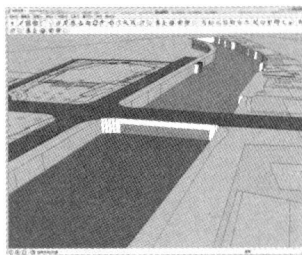 将高程最低的地形坡面向下推拉 1.4 米,其余坡面按随机高差 0.2~
0.3 米依次推拉至相应的位置,完成后的效果如图 7-15 所示。

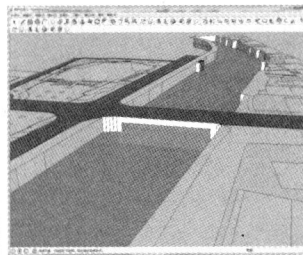

图 7-15

使用菜单命令"工具/颜料桶",激活"材质"窗口,选择"植被"大类下的"人工草皮植被"
材质 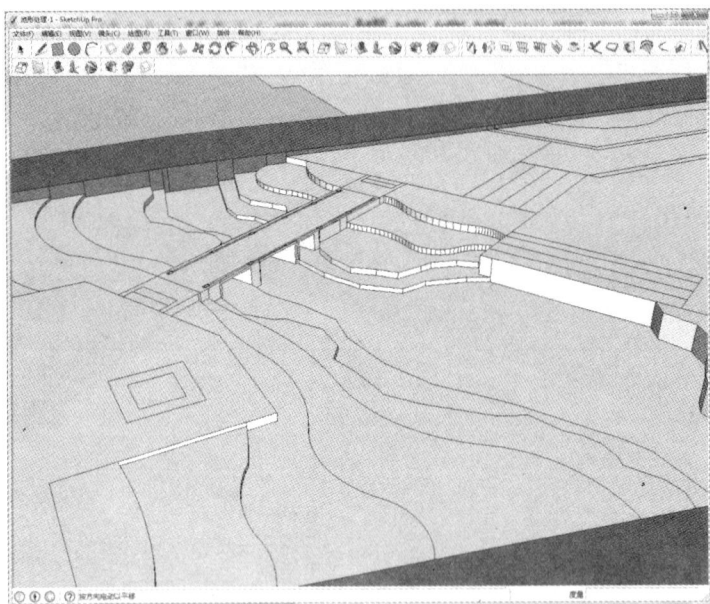(见图 7-16),并将其赋予各坡面,完成上述操作后的效果如图 7-17 所示。

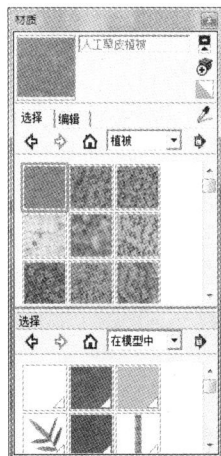

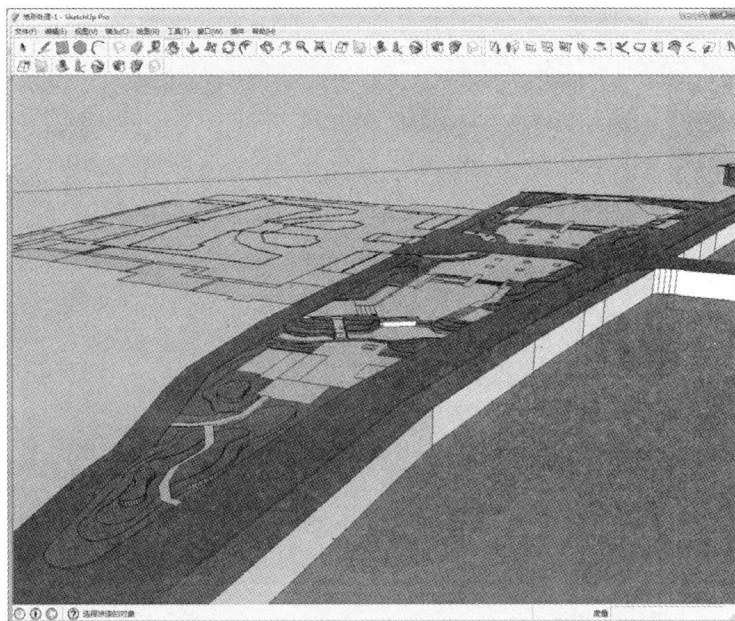

图 7-16　　　　　　　　　　　　　　　　　图 7-17

7.3.3　台阶创建

利用推拉工具 ![推拉工具] 对下沉式广场的台阶按每一级高差为 0.12 米进行推拉,如图 7-18 所示为台阶的创建过程。

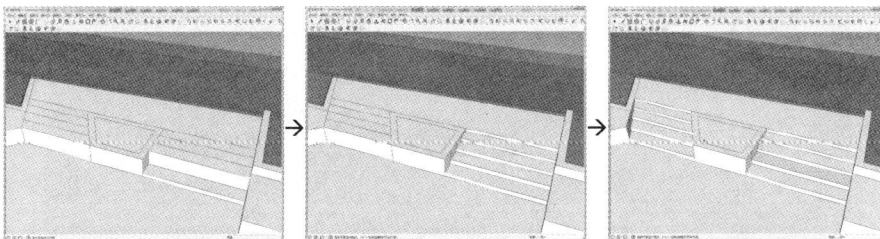

图 7-18

所有台阶制作完成后的下沉式广场的效果如图 7-19 所示。

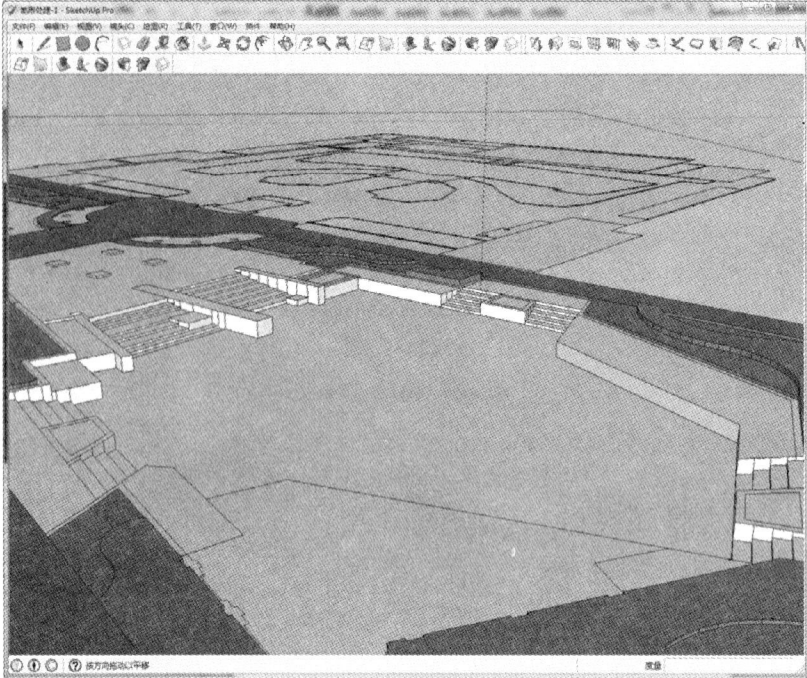

图 7-19

完成道路、河流、地形和台阶创建后的整体模型如图 7-20 所示。

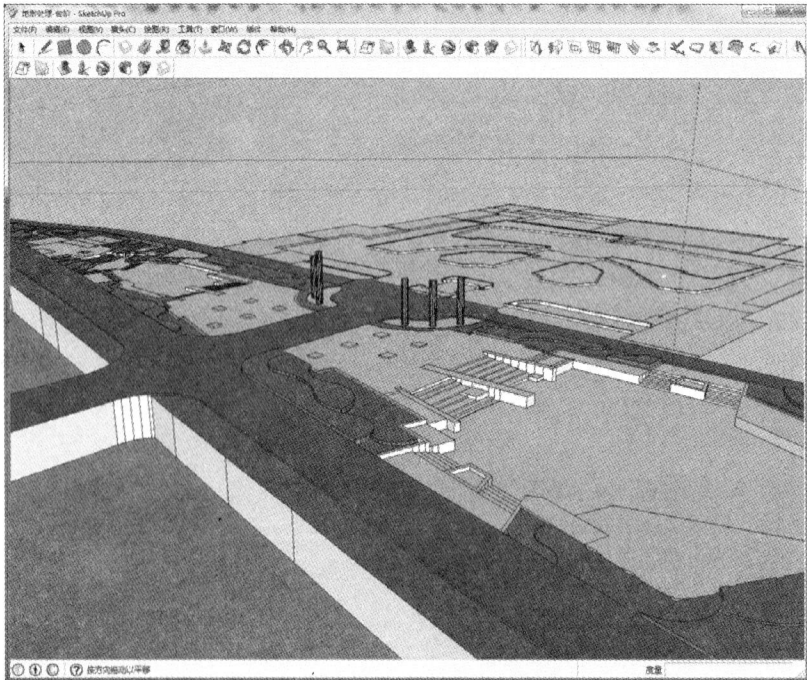

图 7-20

7.4 场景材质制作

7.4.1 河床底面材质

河床底面选用"材质"窗口中"地被层"大类中的"4 英寸卵石地被层"材质,调节贴图的大小至合适的尺寸,将材质赋予河床后的效果如图 7-21 所示。

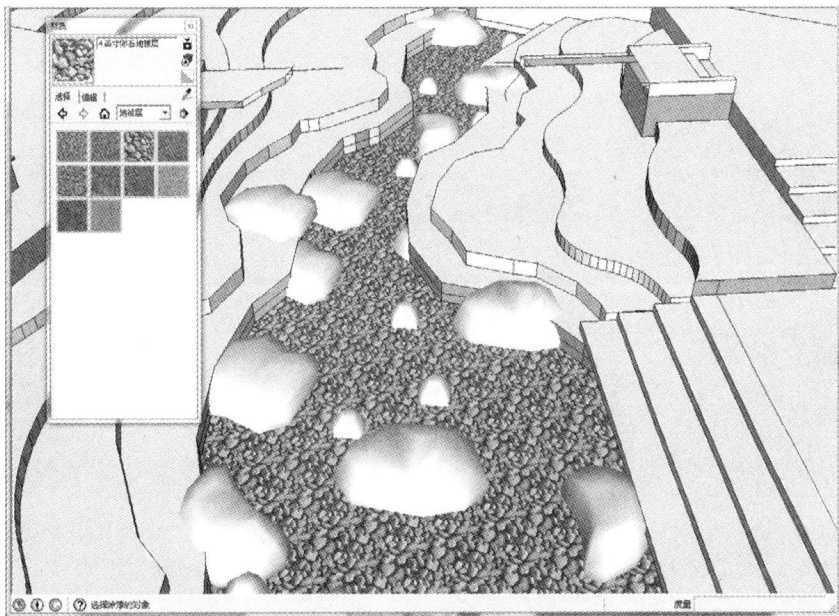

图 7-21

7.4.2 水体材质

(1)打开"材质"窗口(见图 7-22),单击其中的"创建材质"按钮![icon],在弹出的"创建材质..."窗口(见图 7-23)中勾选"使用纹理图像"选项的同时,点击![icon]按钮,在弹出的"选择图像"对话框(见图 7-24)中选择合适的贴图文件,点击"打开"按钮将贴图文件应用到当前材质。

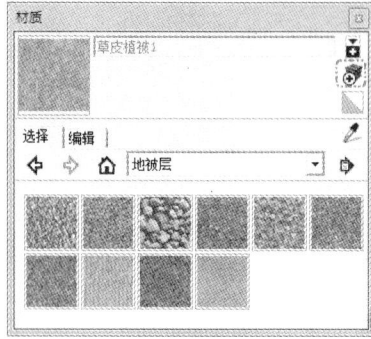

图 7-22

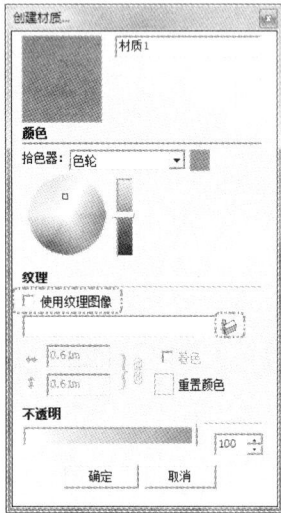

图 7-23

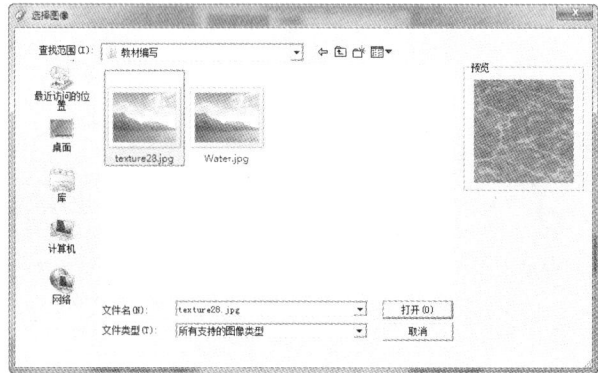

图 7-24

（2）添加完材质后，使用"材质"工具将新创建的材质赋予水体，效果如图 7-25 所示。

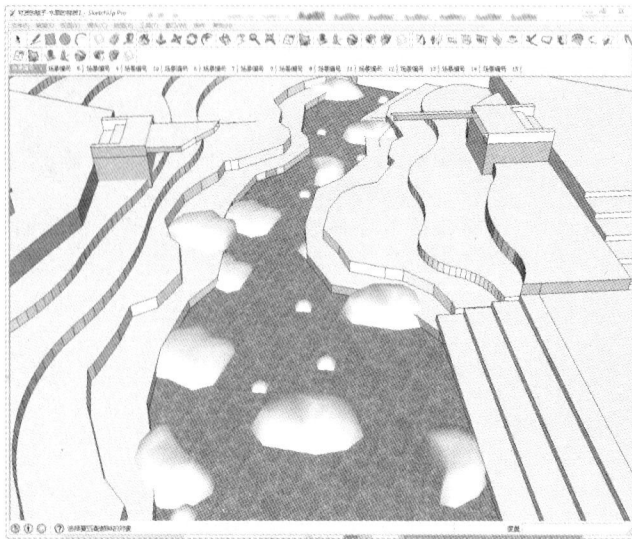

图 7-25

（3）完成赋予材质操作后发现，水的材质纹理偏小，因此需要在"材质"窗口中将贴图尺寸调整至 3 米左右，并设置不透明度为 76，结果如图 7-26 所示。

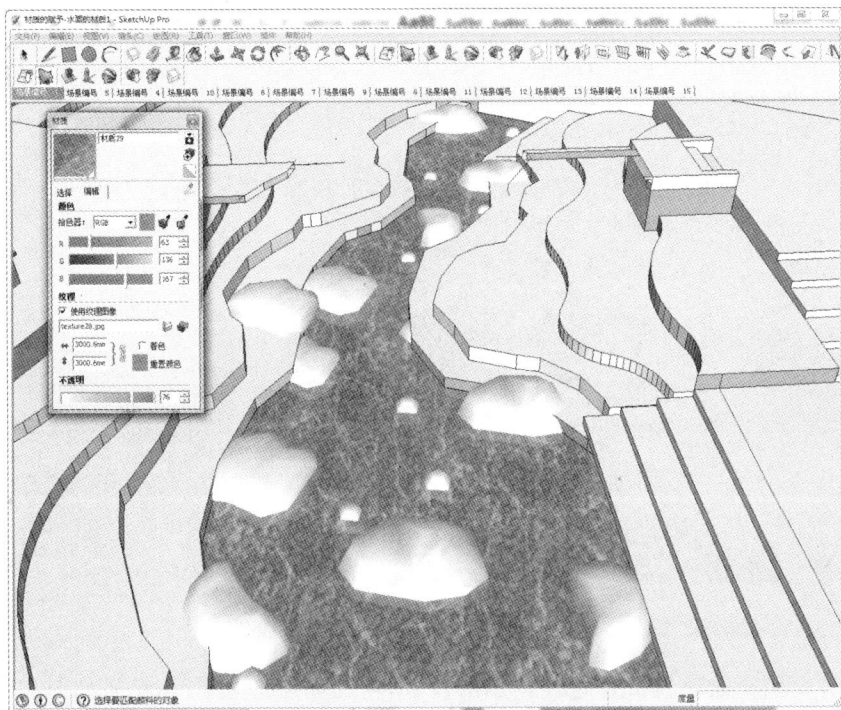

图 7-26

7.4.3　广场铺地材质

在"材质"窗口中选取"石头"大类材质下的"方石石板"材质，按图 7-27 调整其颜色，进而将其赋予广场铺地，效果如图 7-28 所示。

图 7-27

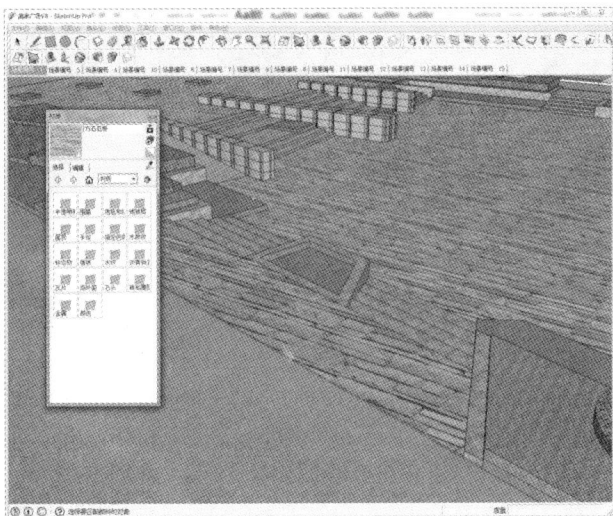

图 7-28

给铺地赋予材质后发现,材质纹理的贴图方向与道路的走向不协调,为此需调整铺地的贴图方向。下面以调整道路与台阶间铺地的纹理为例介绍操作的过程。

(1)在铺地被选中的情形下,按图7-29所示执行右键菜单中的"纹理/位置"命令,此时贴图上方将出现如图7-30所示的四个红、绿、蓝、黄色的别针。

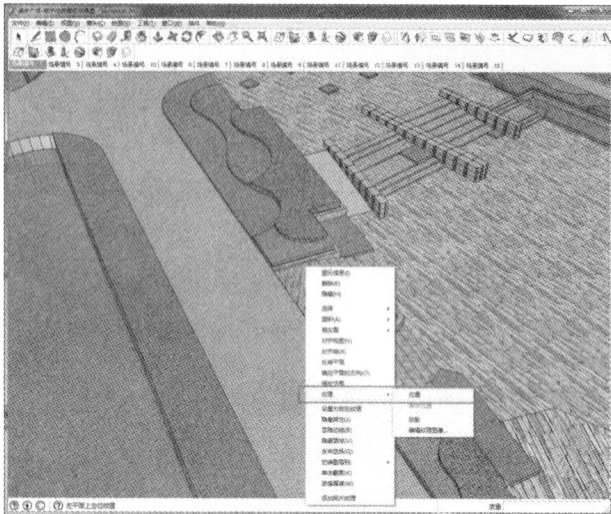

图 7-29

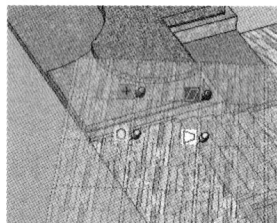

图 7-30

(2)将各个别针拖动到如图7-31所示的位置,使纹理与路面平行,结果如图7-32所示。

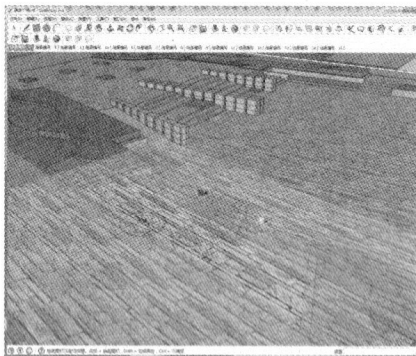

图 7-31

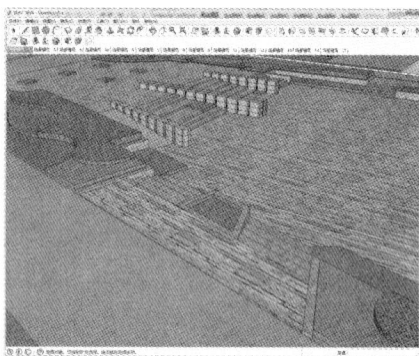

图 7-32

7.4.4 其他材质

按以上方法完成对其他材质的制作,并将其赋予相应的对象,完成后的效果如图7-33所示。

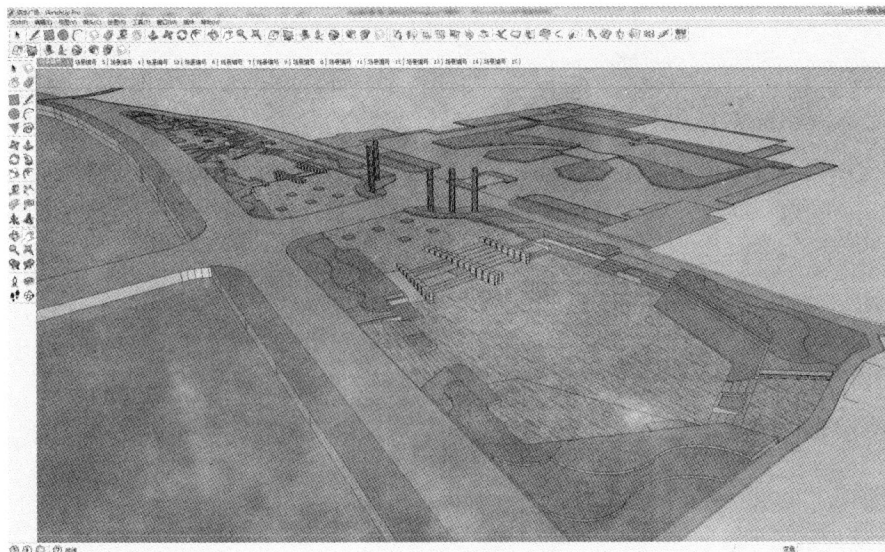

图 7-33

7.5　创建建筑模型

7.5.1　公共卫生间建模

1. CAD 图形的导入

将公共卫生间的 CAD 平面（见图 7-34）导入 SketchUp，利用 SUAPP 插件的"线面工具/生成面域"命令创建面域（见图 7-35），选中所有的线和面并创建为群组（见图 7-36）。

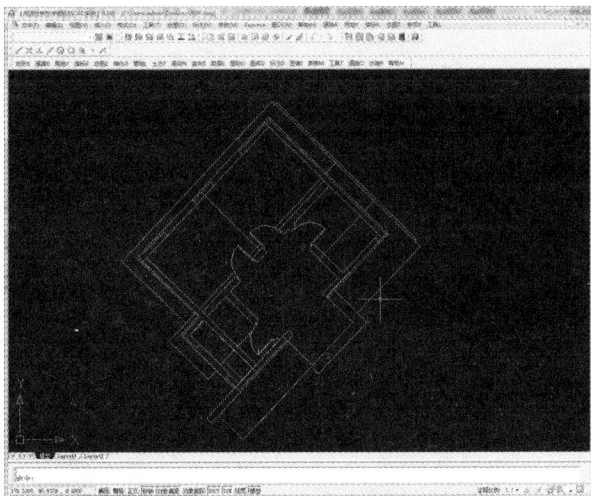

图 7-34

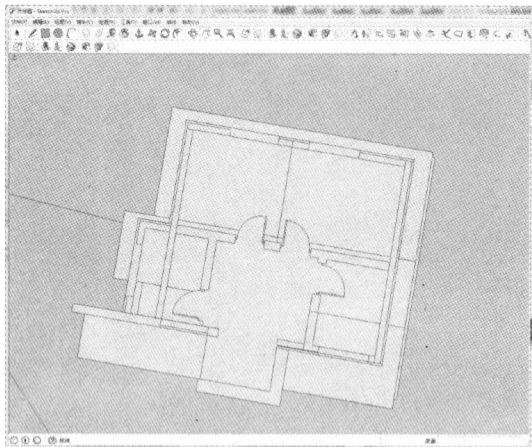 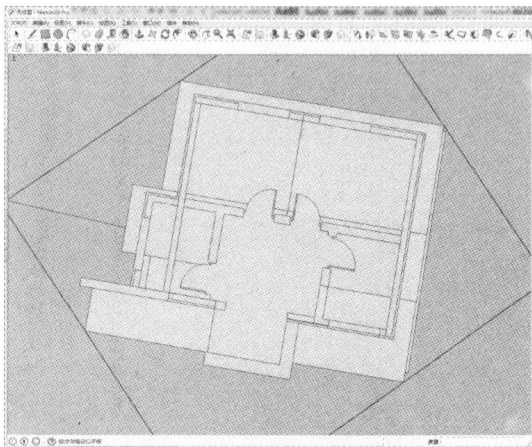

图 7-35　　　　　　　　　　　　　　　　图 7-36

2.推拉墙体

单击"P"以激活"推拉工具" ，选择需要推拉的墙面，设定外墙和主要墙体的推拉高度为 1.2 米和 3.0 米(见图 7-37)，完成推拉后的效果如图 7-38 所示。

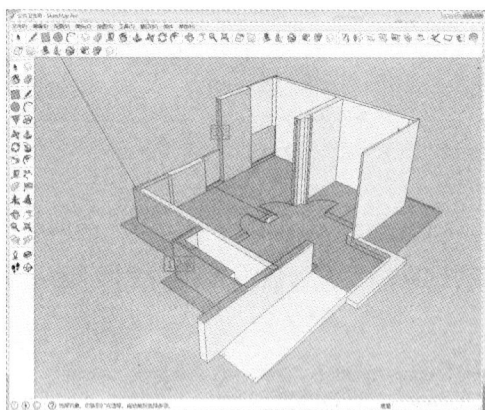 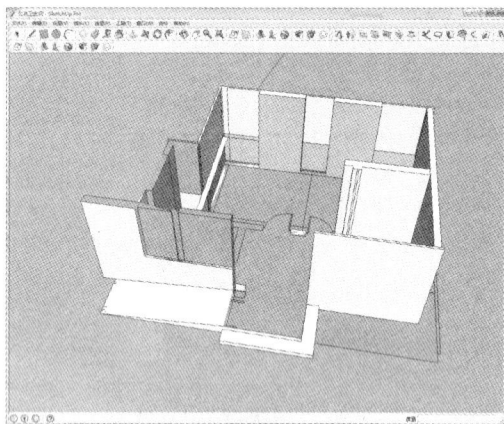

图 7-37　　　　　　　　　　　　　　　　图 7-38

使用右键菜单的"反转平面"命令将那些表面为背面的外墙面调整为正面。正面和背面的颜色请参考如图 7-39 所示的"样式"窗口中的相应颜色。

3.创建屋顶

激活 SUAPP 插件的"房间屋顶/自由坡顶"命令，在弹出的对话框内按图 7-40 所示设置参数。

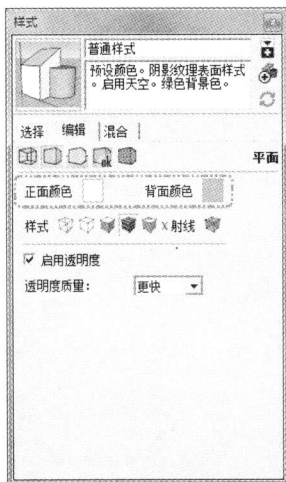

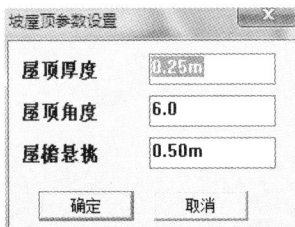

图 7-39   图 7-40

　　按图 7-41 红色箭头所指示的端点确定屋顶平面,完成自由坡顶的创建(见图 7-42)。屋顶形成后自动建立组,需点击进入组编辑(见图 7-43),选中侧面屋檐,使用"推拉"工具 向外拉伸 0.5 米(见图 7-44)。

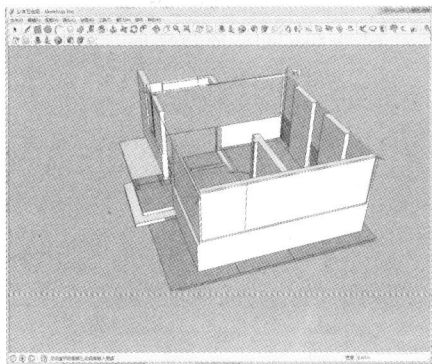

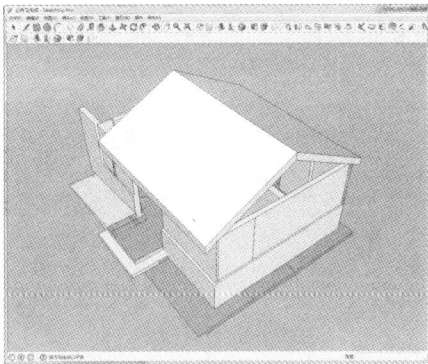

图 7-41   图 7-42

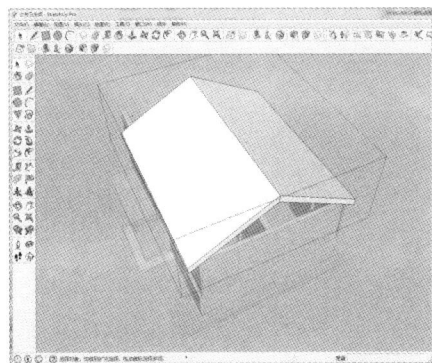

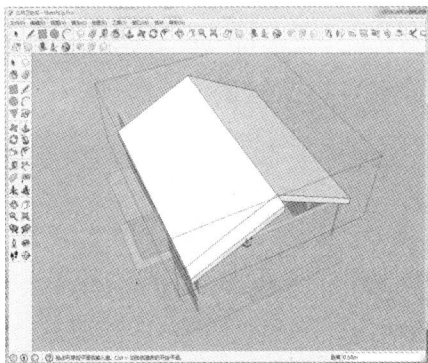

图 7-43   图 7-44

4.创建遮阳棚

使用 Ctrl+"推拉"工具 将西侧的部分墙面向上推拉 2.3 米,结合"卷尺"工具 和 "线条"工具 在距离墙面顶点 0.5 米处构建一个边长为 0.1 米的平行四边形(见图 7-45 红色阴影部分)。对该四边形进行推拉,左侧挑出 0.18 米,右侧略微挑出墙面,完成后效果 如图 7-46 所示。

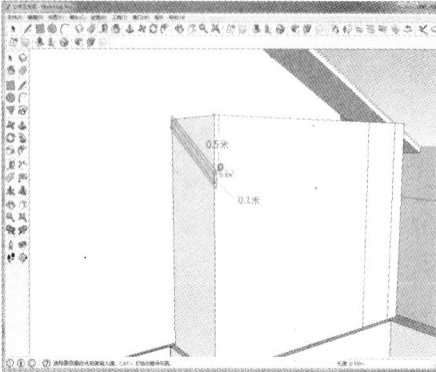

图 7-45

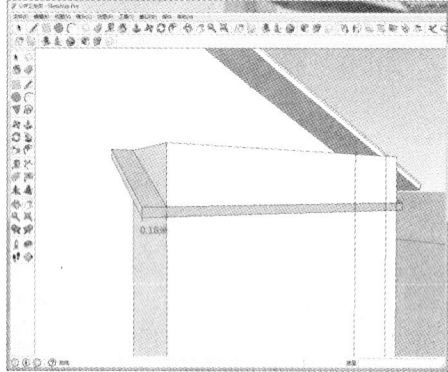

图 7-46

将图 7-47 的矩形(位于中部的虚线圆内)向外拉伸,形成图 7-48 中的长方体,拉伸该长 方体灰色矩形使其与斜面等长,完成后效果如图 7-49 所示,即完整的单屋顶。

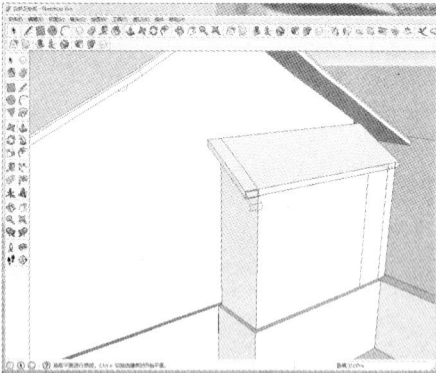

图 7-47

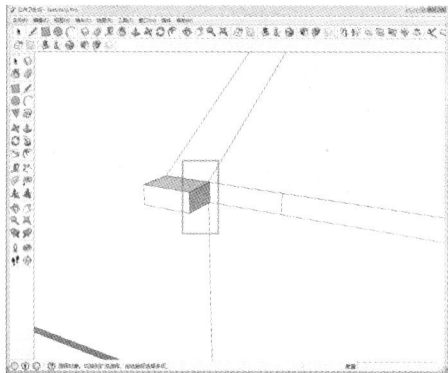

图 7-48

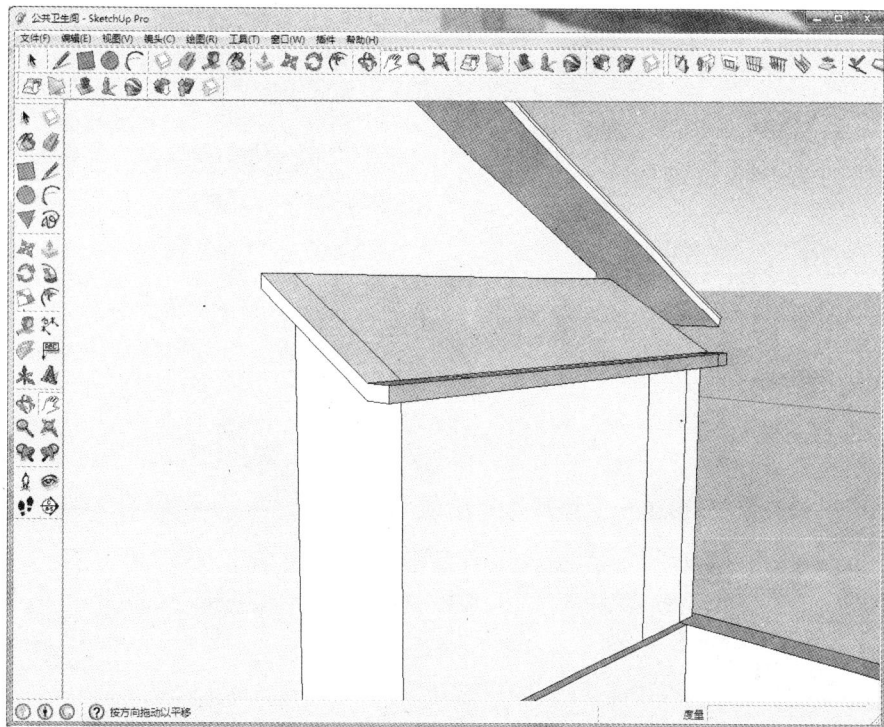

图 7-49

5. 填补墙体

完成屋顶创建后,已建墙体与屋顶之间存在空白区,需在该区域创建墙体。具体可先拉伸墙面高过屋顶(见图 7-50),选中墙面与屋顶平面后右击,在右击菜单栏中单击"相交面"中"与模型/与选项"(见图 7-51),产生相交面与线(见图 7-52)。最后删除多余的线面,完成后效果如图 7-53 所示。

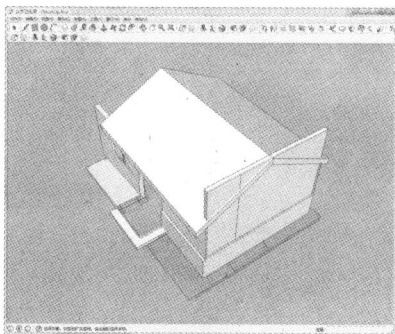

图 7-50

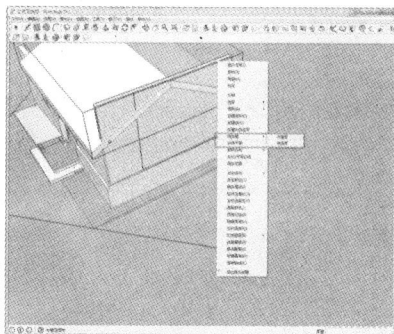

图 7-51

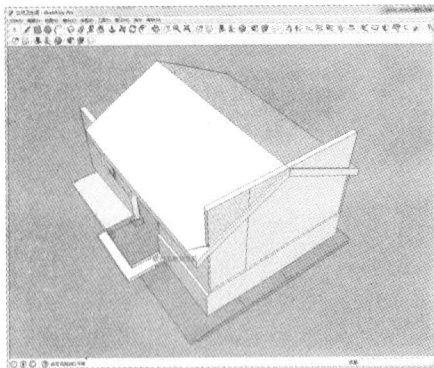
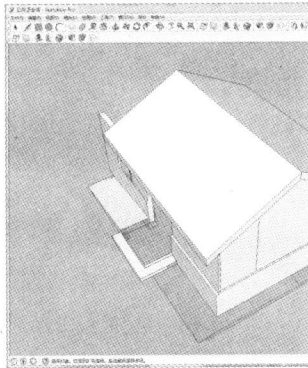

图 7-52   图 7-53

6.正脊的构造

根据坡屋顶的长度,构建一个长宽高分别为 8 米、0.55 米、0.4 米的长方体,在其侧面使用"线条"工具 ✏️ 构建如图 7-54 所示的"工"字形正脊剖面。

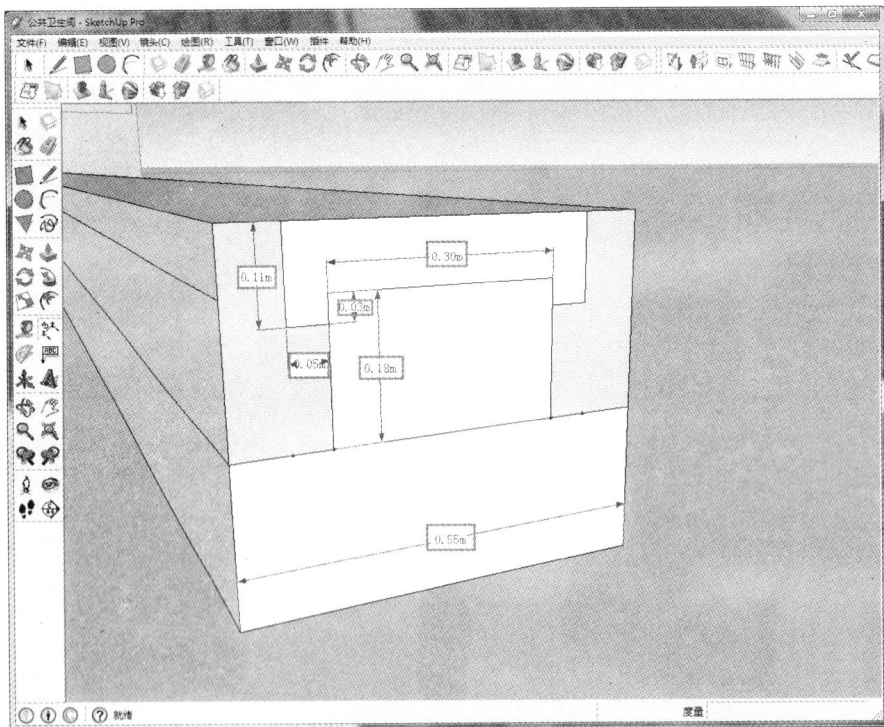

图 7-54

使用"推拉"工具 👆 对图 7-54 所示的虚线内区域进行推拉,使其厚度为 0,形成图 7-55 所示的体块,完成后形成群组,移动正脊部件至屋顶的合适位置,如图 7-56 所示。

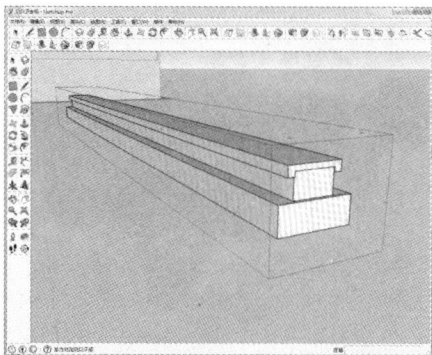

图 7-55

图 7-56

7. 窗户的构建

激活 SUAPP 插件的"墙面开窗"工具,在弹出的对话框内按图 7-57 设置窗户参数,点击"确定"按钮后将自动生成窗户(见图 7-58),将其移动至墙面的相应位置(见图 7-59)。具体的位置参数可参考图 7-60,其中蓝灰部分为窗户。

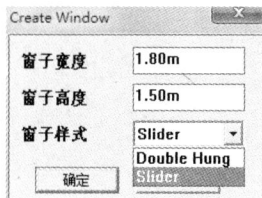

图 7-57

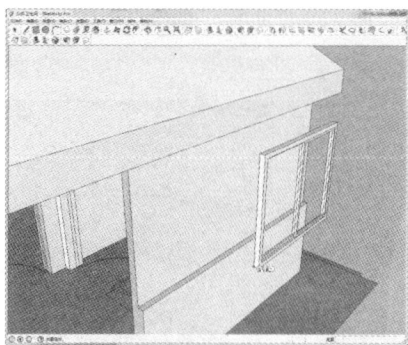

图 7-58

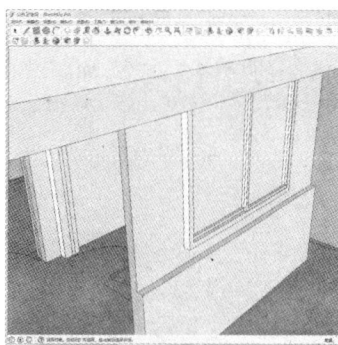

图 7-59

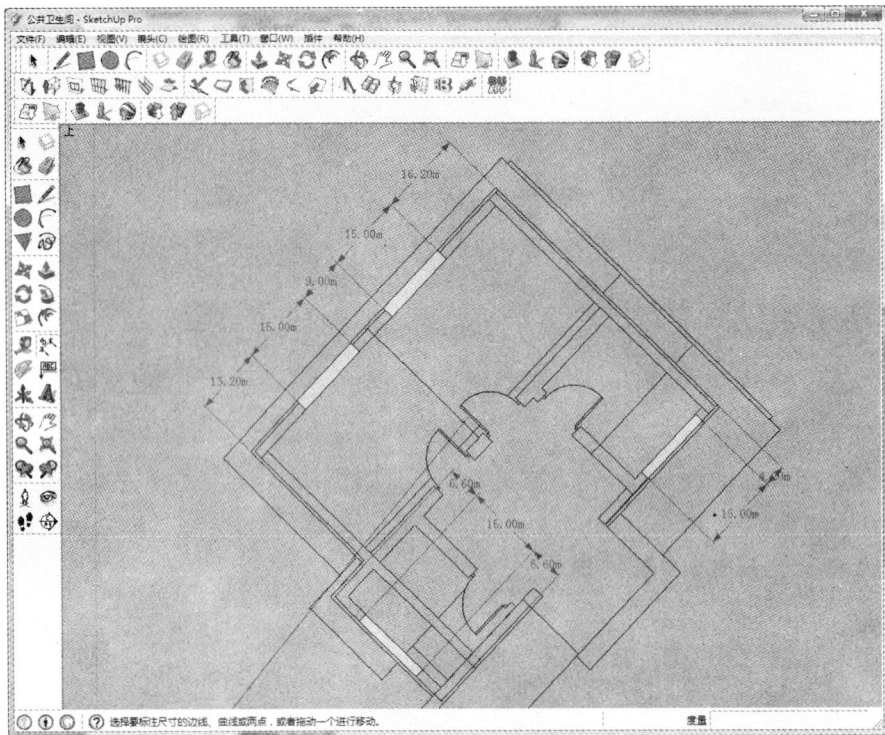

图 7-60

8. 创建残疾人坡道及扶手

如图 7-61 所示为室外坡道及扶手的平面图,首先使用"推拉"工具 ![icon] 推拉出高度为 0.65 米和 0.95 米的立柱各两个,如图 7-62 所示。

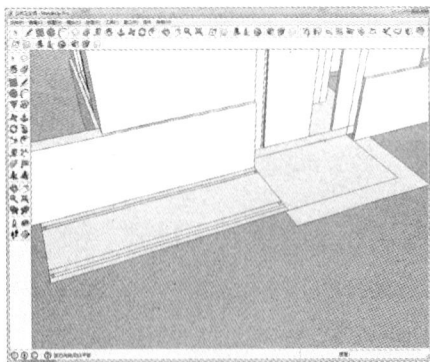

图 7-61

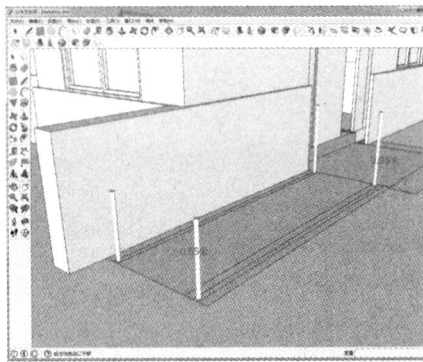

图 7-62

在 0.65 米扶手立柱上绘制一个竖立的圆,半径为 0.03 米,同时在圆与圆柱体的切点用 "线条"工具 ![icon] 画一条直线连接两个扶手柱子(见图 7-63)。激活"跟随路径"工具 ![icon] ,选中 图 7-63 中虚线框内竖立的圆平面,沿着两个圆柱体之间的直线进行路径跟随,产生栏杆如 图 7-64 所示。

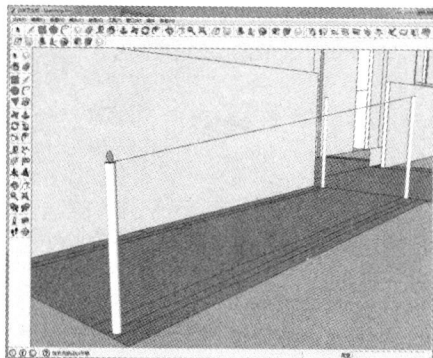 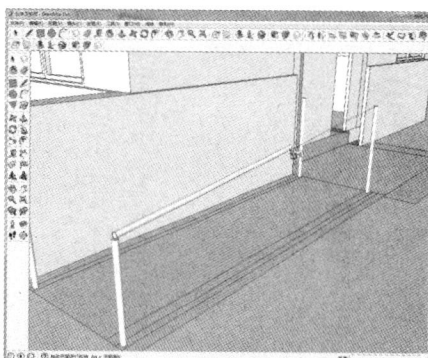

图 7-63 图 7-64

使用"推拉"工具 将扶手两端适当延长,使用 Ctrl+"移动"命令生成另一个扶手。对公共卫生间入口平台分别进行两次推拉,推拉距离均为 0.15 米,完成后的效果如图 7-65 所示。

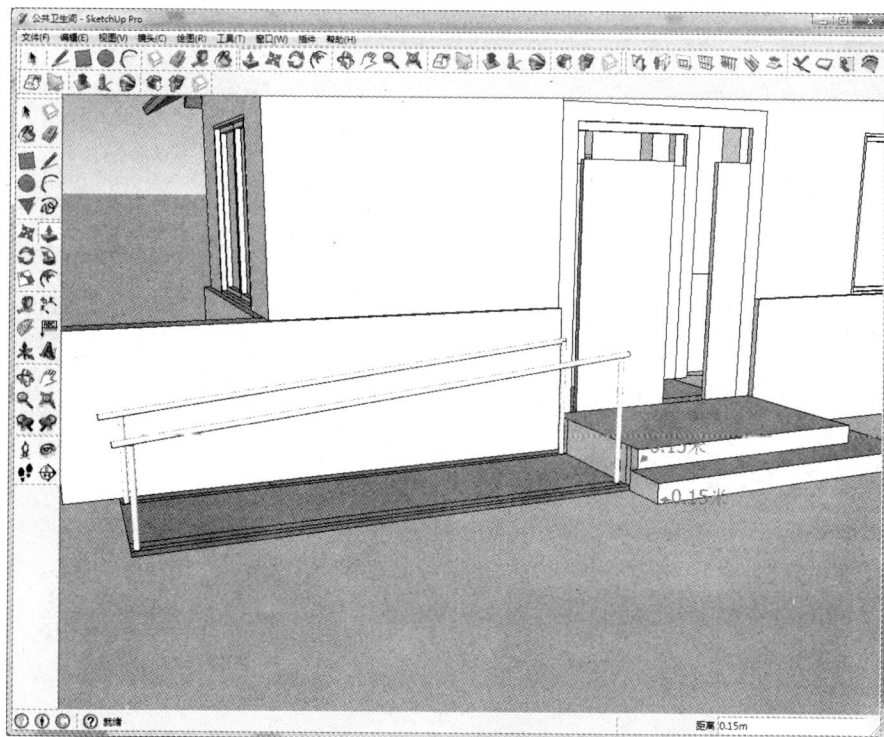

图 7-65

使用"线条"工具 将图 7-66 中圆圈内所示的 A、B 两个点相连,形成一个三角形,使用"推拉"工具 将该三角形向墙面拉伸,完成残疾人坡道的创建,效果如图 7-67 所示。

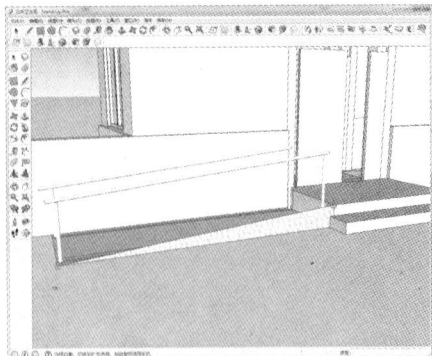

图 7-66

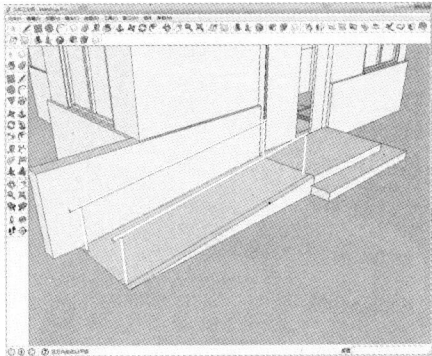

图 7-67

以相似的步骤完成其余部件的构建,删除多余的线面,完成后效果如图 7-68 所示。

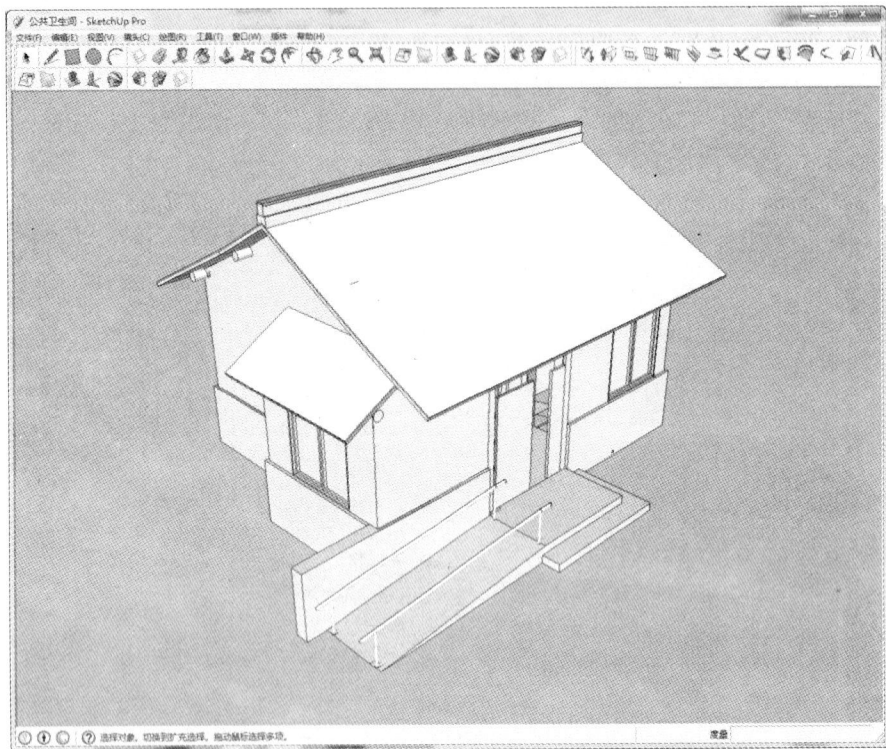

图 7-68

9.赋予材质

使用菜单命令"工具/颜料桶"为公共卫生间赋予材质,其中墙面采用"白色"材质,屋顶采用"沥青木瓦屋顶"材质,窗户以下的墙面采用"浅色砂岩方石"材质,门采用"木地板"材质,窗户玻璃采用不透明度为 66 的淡蓝色材质,各材质的具体参数如图 7-69 至图 7-72 所示。

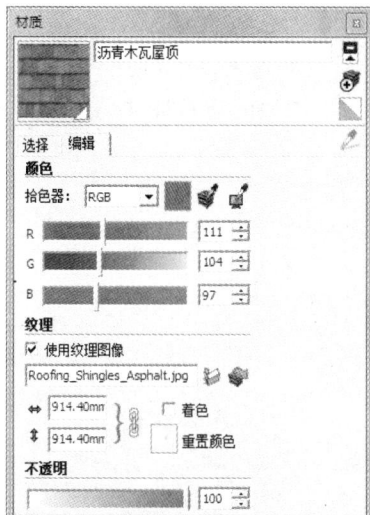

图 7-69

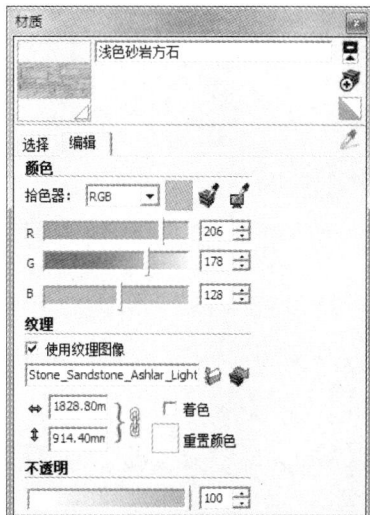

图 7-70

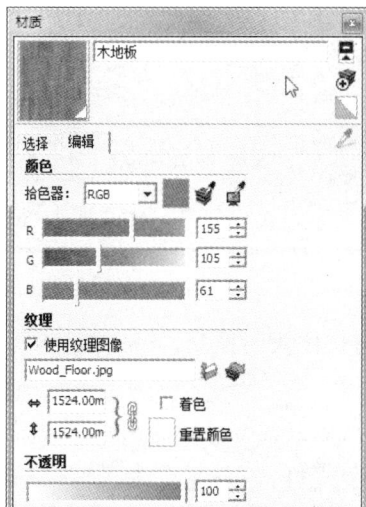

图 7-71

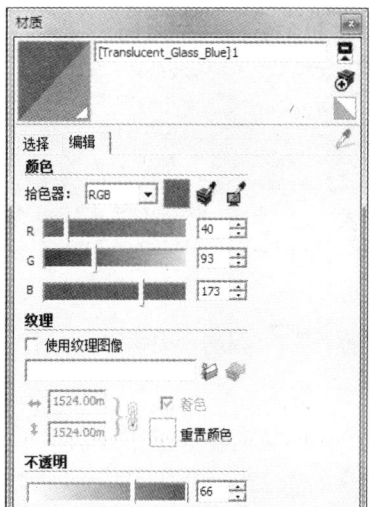

图 7-72

为完成后的建筑创建组群,将其放置于广场模型场景内,效果如图 7-73 和图 7-74 所示。

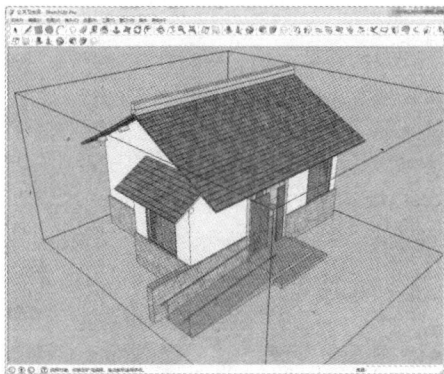

图 7-73

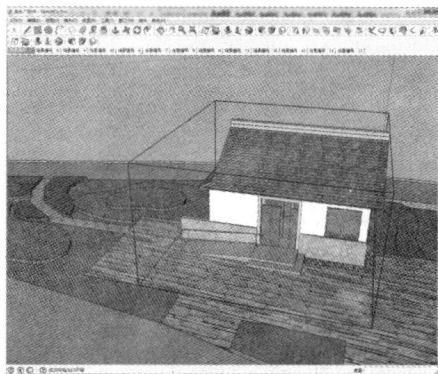

图 7-74

7.5.2　周边地块建筑建模

为了表达与周边环境的空间关系,还需要创建出周边的建筑体块,这些体块的创建相对比较简单。

(1)将周边地块的 CAD 图形导入 SketchUp,如图 7-75 所示。

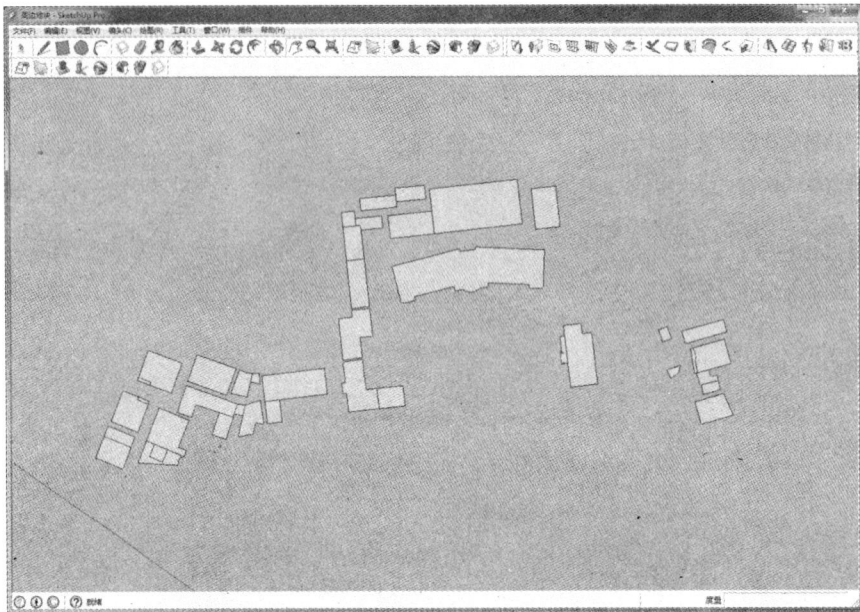

图 7-75

(2)使用"推拉"工具 ⬛,按楼高 3 米完成建筑体块的推拉,并形成群组,完成后效果如图 7-76 和图 7-77 所示。

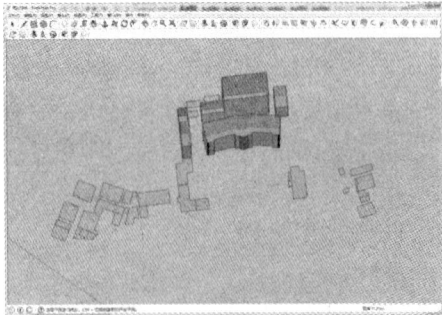 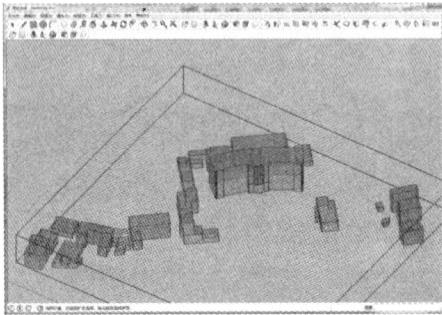

图 7-76　　　　　　　　　　　　　　图 7-77

(3)将创建的建筑群体拼合到场景中,效果如图 7-78 所示。

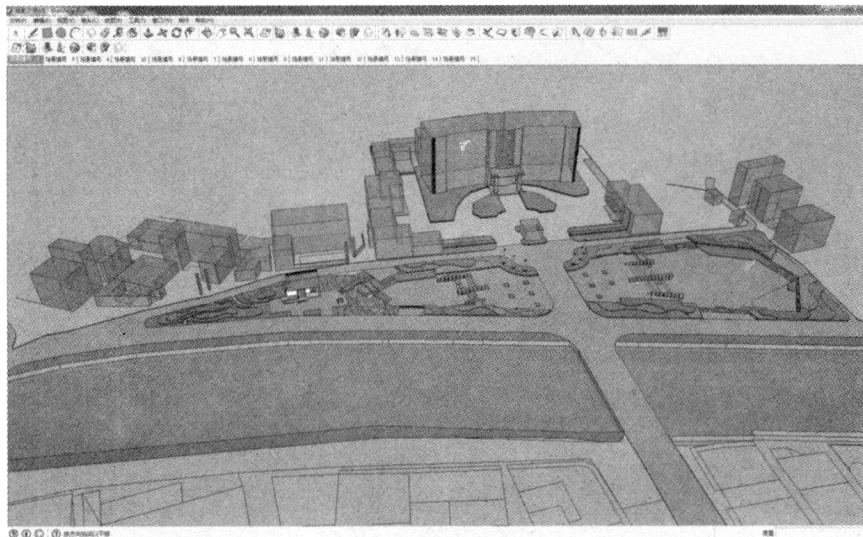

图 7-78

7.6　其他构件的制作及配景的添加

7.6.1　创建公告栏

（1）在 SketchUp 中导入 CAD 图形，并用"画笔"、"推拉"和"偏移"工具，完成公告栏的基本形状的创建，如图 7-79 至图 7-82 所示。

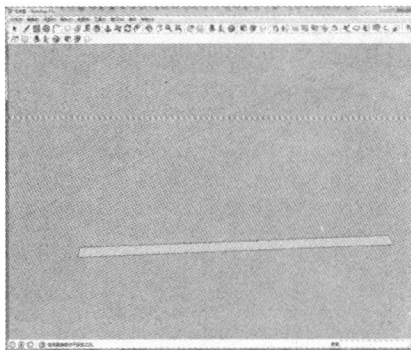

图 7-79

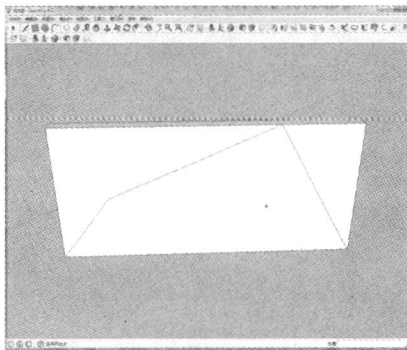

图 7-80

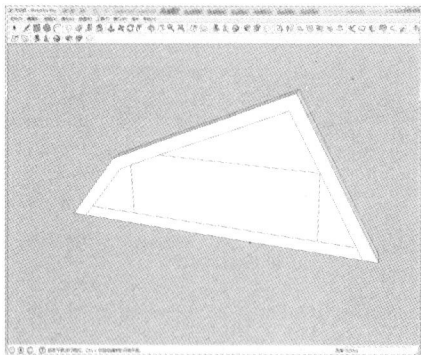

图 7-81　　　　　　　　　　　　　图 7-82

（2）在"材质编辑器"中选取"木质纹"材质并将其赋予公告栏的各个面（见图 7-83）。

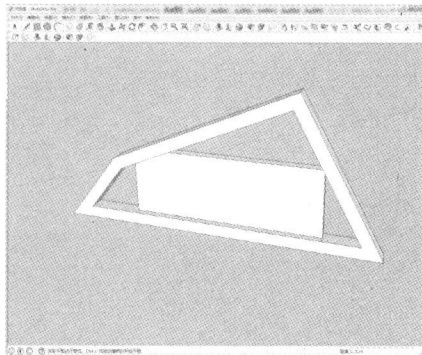

图 7-83

（3）用"矩形"工具 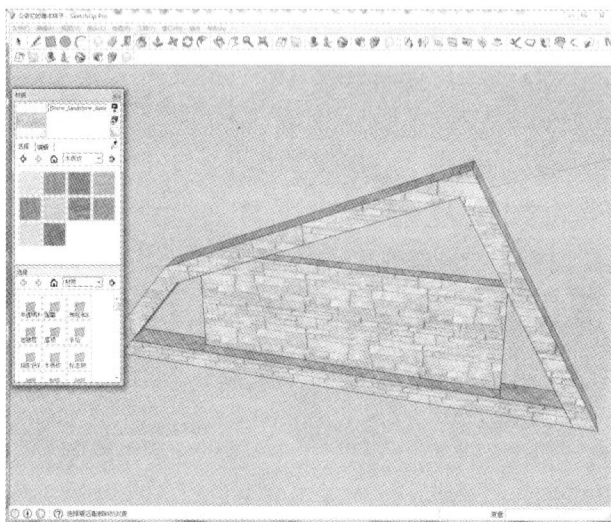 画出海报的位置，如图 7-84 所示。

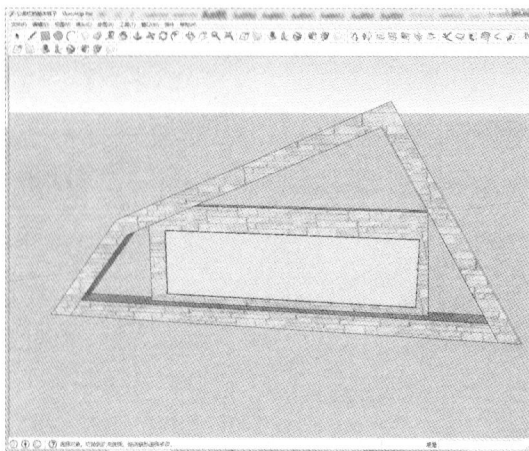

图 7-84

（4）为海报栏新建材质，并指定合适的贴图文件作为纹理图像，如图 7-85 所示。

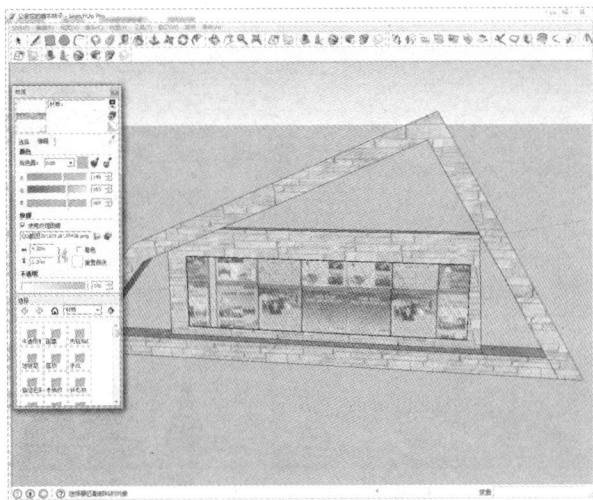

图 7-85

（5）进一步调节纹理的位置及大小，效果如图 7-86 所示。

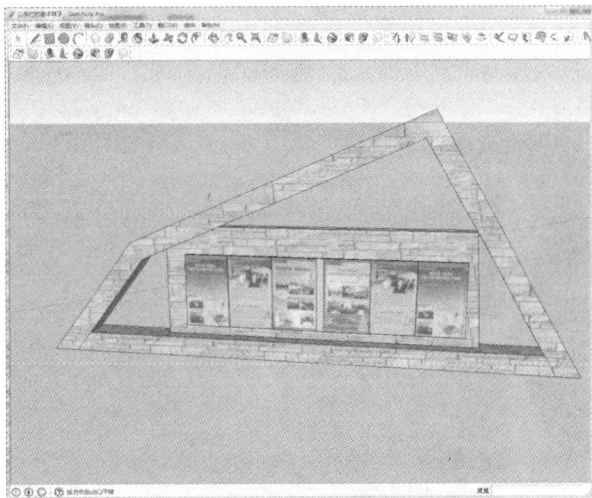

图 7-86

（6）使用"工具/三维文本"菜单命令，在弹出的窗口内输入"行政公告栏"，按图 7-87 设置参数，并将文字放置于合适的位置，完成后效果如图 7-88 所示。

图 7-87

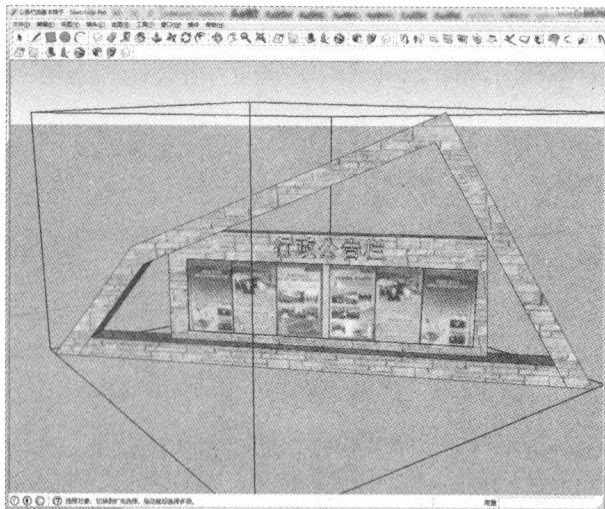

图 7-88

7.6.2 假山、公告栏、玻璃棚等素材的插入

建模过程中，可以通过 SketchUp 的 3D 模型库直接调用一些景观小品，或者自己平时积累的 3D 模型素材，插入素材时需注意素材与模型的单位，如图 7-89 所示。

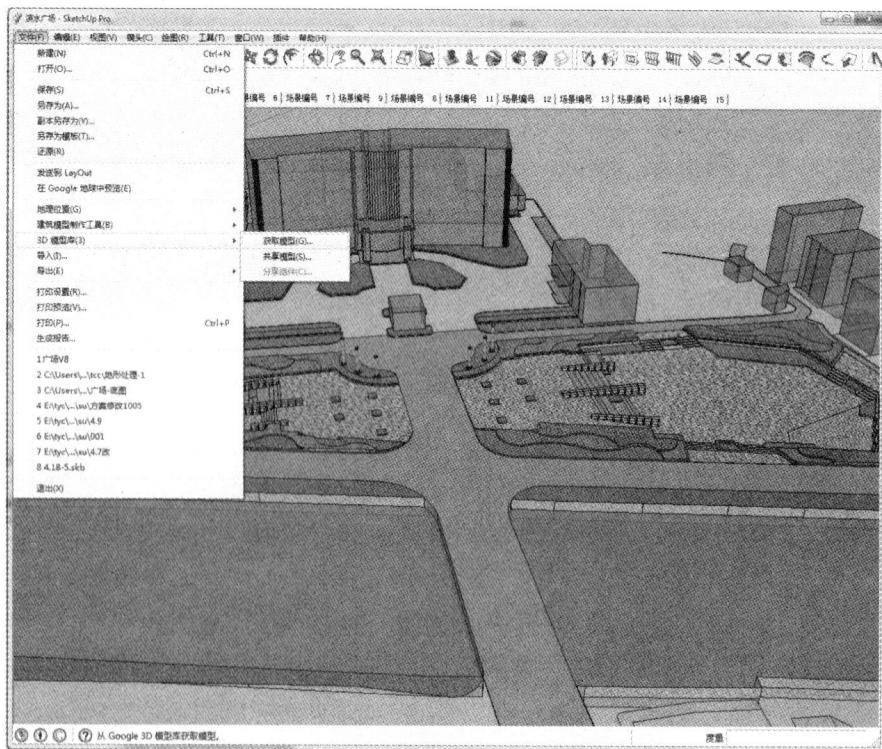

图 7-89

可以使用"文件"→"导入"菜单命令导入已完成的小品等素材。用户也可以通过直接打

开素材模型,利用粘贴复制完成素材的导入,如图 7-90 和图 7-91 所示。

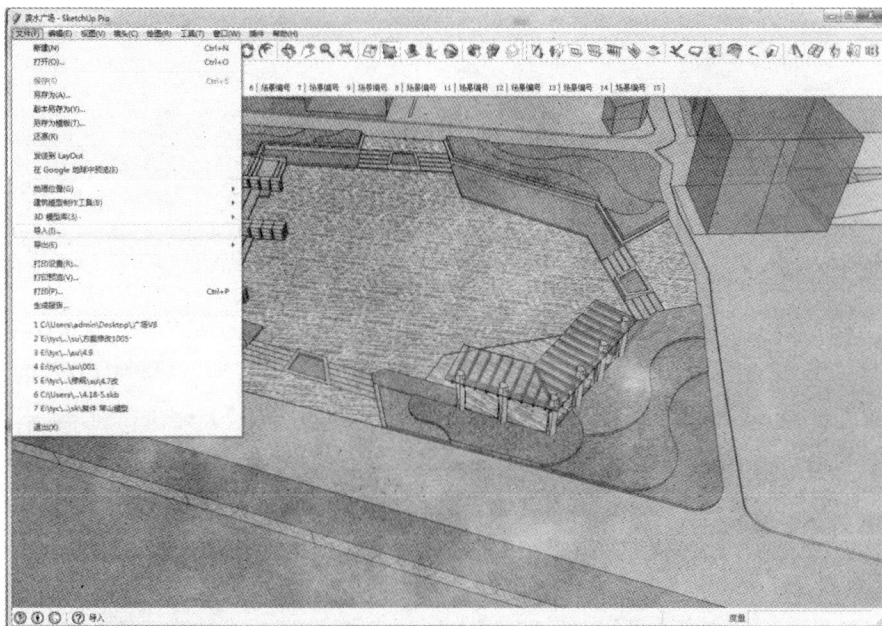

图 7-90

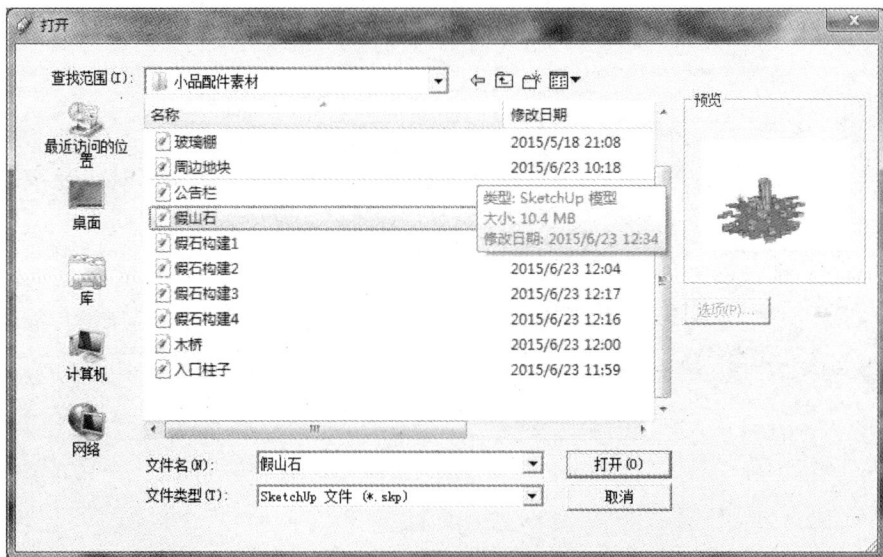

图 7-91

导入各小品后的效果如图 7-92 至图 7-96 所示。

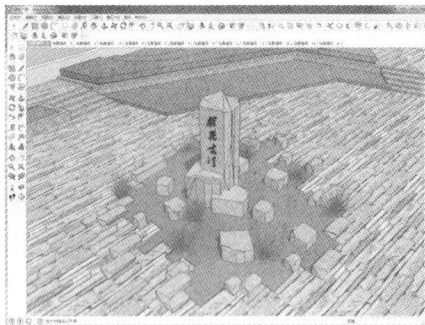

图 7-92

图 7-93

图 7-94

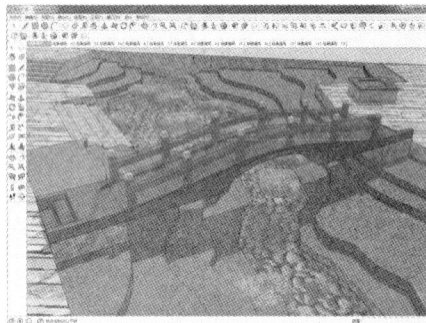

图 7-95

图 7-96

7.6.3　添加配景

借助于植物和人物配景细化场景、绿化景观,能够极大丰富模型场景,可营造更为逼真的场景效果。

利用"文件"→"导入"命令导入合适的乔木(本例中选用乔木2.skp,如图7-97所示),使用复制和粘贴命令完成广场入口处两侧的树阵,如图7-98和图7-99所示。

图 7-97

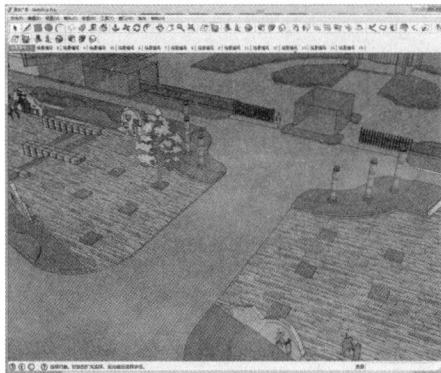

图 7-98　　　　　　　　　　　　　　　　图 7-99

对于上述生成多个复制品的情形,为方便修改,可结合 CAD 的块定义,通过导入SketchUp 后块自动转换为组件这一特性,实现多个同类对象的同步更新。以下以批量种植行道树为例介绍具体的操作方法:

(1)在 CAD 中绘制一个圆,据此创建一个块(见图7-100),然后利用 Measure 或 Divide命令沿道路走向以等距或定数等分的方式插入块参照。

(2)将这些块参照以写块的方式(Wblock)单独保存到 CAD 文件,并将其导入到SketchUp 场景中,如图7-101所示。

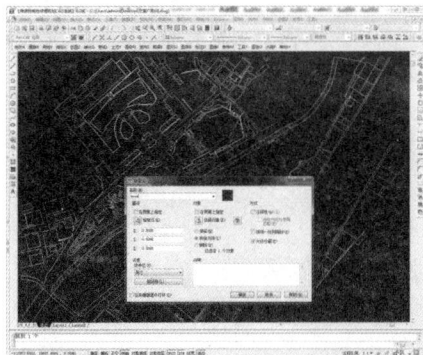

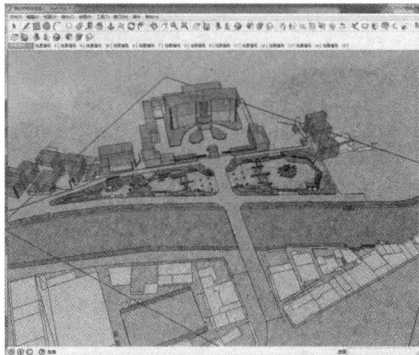

图 7-100　　　　　　　　　　　　　　　　图 7-101

（3）导入 SketchUp 的 CAD 块自动形成组件，双击任一一个组件（圆），进入组件编辑状态（见图 7-102），将组件库中合适的行道树组件拖入呈虚线显示的组件边界内，所有的圆所在的位置均放置了行道树，完成以上操作后的场景效果如图 7-103 所示。

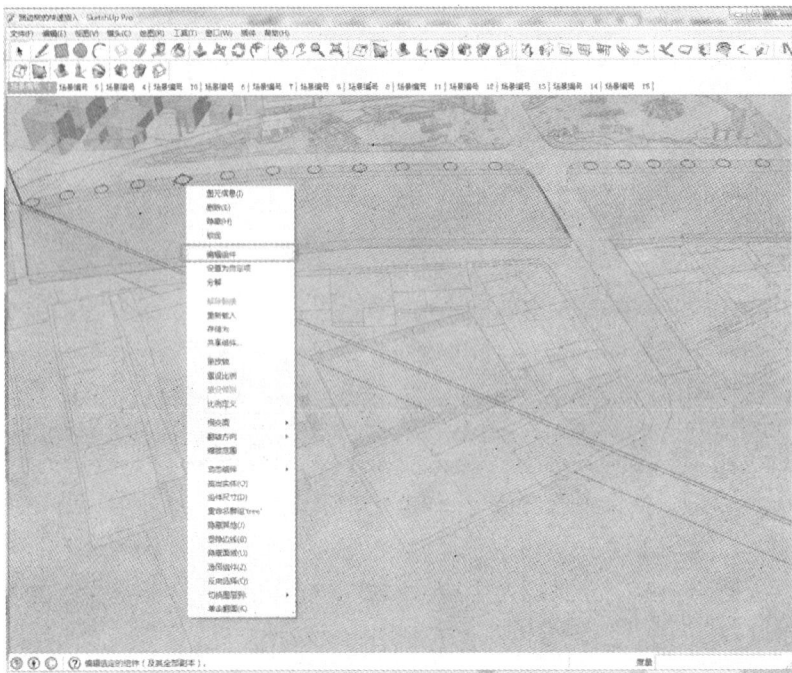

图 7-102

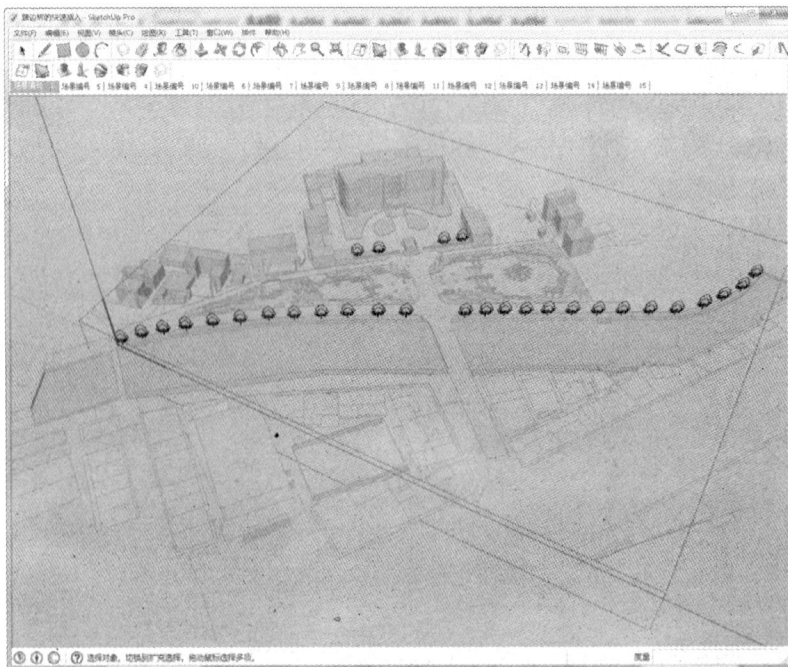

图 7-103

采用相同的方法,在场景内其余地方添加植物及人物配景,完成后效果如图 7-104 至图 7-108 所示。

图 7-104

图 7-105

图 7-106

图 7-107

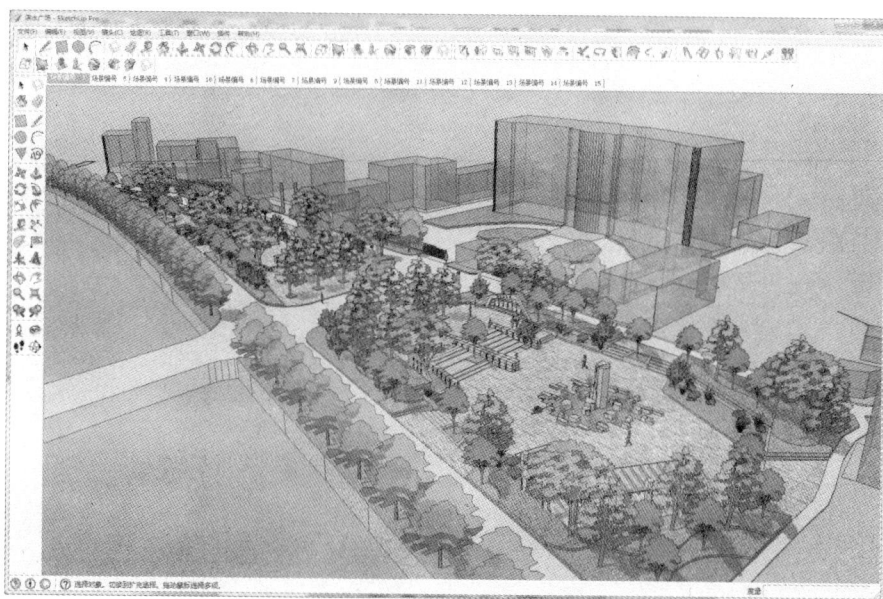

图 7-108

7.7　本章小结

　　本章以一个滨河广场的 SketchUp 为例,介绍如何使用 SketchUp 完成道路、河流和地形坡面等要素的建模及相应材质的制作,如何通过模型库及导入功能共享已完成的模型,以及利用组件来创建重复的构件,实现构件和配景的快速添加。通过本章的学习,读者能掌握广场 SketchUp 建模的基本技能。

第 8 章　美丽乡村节点规划设计效果表现

本章学习要点

- 学习在 Lumion 中导入 SketchUp 模型的技巧
- 学习在 Lumion 中编辑各类材质的方法
- 学习如何在 Lumion 中添加配景
- 学习 Lumion 的静帧出图技巧

8.1　案例概述

本章以某个美丽乡村节点改造为例,介绍如何使用 Lumion 5.0 来表达节点改造效果。

该节点现状是村内庙前隔着一条小溪的宅间空地,如图 8-1 所示。设计者意欲将废弃空地改造成村民休憩、交流的小型活动广场,具体措施为:增加绿化植被、铺盖透水铺地、添加座椅和秋千等设施,作为村民活动空间;将空白围墙增加墙绘进行美化。

图 8-1

8.2 创建模型

经过实地调研,结合 1∶500 地形图和实地测量数据进行 SketchUp 建模。考虑到只需要提供整治提升后的美丽乡村节点的效果,建模工作应尽可能简化,为此仅需对闲置场地以及两侧的墙壁、桥梁、庙宇和村道等几个要素进行建模,民居和竹林等要素可以通过 Photoshop 后期处理加入到节点效果图中。由于教材前几章内容已较为详细地介绍了运用 SketchUp 进行建模的各项步骤,本案例的建模过程不再赘述,建模效果图如图 8-2 所示。

图 8-2

8.3 检查模型

在导出模型前,要从模型的正反面、模型单位、距离原点位置(如果模型很大的话,还应检查贴图尺寸)等多个方面检查模型。

根据"样式"对话框中的正面和背面颜色(见图 8-3),检查模型的表面。如果有反面,则选中相应的表面,通过点击右键弹出菜单中的"反转平面"(见图 8-4)将其反转。

打开"模型信息"对话框,将模型单位设置为米(规划设计中一般以米为基本单位),如图 8-5所示。

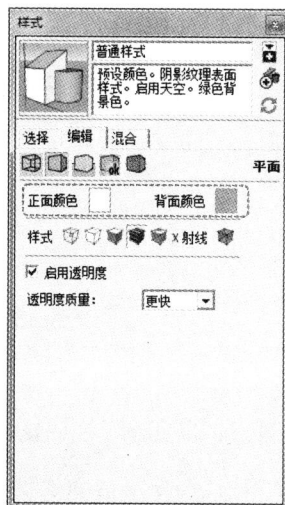
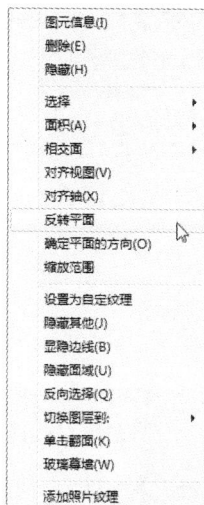

图 8-3   图 8-4

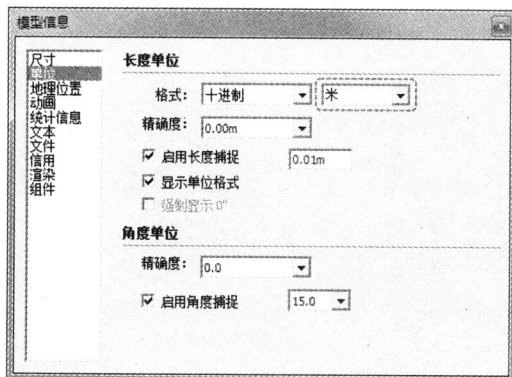

图 8-5

确保模型整体靠近三色轴的原点。如果模型离原点较远，则通过"移动"工具 ✦ 将模型移动到原点附近，如图 8-6 所示。

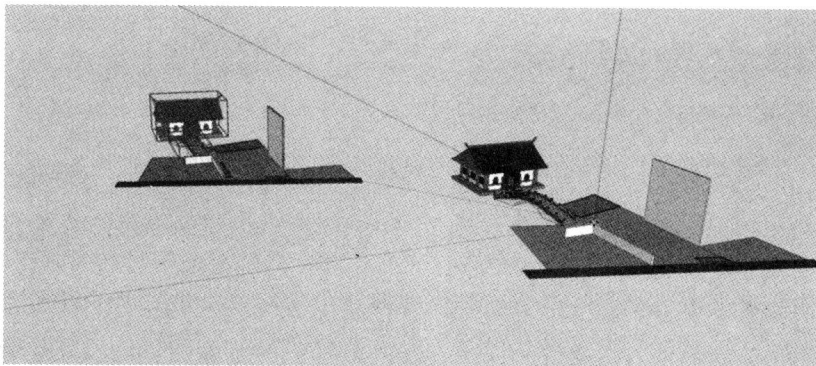

图 8-6

为减小文件的尺寸，建议清理 SketchUp 模型。用户可通过"模型信息"对话框中"统计信息"导航栏对应窗口中的"清除未使用项"来清理未使用的要素,如图 8-7 所示。

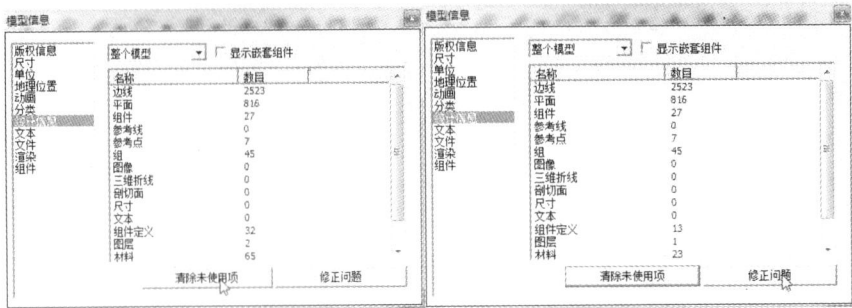

图 8-7

特别地,对于组件也可用以下方式进行清理:打开"组件"对话框,点击"在模型中"按钮 🏠,点击"下拉菜单"按钮 📲,点击"清除未使用项"选项以清除模型中未被使用的组件,如图 8-8 所示。当"清除未使用项"选项显示为灰色,表示已执行过该操作。

图 8-8

对于材质也可用以下方式进行清理:打开"材质"库,点击"在模型中"按钮 🏠,点击"下拉菜单" 📲,点击"清除未使用项"选项(显示灰色代表已经清理过),如图 8-9 所示,再检查模型中的材质,选择重复的或不再使用材质,点击删除,如图 8-10 所示。

考虑到导入 Lumion 后,同一种颜色或材质的表面会在材质编辑时被同时选中,无法拆分开来,因此在 SketchUp 中每一类表面都需要被赋予不同的材质。以下以围墙的墙绘为例,介绍 SketchUp 中特殊材质编辑的创建方法。如图 8-11 所示,打开"颜料桶"工具 🖌️,在弹出的"材质"对话框中点选"创建材质"选项 📦,在弹出的"创建材质"窗口中点击"浏览材质图像文件"按钮 ，在对应的文件路径中找到墙绘的贴图，选中并点击"打开"按钮后返回"创建材质"窗口，点击"锁定/解除锁定图像高宽比"按钮 ，将图像长宽比例解锁，并手动输入相应的长宽比例，如图 8-12 所示。最终的材质编辑效果如图 8-13 所示。

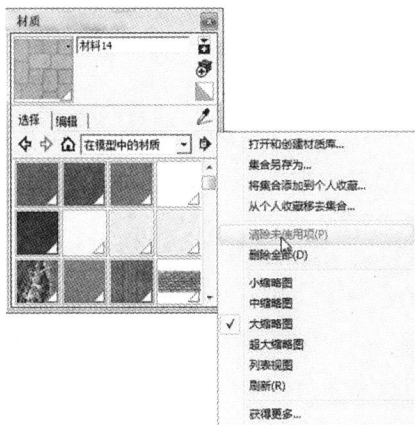
图 8-9

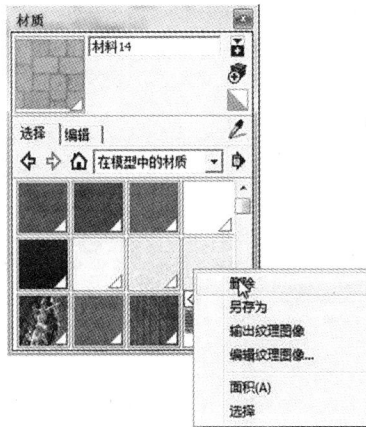
图 8-10

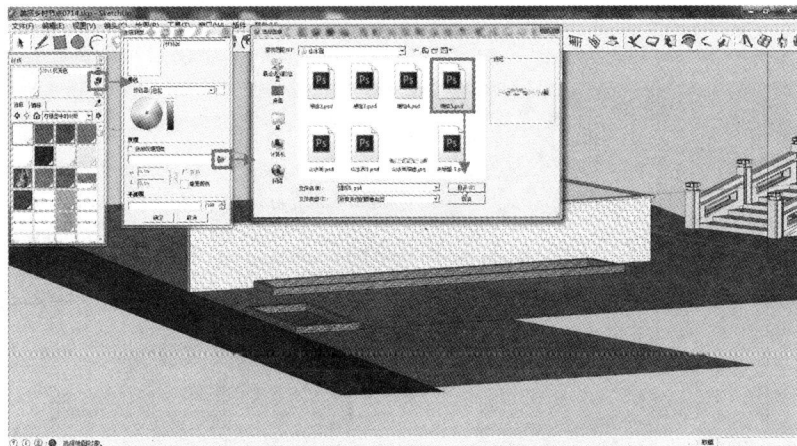
图 8-11

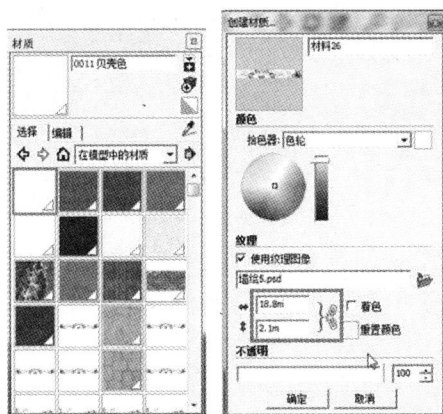
图 8-12

图 8-13

8.4 导入模型

（1）运行 Lumion 5.0，导入模型之前先选择"Plain"作为新建场景，如图 8-14 所示。

图 8-14

（2）点击屏幕左下方"场景编辑栏"的"导入"按钮 ，如图 8-15 所示，在屏幕下方左侧弹出的"导入"面板中单击"添加新模型"按钮 。然后，在弹出的"打开"对话框中选择之前检查好的 SketchUp 文件，如图 8-16 所示。

导入模型时尽量将其放置在 Lumion 三色轴原点附近，这样有利于之后操作中对模型的移动和视角的快速切换，如图 8-17 所示。

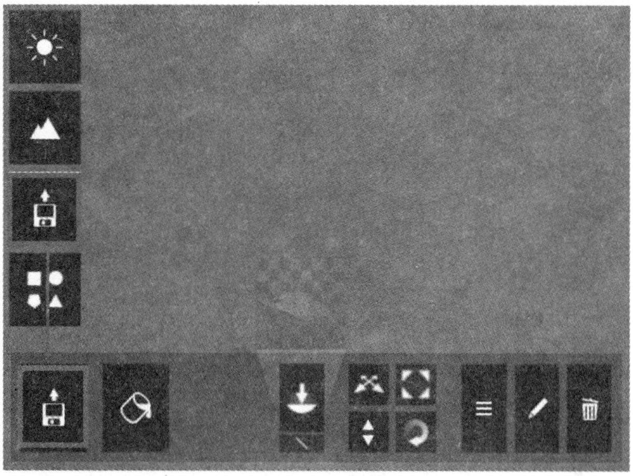

图 8-15

图 8-16

图 8-17

（3）在导入完成后，将模型插入到场景原点附近，单击"导入"面板的"调整高度"按钮 ，将模型向上移动一段距离，避免模型的底面与 Lumion 的地面重合而产生如图 8-18 所示的闪烁现象。

图 8-18

8.5 调节光线

选择一个已经保存的角度，然后调整一下光线。由于光线细节会因为配景的添加而产生变化，所以在添加配景之后还需要再次调节天气。点击"场景编辑栏"中的"天气"按钮 ，弹出如图 8-19 所示的"天气"面板，用户可根据实际设计需求调整太阳方位、太阳高度、太阳光强、云的类型和云量，对各参数进行如图 8-20 所示的设置，调整参数后场景的效果如图 8-21 所示。

图 8-19

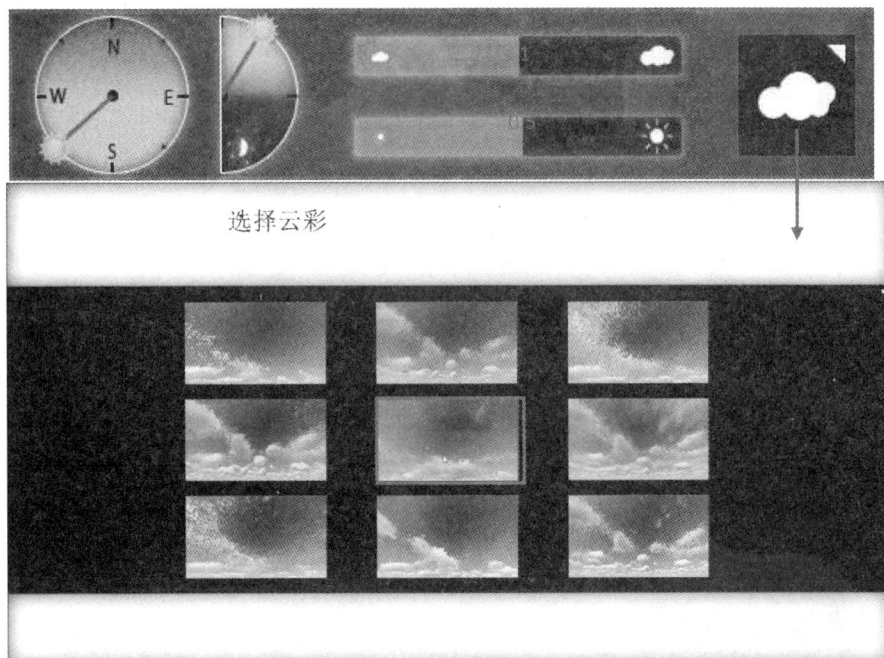

选择云彩

图 8-20

图 8-21

8.6　编辑材质

8.6.1　广场铺地

在"导入"面板中单击"编辑材质"按钮 （见图 8-22）；选择需要调整材质的表面（广场

铺地），它会呈现荧光绿色的亮显状态，如图 8-22 所示。

图 8-22

图 8-23

　　点击屏幕左下角弹出的"材质库"面板的"室外"选项卡，选项卡的上部为中类材质示例窗，下部为小类材质示例窗。点击 示例窗以选择"石头"材质为中类材质，进而单击 示例球以确定小类材质（材质名称为 stonewall_alt_005_009_1024）。效果如图 8-24 所示。

图 8-24

单击"材质"面板右上角的 ▣ 按钮，退出"材质库"面板。屏幕左下角会自动弹出用于调整材质参数的"材质"编辑面板，面板上包含 5 个参数滑杆，分别是"着色"（缺省值为 0）、"光泽"（缺省值为 1）、"反射率"（缺省值为 1）、"视察"（用来调节材质浮雕效果的深浅程度，缺省值为 1）、"缩放"（缺省值为 1，滑杆往右，参数值变大，最左端为 0，最右端为 2）。将缩放滑杆的值调整为 0.2，效果如图 8-25 所示。

图 8-25

点击"材质"编辑面板下方的设置按钮 ✦ 设置... ，Lumion 将弹出更多设置选项，包括"位置"、"方向"、"减少闪烁"、"高级"四个选项，如图 8-26 所示。

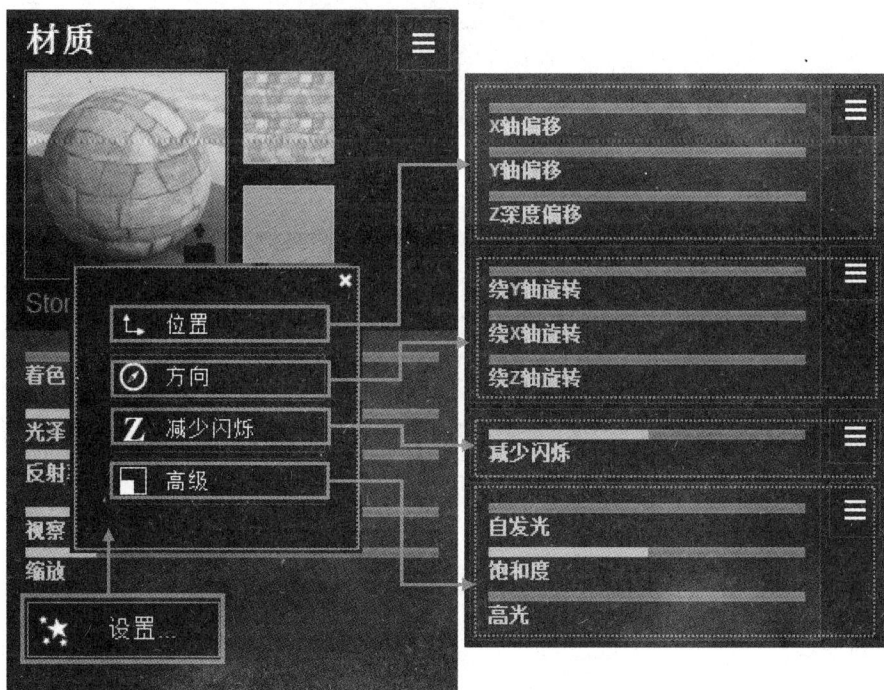

图 8-26

　　点击"位置"选项将弹出 X 轴偏移、Y 轴偏移、Z 深度偏移三个滑杆,缺省值均为 0,滑杆往右,参数值变大,最左端为 0,最右端为 1,调整这三个滑杆可以调节材质沿着 X 轴、Y 轴、Z 深度三个方向的偏移程度。

　　点击"方向"选项将弹出绕 X 轴旋转、绕 Y 轴旋转、绕 Z 轴旋转三个滑杆,缺省值均为 0,滑杆往右,参数值变大,最左端为 0,最右端为 360°,调整这三个滑杆可以调节材质围绕着 X 轴、Y 轴、Z 深度三个方向的旋转角度。本例中需要用到"方向"选项。绕 X 轴旋转、绕 Y 轴旋转、绕 Z 深度旋转三个参数调整前后的材质效果对比如图 8-27 至图 8-31 所示。

图 8-27

图 8-28

图 8-29

图 8-30

图 8-31

点击 **Z** 减少闪烁 按钮将弹出"减少闪烁"滑杆,可用它来调节材质在渲染时的闪烁度。该滑杆参数的缺省值为0,滑杆往右,参数值变大,最左端为－1,最右端为1。

点击"高级"选项将弹出"自发光"、"饱和度"、"高光"滑杆,滑杆往右,参数值变大。"自发光"的缺省值为0,最左端为0,最右端为100,调整这个滑杆可以调节材质本身发光的强度;"饱和度"的缺省值为1,最左端为0,最右端为2,调整这个滑杆可以调节材质颜色的饱和度;"高光"的缺省值为0,最左端为0,最右端为1,调整这个滑杆可以调节材质高光的强度。

最后,点击屏幕右下角的"确定"按钮 ✓ 将材质应用到所选的广场。

8.6.2　马路

首先,单击"导入"面板的"编辑材质"按钮 ；其次,选择需要被编辑材质的表面(马路),如图8-32所示;最后,在屏幕左下角自动弹出的"材质库"面板中点选"室外"选项卡,在该选项卡的中类材质示例窗中单击 示例窗以选择"沥青"材质,进一步在小类材质示例窗中选择Asphalt_010A_1024材质 ,点击屏幕右下角的"确定"按钮 ✓ 将当前材质应用于所选的对象,效果如图8-33所示。

图 8-32

图 8-33

8.6.3　花坛

首先,点击"导入"面板的"编辑材质"按钮 ;接着,选择需要被编辑材质的花坛,如图 8-34 所示;在 Lumion 左下角自动弹出的"材质库"面板中点选"室外"选项卡,单击中类材质示例窗中的 示例窗以选择"混凝土"材质,进一步在小类材质示例窗中选择 Concrete_ 004_1024 材质 ,点击屏幕右下角的"确定"按钮 将所选材质赋予选中的花坛,完成后的效果如图 8-35 所示。

图 8-34

图 8-35

8.6.4　草坪

可将草坪设置成与场景的草地一样的材质,使整个模型的表现显得更为自然。首先,点击"导入"面板的"编辑材质"按钮 ，选择欲调整材质的草坪，在 Lumion 场景左下角弹出的"材质库"面板中选择"自定义"选项卡，再点击其中的"景观"材质 ，无需其他的操作，直接点击屏幕右下角的"确认"按钮 ，效果如图 8-36 所示。如果发现操作有误，可点击"取消"按钮 ，取消材质编辑。

图 8-36

8.6.5 石拱桥

首先，点击"导入"面板的"编辑材质"按钮 ；接着，选择需要被编辑材质的对象——石拱桥（见图 8-37）；在 Lumion 左下角弹出的"材质库"面板中点选"室外"选项卡，点击其中的中类材质示例窗中的 示例窗以选定"石头"材质，进一步在小类材质示例窗中选择 Pavement_stone_007_1024 材质 ，点击屏幕右下角的"确定"按钮 将所选材质赋予选中的石拱桥，完成后的效果如图 8-38 所示。

图 8-37

图 8-38

8.6.6　寺庙屋顶

首先,点击"导入"面板的"编辑材质"按钮 ![icon]；其次,选择需要被编辑材质的表面——寺庙屋顶(见图 8-39)；在 Lumion 左下角自动弹出的"材质库"面板中点选"室外"选项卡,在其中选择"屋顶"材质 ![icon],进一步在下方小类材质示例窗中选择 Roof_015 材质 ![icon],点击 Lumion 右下角的"确定"按钮 ![icon] 将材质应用于寺庙屋顶,效果如图 8-40 所示。

图 8-39

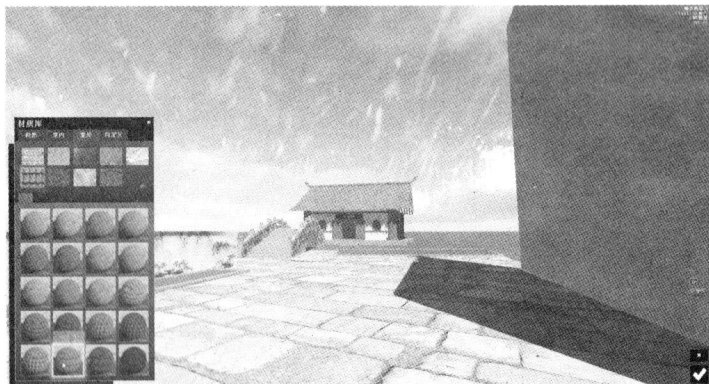

图 8-40

8.7 添加配景

8.7.1 添加室外设施配景

点击屏幕左下方的"场景编辑栏"中的"物体"按钮以弹出"物体"面板，单击其"室外"按钮，双击"物体"面板上方出现的"更改物体"按钮（见图 8-41），在弹出的"室外素材库"窗口（见图 8-42）中选择所需的设施。将鼠标置于适当的位置后点按其左键，将该设施放置到场景中。如图 8-43 所示为置入休憩长椅后的效果。

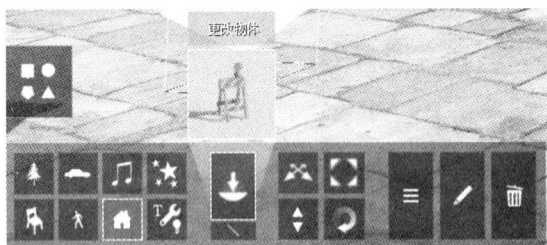

图 8-41

图 8-42

图 8-43

　　物体置入后的方位不一定符合设计要求,可使用"物体"面板中的"旋转"按钮，将物体绕 Y 轴旋转至合适的角度,如图 8-44 所示。

图 8-44

　　旋转完座椅后,还需要用"移动"工具将其移动到适合的位置。点击"物体"面板中的"移动"按钮，将座椅移动至合适的位置,如图 8-45 所示。

图 8-45

205

8.7.2 添加人物配景

点击"物体"面板中的"人和动物"按钮 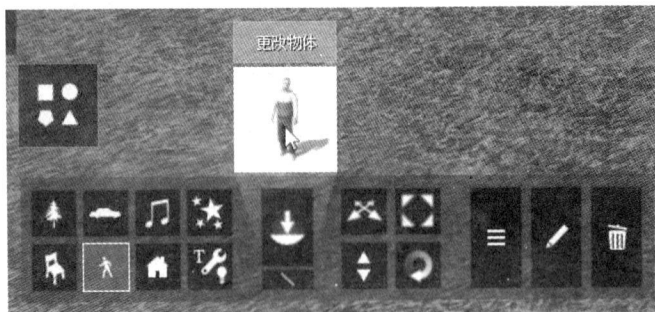，双击"物体"面板上方的"更改物体"按钮（见图 8-46），在弹出的"角色库"窗口（见图 8-47）中选择所需的人物类型，按鼠标所在位置显示的指示放置人物，注意放置的位置。

图 8-46

图 8-47

同样地，使用"旋转"工具 和"移动"工具 将人物旋转、移动后放置到合适的位置。图 8-48 中的人物经移动后效果如图 8-49 所示。

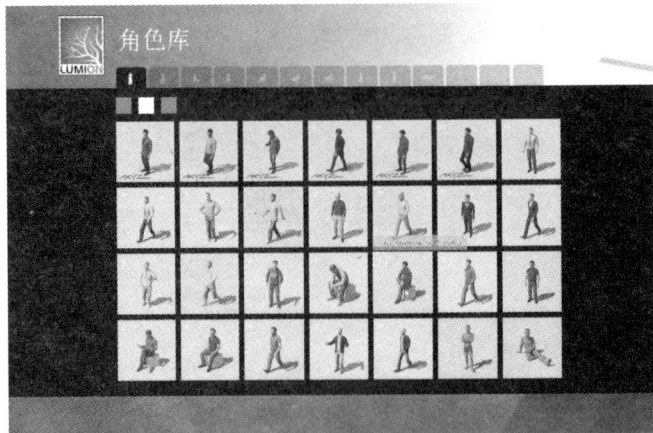

图 8-48

图 8-49

用同样的方法放置其他类型的人物,如图 8-50 至图 8-52 所示。

图 8-50

图 8-51

图 8-52

添加人物配景的最终效果如图 8-53 所示。

图 8-53

8.7.3 添加植物配景

点击"物体"面板中的"植物"按钮 ![icon]，然后点击菜单上方出现的物体缩略图（见图8-54），在弹出的"自然库"（见图8-55）窗口中单击所需的植物类型，按鼠标所在位置显示的指示放置植物，放置花丛后的效果如图8-56 所示。必要时可单击"物体"面板中的"调整尺寸"工具 ![icon] 和"移动"工具 ![icon] 以调整植物的尺寸与位置，以便让植物的分布看起来更为自然合理。

图 8-54

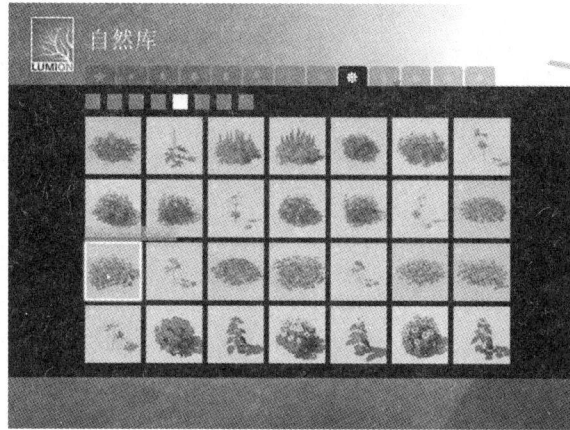

图 8-55

图 8-56

花草配置的效果如图 8-57 所示。

图 8-57

接下来添加乔木类植物,效果如图 8-58 所示。

图 8-58

8.8 静帧出图

添加完配景后就可进行静帧出图。在此之前先按图 8-59 所示调整一下天气参数。

图 8-59

单击屏幕右下方"主控栏"的 📷 按钮以进入"拍照"模式,在弹出的"场景渲染"面板中调整焦距,点击图 8-60 所示屏幕下方的输出按钮 📷 Print 3840x2160 ,在弹出的对话框(见图 8-61)中指定保存路径、文件名、文件类型,并按"保存"按钮完成静帧出图。

图 8-60

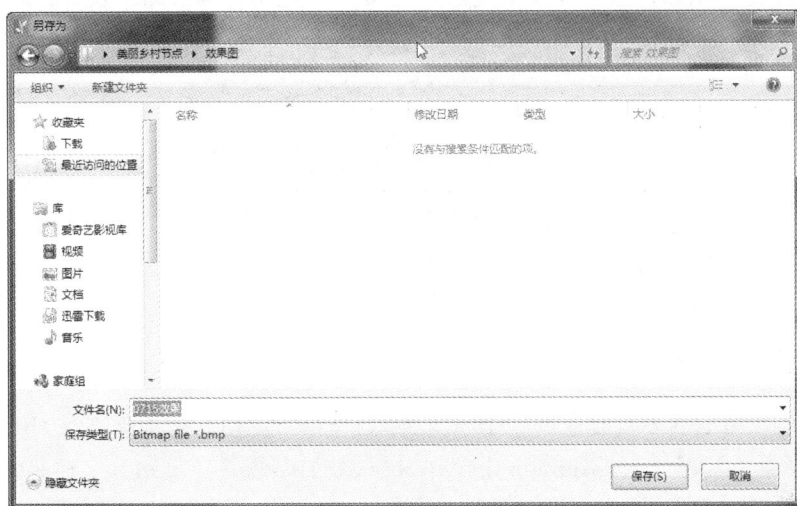

图 8-61

渲染后得到的效果图如图 8-62 所示。

图 8-62

将效果图在 Photoshop 中进行后期处理,包括添加农居房、竹林,以及整体画面的剪裁,最终效果图如图 8-63 所示。

图 8-63

8.9　本章小结

本章以某乡镇美丽乡村改造的一个节点为例,介绍了如何有效地将 SketchUp 模型导入到 Lumion 场景,以及如何在 Lumion 中制作材质、添加配景并导出图片。通过本章的学习,读者可快速了解如何使用 Lumion 快速表达景观小节点的规划设计效果。

第 9 章　居住小区规划设计效果表现

本章学习要点

- 学习使用 Lumion 表现居住小区景观节点的方法
- 学习透视、立面和鸟瞰镜头的设置
- 学习各类灯光的使用技巧
- 学习使用 Lumion 表现居住小区夜景的方法
- 在实战中熟练掌握 Lumion 的各种功能和技巧

9.1　案例概况

　　本章所涉的居住小区位于浙江北部某小城市,地块西侧紧邻河道,因北部有城市道路穿越,分为两个居住组团。河道两侧布置 20～30 米不等的滨河绿地,紧邻河道东侧的住宅裙楼形成步行商业区,供市民休闲购物。由于所在的城市土地紧缺,所以小区以布置高层住宅为主。

　　本章所涉及的居住小区位于浙江北部某小城市,地块东面和北面为渡口路,西南侧紧邻河道,东南侧为白马路,是该城市交通主要道路。地块周边多为住宅,南面是白马路公园,北面为某河流,西南是内河,西北是学校,基地两面邻水,环境优越,但整个地块交通相对较为闭塞,地块现状如图 9-1 所示。

　　为了缓解紧张的城市用地,小区以布置高层住宅为主。同时,在解决地块内部交通问题的基础上,为了改善该地区居民居住水平,该小区用地功能布局充分考虑了居住用地与绿化空间和配套服务设施的协调发展,在地块东北和西南面均配以供附近居民休闲购物的步行商业区。另外,该小区规划充分遵循整体规划的原则,使建设用地的功能布局、道路、绿化等各个系统形成有机整体,创造了一个具有地区文化特征、功能齐全、配套完善、环境优美、可持续发展的生态型现代化的新住区。具体小区规划总平面图和小区鸟瞰图如图 9-2 和图 9-3 所示。

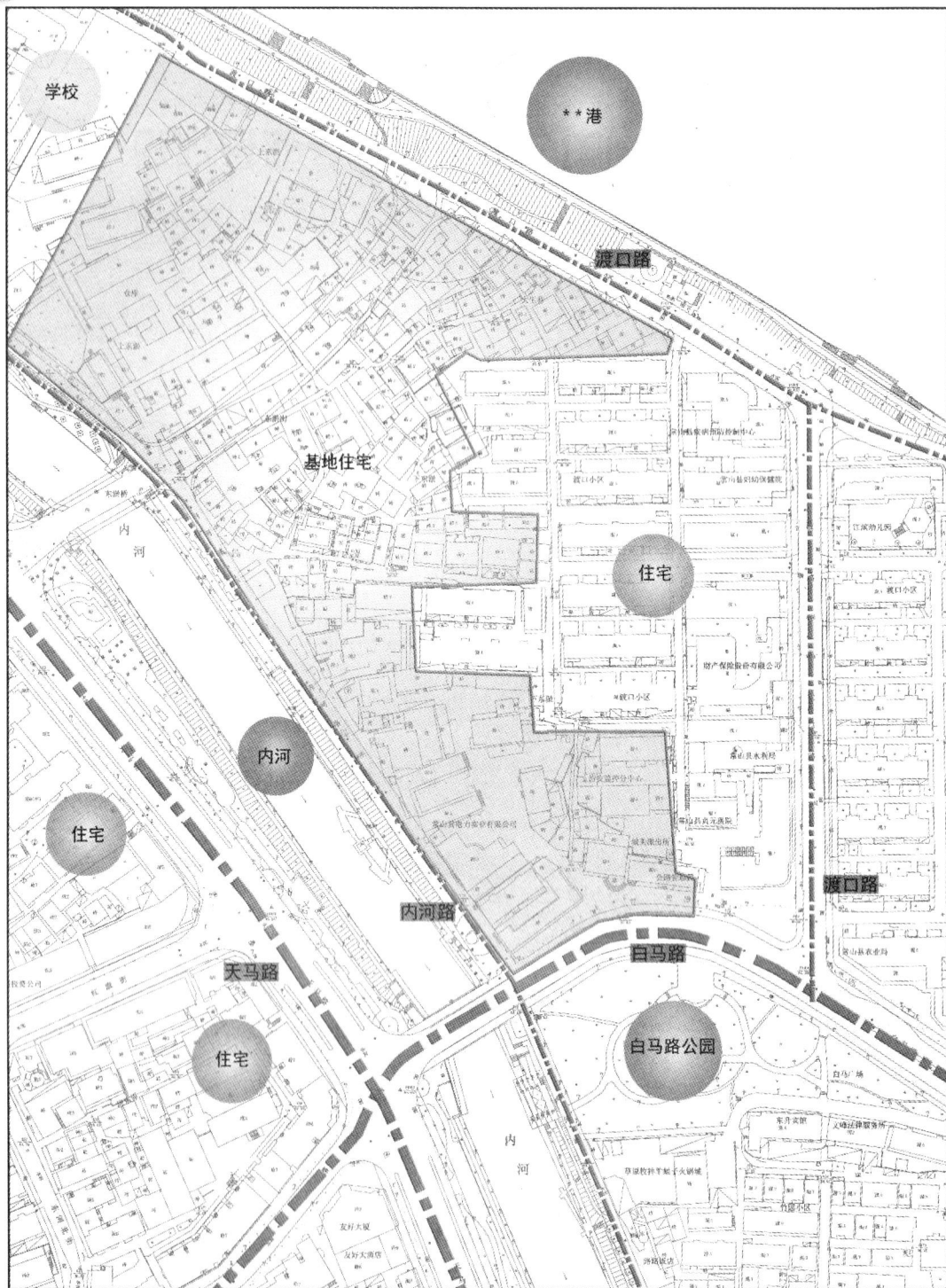

图 9-1

图 9-2

图 9-3

9.2 模型检查与导入

9.2.1 检查模型

SketchUp 模型导入 Lumion 之前需检查模型的正反面、模型单位，并将其移动至原点附近(具体操作可参考第 7 章的相关内容)。

图 9-4

9.2.2 导入模型

(1)运行 Lumion 5.0,导入模型之前首先新建场景,在"新建场景"选项卡中选择"Plain"作为新建场景。

图 9-5

(2)在屏幕左下角的"场景制作栏"中单击"导入"按钮 ,在弹出的"导入面板"中点击"添加新模型"按钮 ,将模型插入到场景中;单击"导入面板"的"调整高度"按钮 ,将模型向上移动一段距离,避免模型的地面与 Lumion 的地面重合而产生闪烁的现象。导入模型并调整高度后的效果如图 9-6 所示。

图 9-6

（3）由于光线细节会影响材质的视觉效果，所以先进行简单的光线调节，使用户能够在编辑过程中直观感受不同材质的表现效果。根据设计的需要，在"天气"面板中按图 9-7 所示调整太阳方位、太阳高度、太阳光强、云的类型和云量，进一步完善表现效果。

图 9-7

9.3　小区游园节点效果表现

基地位于浙江北部，小区绿化以落叶乔木为主搭配常绿灌木。因此场景的布置中不仅需要考虑各种园林小品的塑造，从细节上营造出具有绿意盎然的住宅区，也要考虑植物的地域性，尽量使用乡土植物，尽可能还原现实环境。该节点由 SketchUp 导入 Lumion，效果如图 9-8 所示。

图 9-8

9.3.1　地块外建筑的虚化

游园的一侧为小区外的居住建筑,为有效区分小区内外建筑,通常对小区外的建筑用透明体进行虚化,具体可按以下步骤进行调整:

(1)点击"导入"面板中的"编辑材质"按钮 ，选中外部的建筑物,在弹出的"材质库"面板中单击"室外"选项卡中"玻璃"大类材质按钮 （见图 9-9）,进一步单击下方的 中类材质按钮,在弹出的"材质"面板中按图 9-10 所示调节各项参数。

图 9-9

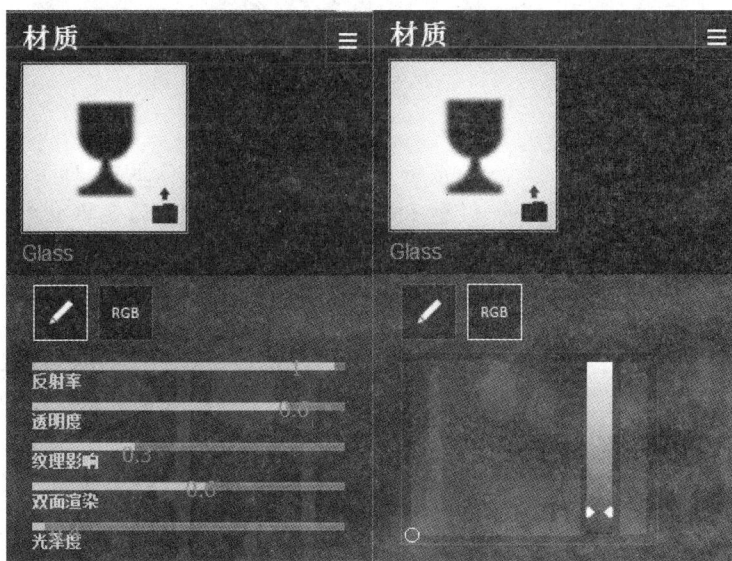

图 9-10

完成后的效果如图 9-11 所示。

图 9-11

9.3.2 植物及小品的搭配

为了方便管理,一般将植物单独置于一个图层。

1. 制作图层面板

在屏幕左下角的"场景制作栏"中点击"导入"按钮 或者"物体"按钮 ,当屏幕左上方出现"图层"面板(见图 9-12),单击其右侧的"图层添加"按钮 以添加新图层 8,单击该图层,使其成为当前图层,完成上述操作后的图层面板如图 9-12 所示。

图 9-12

2. 植物的选择与搭配

基地位于亚热带地区,当地小区内常见植物为香樟、杜英、广玉兰、白玉兰、鸢尾、小叶黄杨、龙柏球、紫薇树、红叶石楠、石楠、红继木、银杏、茶梅、金叶女贞、金森女贞、迎春、桂花、月季、龟甲冬青等。由于 Lumion 自带植物库中可选的中国树种相对较少,建议选择以下几类与当地气候条件相适应的植物类型,如图 9-13 到图 9-18 所示。

图 9-13　竹子

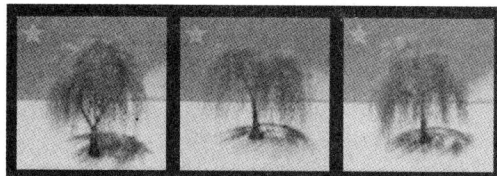

图 9-14 柳树

图 9-15 樱树

图 9-16 桔树　　图 9-17 山毛榉

图 9-18 荆花

3.植物配景的插入

点击"物体"面板中的"植物"按钮 ![植物按钮]，然后点击菜单上方出现的物体缩略图(见图9-19)，在弹出的"自然库"(见图 9-20)窗口中单击所需的植物类型，按鼠标的提示放置植物，完成放置后的效果如图 9-21 所示。通过以上方法多次重复置入的植物大小朝向可能未完全一致，需对植物进行微调，但在数量较多的情况下通过单击"物体"面板中的"调整尺寸"工具 ![调整尺寸]和"移动"工具 ![移动] 以调整植物的尺寸和位置不切实际。此时可以通过植物的"随机分布"让场景内的植物看起来更为自然，具体操作如下：

图 9-19

第一步，点击"物体"面板中的"关联菜单" ![关联菜单] 按钮，单击所需选择树木对应的控制点 ![控制点]，在弹出的"选择.../变换..."菜单中单击"选择..."选项(见图 9-21)。

第二步，在随后弹出的 Selection(选择)菜单中单击 选择所有类似 (见图 9-22)，即可选中全部同一类别的树木(见图 9-23)。

第三步，再次点击"物体"面板中的"关联菜单" ![关联菜单] 按钮，单击所选中同一类别植物中的任意一棵树，在弹出"选择/变化"情景菜单中单击 变换... ，在随后跳出的 Transformation(变

221

图 9-20

图 9-21

换）菜单中单击 随机选择... （见图 9-24），在随机选择菜单栏中点击 旋转/缩放... 按钮，根据实际情况选择"10％缩放"或"20％缩放"或"30％缩放"的缩放比例进行缩放（见图 9-25）。选择"30％缩放"后植物如图 9-26 所示。

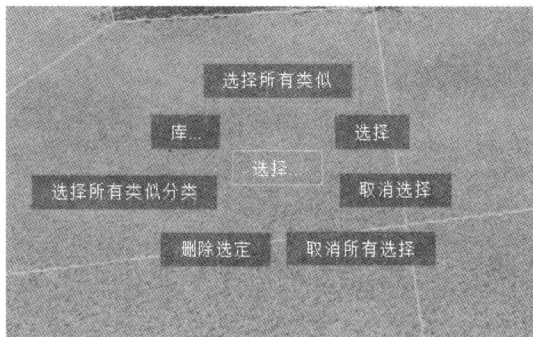

图 9-22

图 9-23

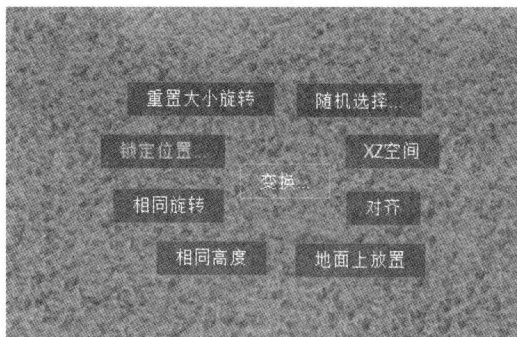

图 9-24

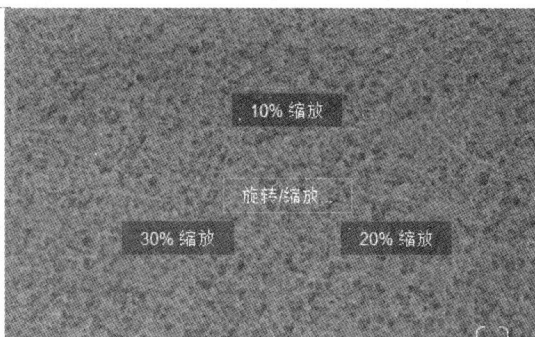

图 9-25

图 9-26

4.铺地及小品

(1)在"导入"面板中单击"编辑材质"按钮 ，选择需要调整材质的表面。推荐材质如下:广场铺地可采用"室外"选项卡中"混凝土"材质下的"concrete_007－1024"材质 ；路缘石可采用"室外"选项卡中"混凝土"材质下的"concrete_006－1024"材质 ；小径石可采用"自然"选项卡中"土壤"材质下的"地面_014_2048"材质 ；草地可采用"自然"选项卡中"草丛"材质下的"地面_027_2048"材质 。

(2)室外设施的添加:点击屏幕左下方的"场景编辑栏"中的"物体"按钮 以弹出"物体"面板，双击其中的"室外"按钮 ，点击"物体"面板上方出现的物体缩略图(在弹出的"室外素材库"窗口中选择所需的设施)，将鼠标置于适当的位置后点按其左键,将选择的设施椅子 、垃圾桶 、照明 放置到场景中。

(3)人和动物的添加:点击"物体"面板中的"人和动物"按钮 ，点击"物体"面板上方出现的物体缩略图,在弹出的"角色库"窗口中选择所需的人物类型,按鼠标所在位置显示的指示放置人物,注意放置的位置。完成人和动物的添加后呈现如图 9-27 所示的效果。

图 9-27

5. 绿化景观

通过"物体"面板,选择添加所需要的素材,使植物及景观小品的搭配错落有致,同时满足空间及时间上的观赏性。如不同的叶色、花色,不同高度的植物搭配,使色彩和层次更加丰富,可配置低矮的草丛,0.5米高的灌木丛,1米高的黄杨球,3米高的红叶李,5米高的桧柏和10米高的小叶乔木,由低到高,多层排列。如图9-28和图9-29所示。

图 9-28

图 9-29

当需要放置多个同类物体时,可考虑采用"导入"菜单中的"导入"按钮 ![icon] 下方的"人群安置(Mass placement)"①工具 ![icon] 。

图 9-30

6. 云层和阴影细节

需为场景添加合适的云层和阴影细节。点击"场景编辑栏"中的"天气"按钮 ![icon] ,在弹出图9-31所示的"天气"面板中根据实际设计需求调整太阳方位、太阳高度、太阳光强、云的类型和云量。如图9-31和图9-32所示分别为场景天气效果及对应的参数。

---

① 翻译成"群体放置"更贴切一些。

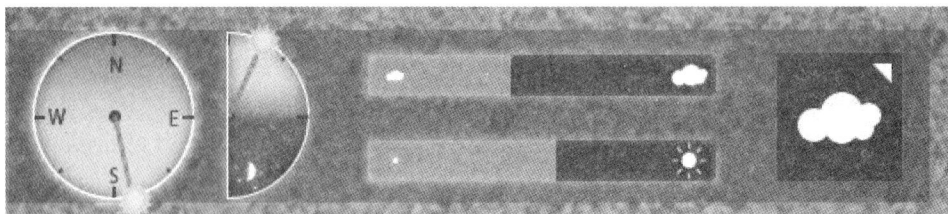

图 9-31

图 9-32

图 9-33

9.3.3 小区内其他节点的景观布置

通过采用与上面打造小区游园节点效果相同的方法，经过"环境整理"→"植物的选择和搭配"→"植物和小品的置入"→"天气的调节"等步骤，进行沿街商铺及主入口景观布置，效果如图 9-34 和图 9-35 所示。

图 9-34

图 9-35

9.4 居住区地块周围环境布置

9.4.1 河道水面处理

1. 创建水体

创建水体可采用以下两种方法:

(1)通过放置水体进行创建。点击"场景编辑栏"中的"景观"按钮 ![按钮]，选择"水" ![按钮] 后，单击"放置物体"按钮 ![按钮]，出现蓝色的矩形即为新创建的水面(见图 9-36)，用户可对位于矩形水面的四个角附近的 ![按钮] 按钮进行操作以便对水面进行移动和拉伸(见图 9-37)。但这种方法只能创建水体为正方形或者矩形，且水体只能为平面，多用于配景水面。

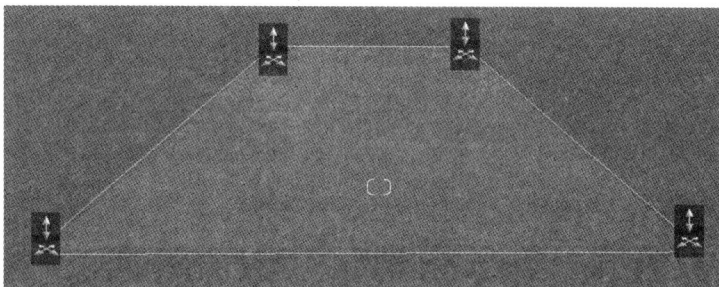

图 9-36

图 9-37

（2）为导入的模型赋予水的材质，这种方法可以灵活控制水边缘的形状以及水体的反射等信息。

单击"编辑材质"按钮 后选中需编辑的水面（图9-38中蓝色河面），选择"自然"选项卡中的"水"材质，点击，进入"材质"编辑面板，在面板中按图9-39对水体的波高、光泽度、波率、聚焦比例、反射率、泡等基本属性及水体的颜色进行调节。完成后的水面效果如图9-40所示。

图 9-38

图 9-39

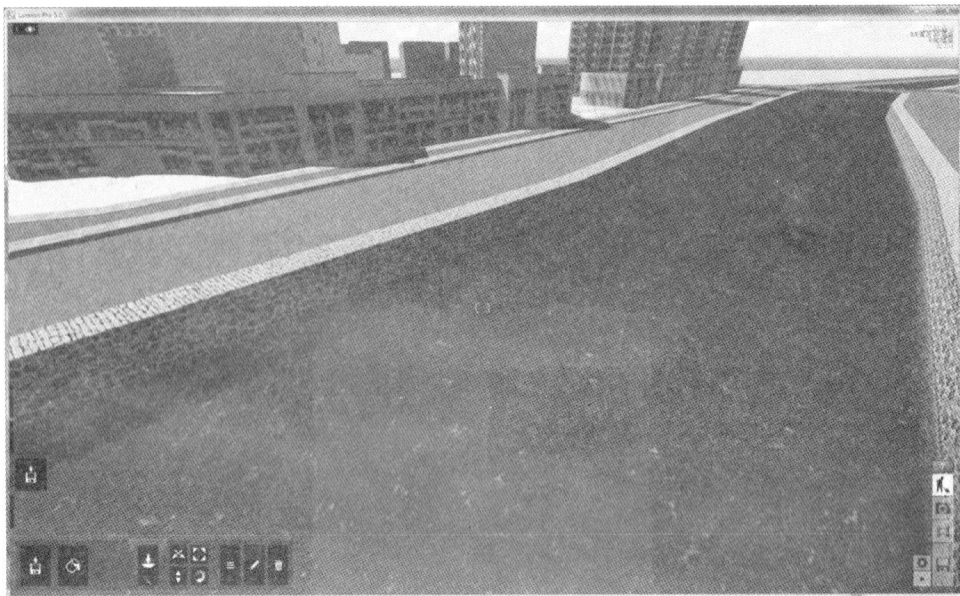

图 9-40

进一步为河道驳岸以及桥面赋予材质。在"导入"面板中单击"编辑材质"按钮 ，选择需要调整材质的表面，选择合适的材质并按图 9-41 调整材质参数。

图 9-41

2. 为水面添加河道景观

通过"物体"面板，选择并添加所需的模型：①水下：Lumion 支持水下世界，配合水下植物，可以形成丰富的效果；②水岸两侧：可以通过植物如柳树等形成线状的景观效果；③水面：添加帆船等水上交通工具，使场景更加生动。如图 9-42 至图 9-44 所示。

图 9-42

图 9-43

图 9-44

9.4.2 周边建筑的处理

可参照上一小节虚化地块外建筑,具体过程不再重复。

9.5 多个视角下居住小区效果表现

9.5.1 不同视角的选取及介绍

在 Lumion 5.0 中可以通过"拍照"快速储存视角,方便视角的重复调用或者导出图片。如图 9-45 所示,单击屏幕右下方"主控栏"的 按钮以激活"拍照模式"面板,按照实际需求调整焦距,使用 Ctrl+0,Ctrl+1,…,Ctrl+9 以存储相机视角,或者点按相机视角对应的缩略图上方的"拍摄照片"按钮 即可保存视角。选择合适的视角,单击屏幕下方的"Print"按钮,在弹出的对话框指定保存路径、文件名、文件类型,按"保存"按钮即可完成静帧出图。如图 9-45 所示。

图 9-45

9.5.2 两点透视

如果建筑物仅有铅垂轮廓线与画面平行,而另外两组水平的主向轮廓线,均与画面斜交,于是在画面上形成了两个灭点 F_x 及 F_y,这两个灭点都在视平线上,这样形成的透视图称为两点透视。两点透视能够较准确地表现每一个物体。

在视角选取过程中,可在建筑正侧夹角的方向添加一个人物,以他为参照来找到摄像机的高度。在两点透视效果图中,建筑的两侧最好垂直于屏幕窗口,否则会导致建筑的变形。如图 9-46 所示。

图 9-46

9.5.3　小透视

小透视能够着重表现建筑或者景观细部以及一些景观节点的表现手法,使用者可以根据场景中的植物和小品元素进行构图分析,找到合适的角度。如图 9-47 所示的透视角度可较好地观察小区沿街商铺转角的植物景观配置和硬质铺地搭配。

图 9-47

9.5.4　建筑立面

建筑立面是指建筑和建筑的外部空间直接接触的界面,以及其展现出来的形象和构成的方式,或称建筑内外空间界面处的构件及其组合方式的统称。在 Lumion 中通常将摄像机调节至垂直于建筑立面较远的地方,保持建筑两边垂直连线与屏幕两侧连线平行、建筑上下边线与屏幕两侧边线垂直。如图 9-48 所示。

图 9-48

9.5.5　建筑鸟瞰

选择鸟瞰角度时,只需要将所需重点呈现的建筑及景观纳入镜头之中,同时关注主次关系及整体构图。

如图 9-49 所示主要突出的景观为河道景观,在场景塑造的时候,配景置入的空间主要为左下角。在鸟瞰视图中,可以不处理视线遮挡处的景观,而着重细化建筑前的景观。如图9-50 所示。

图 9-49

图 9-50

9.6　居住区建筑夜景效果表现

完成模型的材质编辑与配景的添加后,居住区的整体绿化景观及鸟瞰效果基本能通过视角的调整直观表现。但居住区作为居民休息居住的场所,有些设计中要求能够简单表现其夜景效果。

在 Lumion 5.0 中,这种效果可以通过光线和材质的调节以及光源的添加来实现。

9.6.1　光线的调节

为了表现华灯初上(傍晚时分)的居住区夜景效果,点击图 9-51"场景编辑栏"中的"天气"按钮 ，在场景下方弹出"天气"面板,根据实际设计需求将太阳位置调整到地面附近,如图 9-52 所示。

图 9-51

图 9-52

具体地,各参数做如下调整:①"太阳方位"需根据所表现的立面进行调节,本案例中为使住宅立面拥有更丰富的阴影效果,采用东偏北的方向。②"太阳位置"为地平线略偏上。③"太阳光强"适当减小。④云的类型和云量可保持不变。调节后的参数面板如图 9-53 所示。

9.6.2 光源的添加

Lumio 5.0 中光源需作为配景添加,通过选择不同的光源的发光强度及照射面积的选择达到不同的效果。

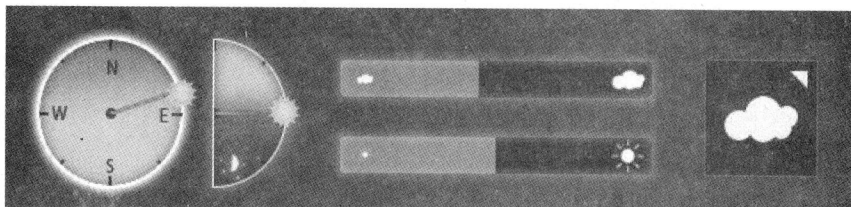

图 9-53

点击"物体"面板中的"灯具与特殊物体"按钮 （见图 9-54），然后点击菜单上方出现的物体缩略图，弹出"光源和工具库"窗口（见图 9-55）。

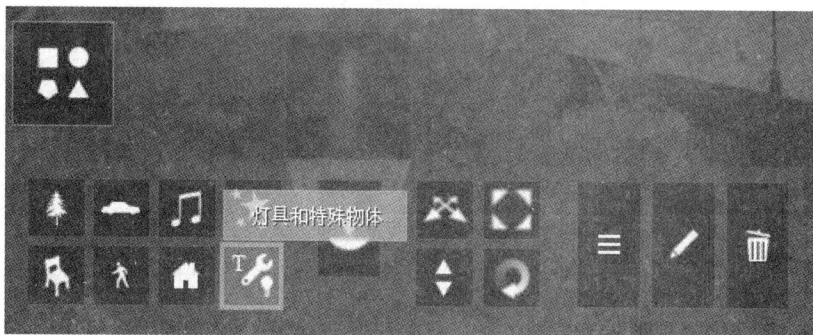

图 9-54

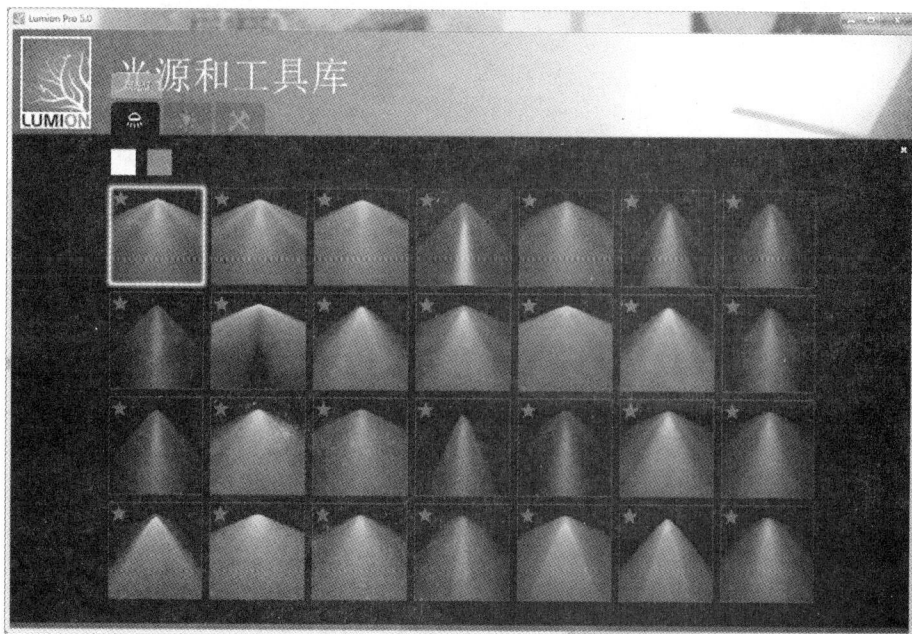

图 9-55

为了避免不同的光源相互之间干扰，一般将光源单独置于一个图层，在白天的场景中将其隐藏（见图 9-56），具体操作如下。

图 9-56

1. 路灯光源的添加

（1）添加点光源

在"光源和工具库"面板点击 ，出现如图 9-57 所示选择面板，单击所需的点光源类型，按鼠标所在位置显示的指示放置光源。

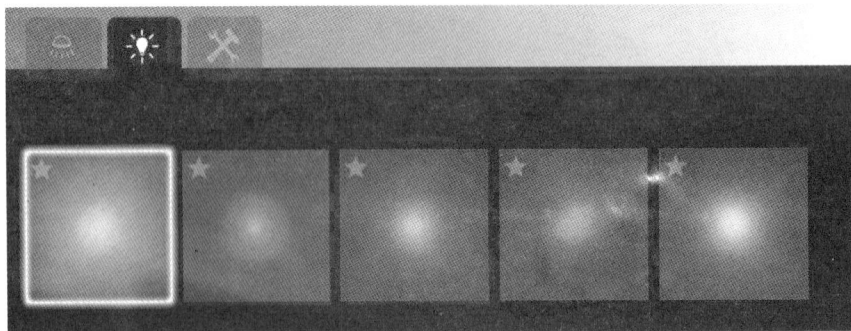

图 9-57

点光源添加前后的效果如图 9-58 和图 9-59 所示。

图 9-58

图 9-59

（2）添加聚光灯

通过相同的方法完成"聚光灯"的添加，形成路灯向地面投射的效果，如图 9-60 所示。

图 9-60

2.建筑立面光源添加

(1)裙楼立面

通过添加"聚光灯"在建筑立面形成锥形的照明区域(图 9-61)可以形成简单的夜景灯光效果,但为了使效果更逼真自然,需要灯光从每一个窗洞里透出。可通过编辑材质的"照明贴图"实现以上效果。具体步骤如下:

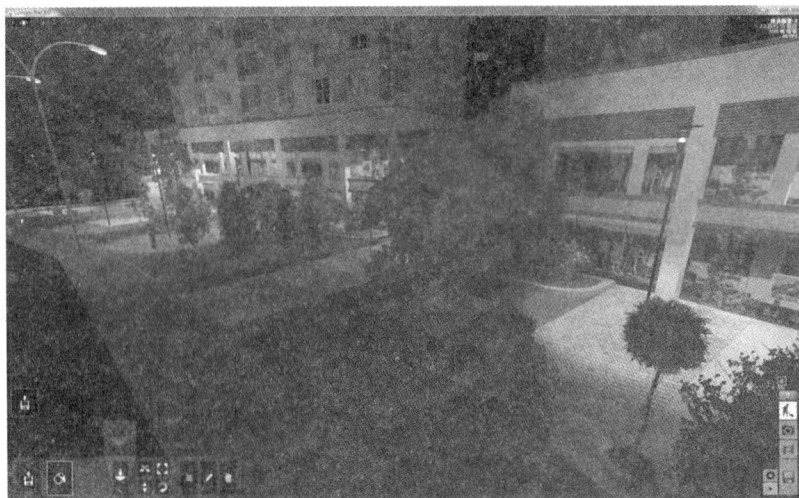

图 9-61

①单击"编辑材质"按钮 ,选中需编辑的建筑立面(见图 9-62 中几个长方形面域)。

图 9-62

②点击"自定义"选项卡中的"照明贴图"材质 ，在弹出的"材质"面板中按图 9-63 对贴图的照明贴图倍增、环境、深度偏移等参数进行调节。

③完成后效果如图 9-64 所示。

（2）住宅建筑立面

为了使住宅建筑立面达到更加逼真的效果，在进行住宅建筑立面处理时，首先要在 SkechUP 建模中在所有窗户的后方添加一个面，并随机地赋予每个面如图 9-65 所示的三种室内贴图中的一种。其次在 Lumion 中利用处理裙楼立面时的方法，通过对照明贴图参数的调节，完成住宅建筑立面的灯光效果，如图 9-66 所示。

图 9-63

图 9-64

图 9-65

图 9-66

9.6.3 光源的修改

1.点光源的修改

点击"物体"面板中的"编辑属性"按钮，选中需编辑的点光源（见图 9-67），在屏幕右侧出现的"光源属性"面板中可以修改点光源的色相及曝光度。

2.聚光灯的修改

点击"物体"面板中的"编辑属性"按钮，选中需编辑的聚光灯（见图 9-68），在屏幕右侧弹出的"光源属性"面板中可以修改光源的色相、曝光度及投射角度等参数。

图 9-67

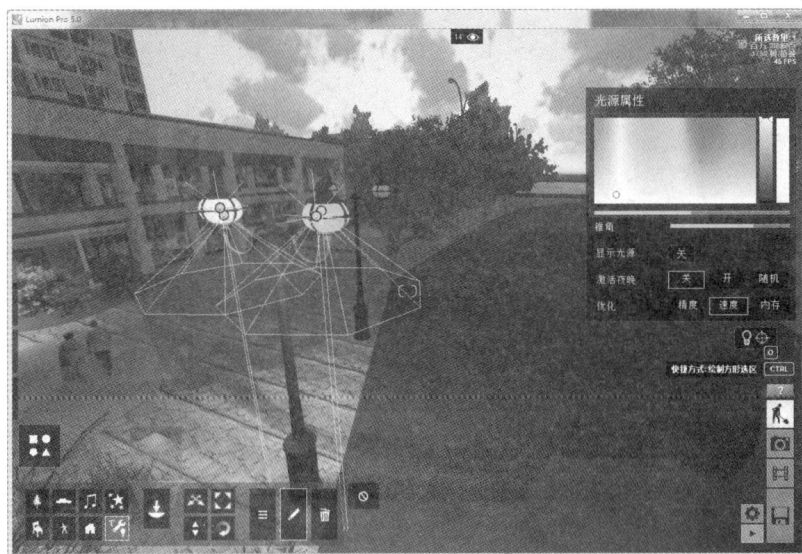

图 9-68

　　光源的修改需要避免光源刺眼的效果,可视具体情况进行调节。同时,注意灯光与环境的冷暖对比,环境偏冷则多用暖光,这样的色彩对比可以改善画面效果。

9.6.4　静帧出图

　　完成上面的操作后,单击屏幕右下方"主控栏"的 📷 按钮以激活"拍照"面板,就可以直接静帧出图了。如果需要的话,也可以添加特效。如图 9-69 和图 9-70 所示为添加"草图"和"太阳"特效后的效果。

图 9-69

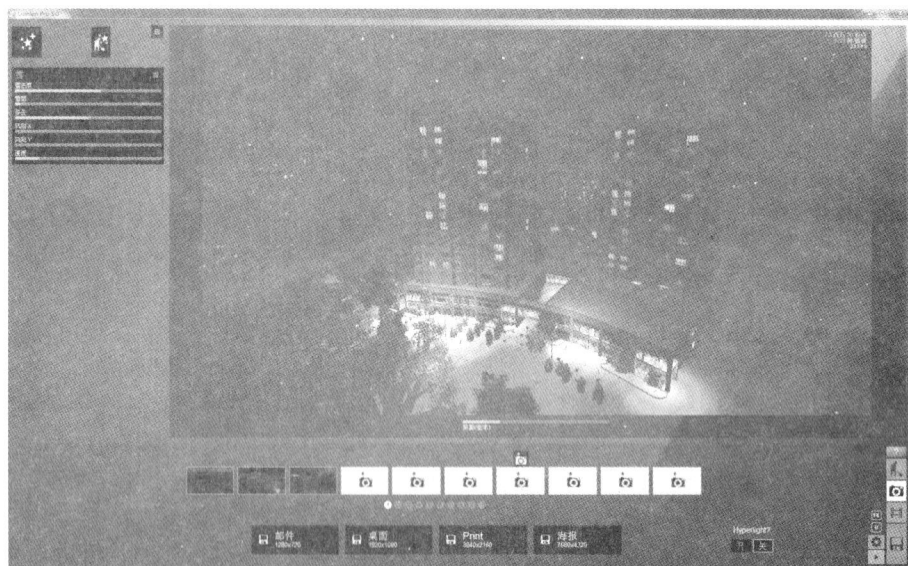

图 9-70

本案例的夜景最终效果如图 9-71 至图 9-73 所示。

图 9-71 夜景效果

图 9-72 添加草图特效后的夜景效果

图 9-73　住区鸟瞰夜景图

9.7　本章小结

　　本章以一个居住小区为例,通过学习景观节点效果的表现、各类镜头(透视、立面和鸟瞰镜头)的设置以及各类灯光的使用,读者可洞悉多个视角下表现居住小区规划设计效果的技巧,并掌握居住小区夜景效果的表现技法。

第 10 章　城市商业广场可视化表现

- 学习使用 Lumion 表现城市设计的多种透视效果
- 学习使用 Lumion 创建场景动画
- 在实战中熟练掌握 Lumion 的各种功能和技巧

10.1　案例简介

　　本章以一个城市商业广场的城市设计为例,详细介绍使用 Lumion 5.0 实现城市商业广场可视化表现的过程和细节。广场作为城市的公共开放空间,不仅是城市居民的主要休闲游憩活动场所,也是市民文化的传播场所。作为城市空间形态节点的城市广场,是塑造城市个性和标志性的重要手段。

　　案例所在城市为浙江省北部某县级市,基地(见图 10-1 虚线内填色区域)位于该城市核心区块,面积约为 6.2 公顷。基地沿大桥南路一侧长度约为 270 米,沿北面支路一侧长度约为 300 米。基地西临大桥南路,南至永济路,东、北面是两条城市支路。地块西北角是一座 5 层的商业综合体,南边是高层写字楼。本案例使用 Lumion 5.0 表现基地西北角的主入口广场以及西、北两侧的沿街广场(见图 10-2 橙色区域)的规划设计效果。

图 10-1

图 10-2

10.2 模型检查

在导出模型前,要从模型的正反面、模型单位、距离原点位置(如果模型很大的话,还应

检查贴图尺寸)等多个方面来检查模型,具体如下:

(1) 设置 SketchUp 的显示方式为单色模式,然后检查模型,如果有反面则需要将其反转。

(2) 在之后的 Lumion 表现中,同一种颜色或材质的表面会在材质编辑时被同时选中,无法拆分开来,因此在 SketchUp 中每一类表面都需要被填充不同颜色或特定的材质。

(3) 打开"模型信息"对话框,检查并确保模型单位为米。

(4) 在"模型信息"对话框的"统计信息"选项中,点击"清除未使用项"按钮,清理模型中未被使用的组件、材质等要素,以减小文件尺寸,提高模型编辑或显示的效率,点击"修正问题"按钮以修正模型中可能存在的错误,如图 10-3 所示。

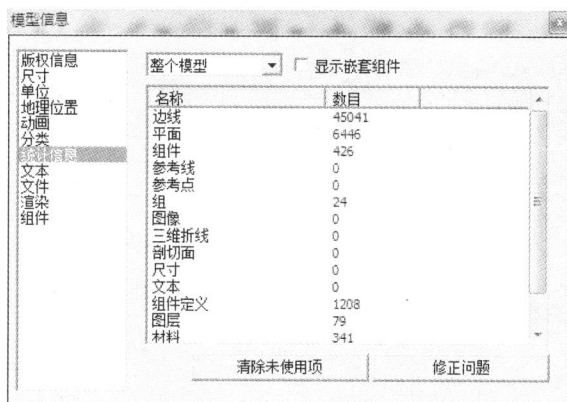

图 10-3

(5)清理组件。打开"组件"库,点击"详细信息"按钮 ,在弹出的菜单项中点击"清除未使用项"菜单项(显示灰色代表已经清理过),如图 10-4 所示。

图 10-4

(6)清理材质。打开"材质"库,点击"在模型中"按钮 ,点击"详细信息"按钮 ,在弹出的菜单项中点击"清除未使用项"菜单项(显示灰色代表已经清理过),如图 10-5 所示。进一步检查模型中的材质,删除重复的材质(见图 10-6)。

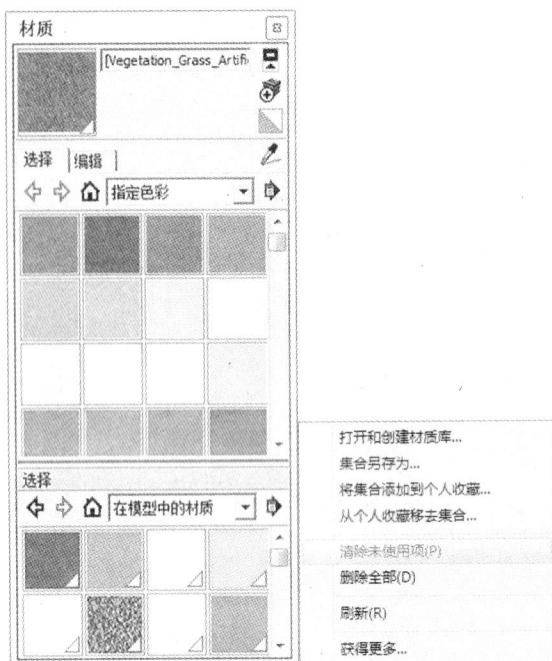

图 10-5

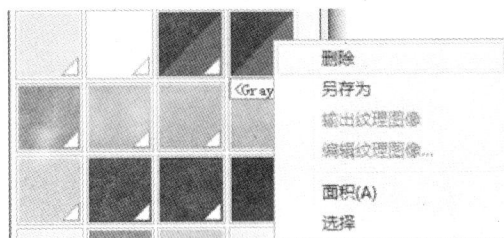

图 10-6

(7)确保模型整体靠近三色轴的原点,如图 10-7 所示。

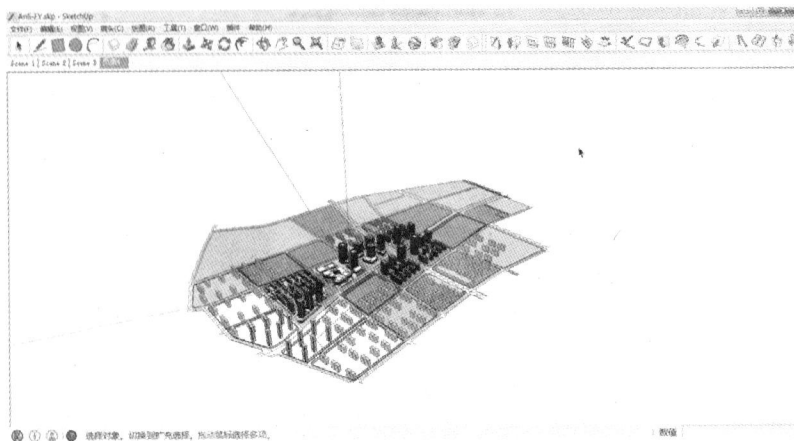

图 10-7

10.3　导入模型

（1）运行 Lumion 5.0，导入模型之前首先新建场景。选择"Plain"作为新建场景，如图 10-8所示。

图 10-8

（2）点击屏幕左下方"场景编辑栏"的"导入"按钮 ，在屏幕下方左侧弹出的"导入"面 板中单击"添加新模型"按钮 （见图 10-9），然后在弹出的对话框中选择已检查好的 SketchUp 文件（见图 10-10）。

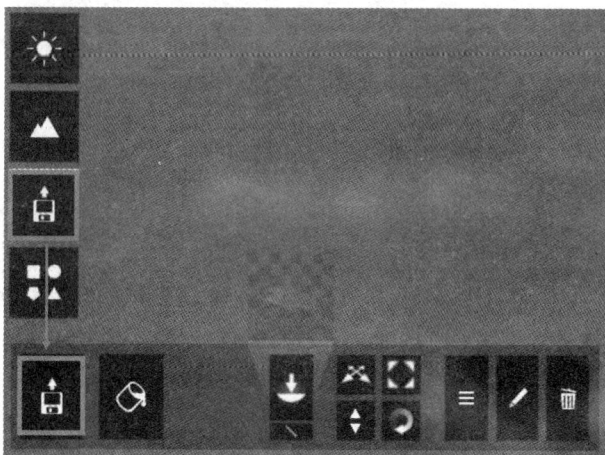

图 10-9

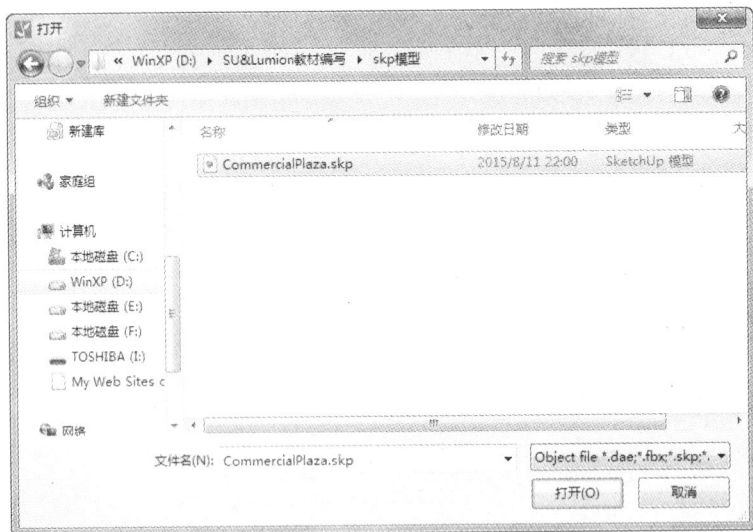

图 10-10

(3)选择完成后,将模型插入到场景中原点位置附近,如图 10-11 所示。在"导入"面板中单击"调整高度"按钮 ,将模型向上移动一段距离,避免模型的地面与 Lumion 的地面重合而产生闪烁的现象,完成后场景效果如图 10-12 所示。

图 10-11

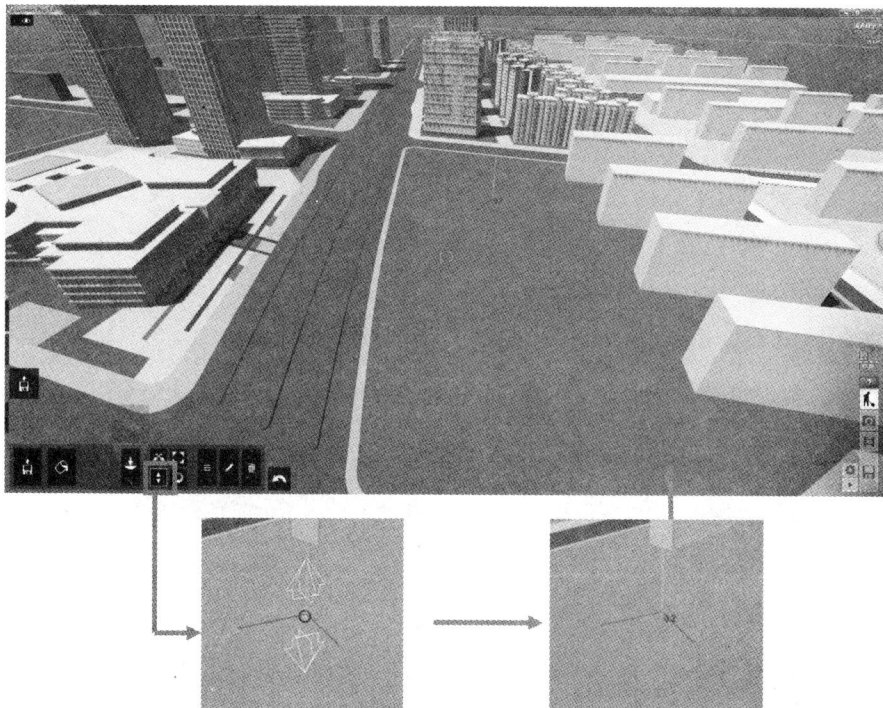

图 10-12

10.4　保存镜头

点击屏幕右下角的"拍照模式(Photo)"按钮 ，移动摄像机找到合适的静帧出图的角度(见图 10-13)，通过 Ctrl＋数字键将当前的镜头保存下来，后续可通过 Shift＋相应的数字键以恢复当前镜头。

图 10-13

10.5　调节光线

　　选择一个已保存的镜头,点击"主控栏"的"编辑模式"按钮以切换到场景编辑模式,然后调整光线。由于光线细节会因为配景的添加而产生变化,所以在添加配景之后还需要再次调节天气。点击"场景编辑栏"中的"天气"按钮 以弹出如图 10-14 所示的"天气"面板,用户可根据实际设计需求调整太阳方位、太阳高度、太阳光强、云的类型和云量等参数。

　　当按图 10-14 设置参数时,场景效果如图 10-15 所示。

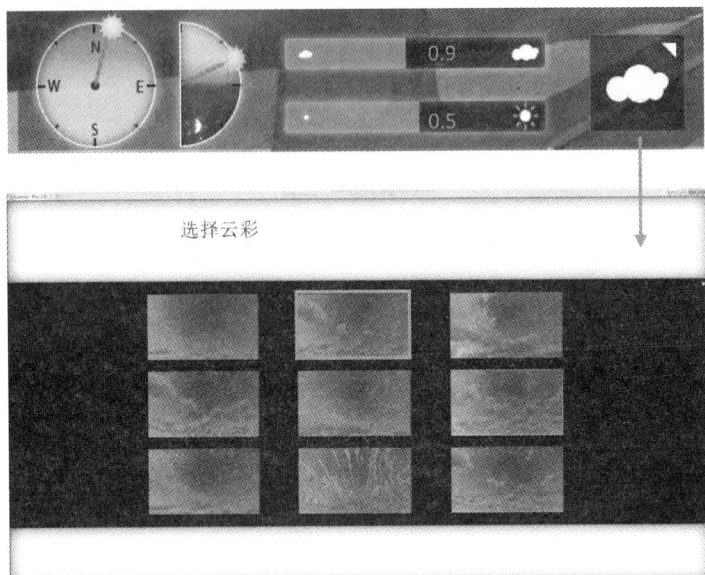

图 10-14

图 10-15

当按图 10-16 设置参数时,场景效果如图 10-17 所示。

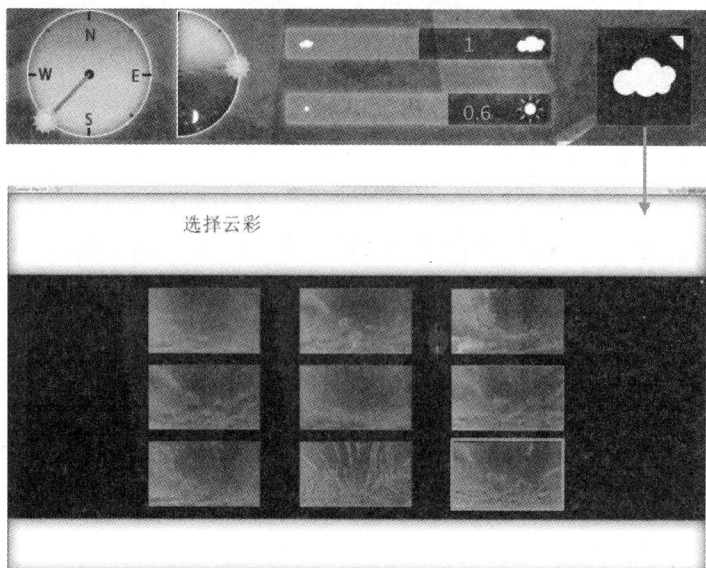

图 10-16

图 10-17

当按图 10-18 设置参数时,场景效果如图 10-19 所示。

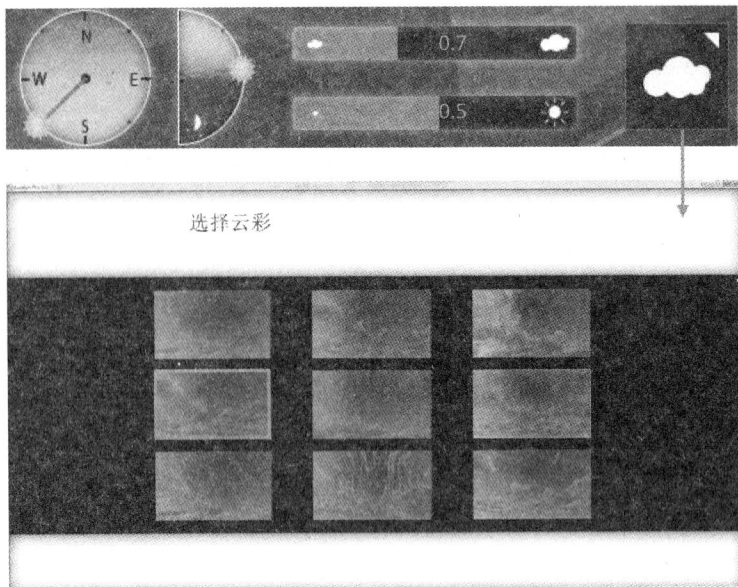

图 10-18

图 10-19

10.6 编辑材质

由于城市设计比单体建筑的可视化表现更为复杂,因此先不急于调节天气的最终表现,而是先赋予地表、建筑物适当的材质,具体操作如下。

10.6.1 草坪

将草坪设置成与场景的草地一样的材质,使整个模型表现得更为自然。

(1)激活"导入"面板,单击"编辑材质"按钮 (见图 10-20)。

图 10-20

(2)选择需要被编辑材质的表面(草坪),只要是与它相同颜色的物体,Lumion 都会默认它们是同一种材质,所有被选中的表面会实现荧光绿色的"被选中"状态,如图 10-21 所示。

图 10-21

(3)点击屏幕左下角弹出的"材质库"面板的"自定义"选项卡,此选项卡中只有一个级别的材质示例窗,在该窗口中选择"景观"材质 。

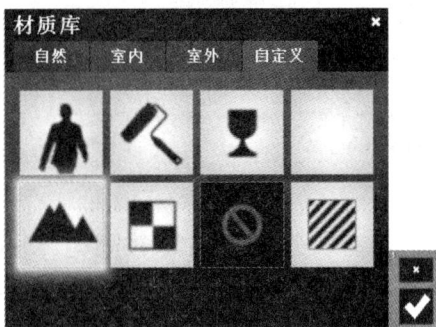

图 10-22

(4)点击屏幕右下角的"确定"按钮 将材质应用到所选的草坪。如果发现操作有误,可点击"取消"按钮 ✖，取消材质编辑，如图 10-22 所示。材质编辑前后的草坪对比如图 10-23 所示，显然经过以上操作，模型的地形和 Lumion 的场景就融合在一起了。

图 10-23

10.6.2 广场铺地

（1）单击"导入"面板的"编辑材质"按钮 ⚲，选择需要被编辑材质的表面——广场铺地（见图 10-24）。

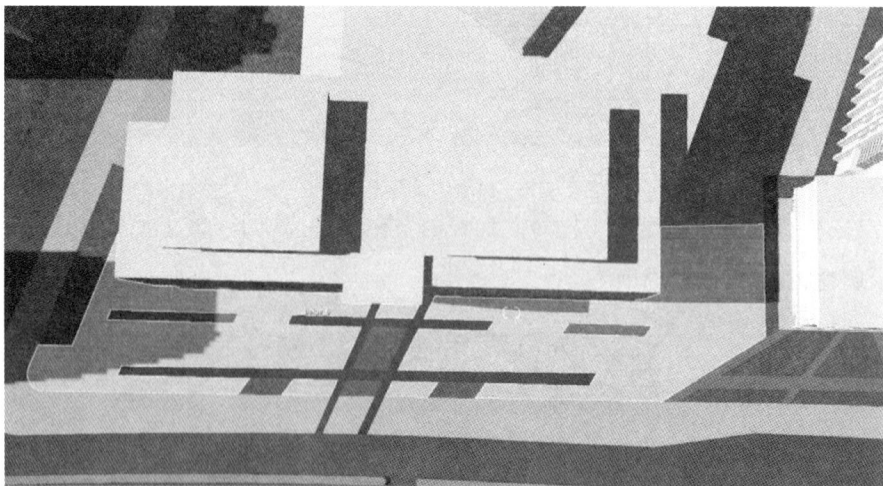

图 10-24

（2）在"材质库"面板中点选"室外"选项卡，在其中选择"砖"材质 ▦，进一步选择"砖类_014_1024×512"材质 ⬤ 作为小类材质，如图 10-25 所示。

（3）在"材质"编辑面板中将"着色"滑杆从缺省位置 0 向右滑动到 0.2，在滑动过程中右侧会自动弹出调色板，参考图 10-26 调节颜色和灰度。调整着色参数前后的广场铺地材质如图 10-27 所示。

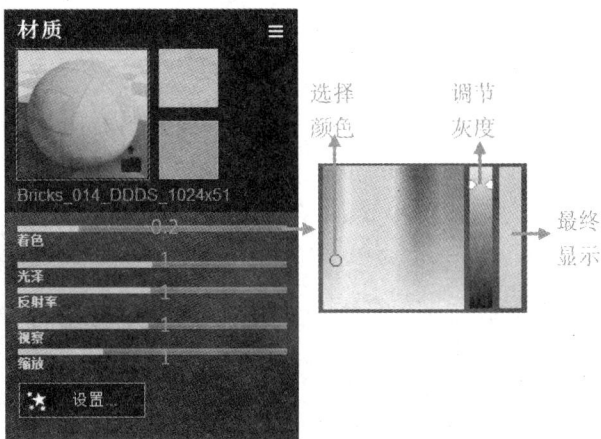

图 10-25　　　　　　　　　　　　　　　　　图 10-26

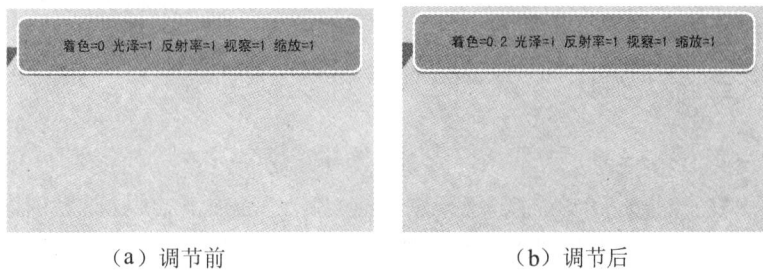

（a）调节前　　　　　　　　　　　　　（b）调节后

图 10-27

（4）在反射率参数有所调整的情况下，对"光泽"、"视察"两个参数进行变动，材质整体会呈现较为明显的变化。调整这三项参数前后的广场铺地材质效果如图 10-28 所示。

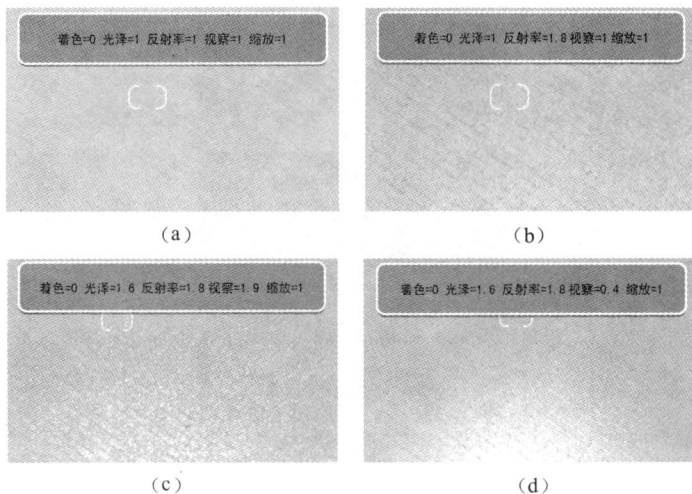

（a）　　　　　　　　　　　　　　　　（b）

（c）　　　　　　　　　　　　　　　　（d）

图 10-28

(5)按图 10-28(a)所示对各材质参数进行调整,并将其应用于广场铺地。如果材质效果不理想,可以进一步调节材质参数;或者选用"自定义"选项卡中的"标准"材质,用户可在调整上述参数的同时,自行指定贴图文件。当需要还原为导入 Lumion 时模型自带的颜色时,使用"自定义"选项卡中的"输入"材质◯(见图 10-29)。

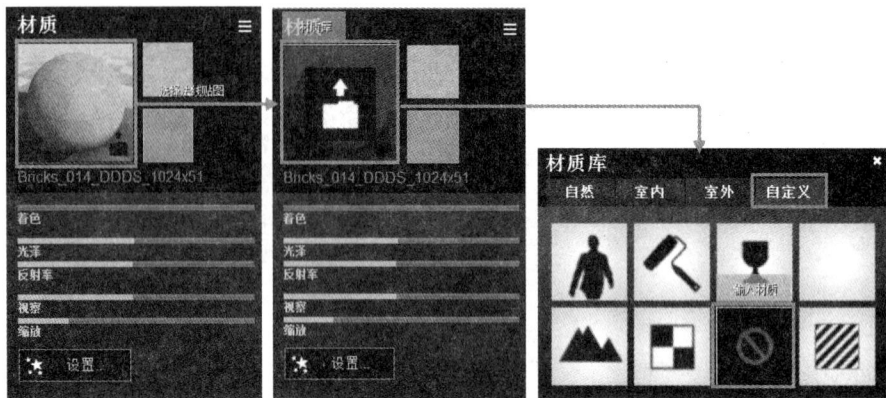

图 10-29

本案例中广场铺地涉及多种类别,可以依次按照上述方法对其他铺地进行材质编辑。

10.6.3 综合体廊柱

(1)首先,单击"导入"面板的"编辑材质"按钮◯;其次,选择需要被编辑材质的表面——综合体廊柱;最后,在"材质库"面板中点选"室外"选项卡,在材质示例窗中选择"砖"材质▨,进一步在小类材质示例窗中选择 Exterior_Walls_Alt_027_011_1024 材质▨(见图 10-30)。

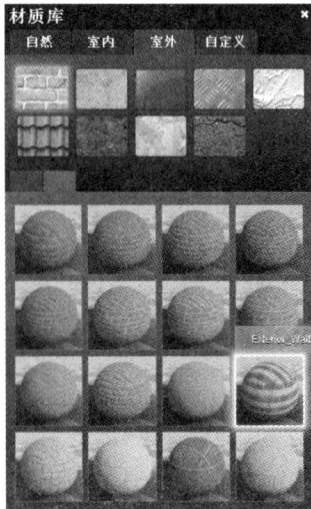

图 10-30

(2)在"材质"编辑面板中将"着色"、"光泽"、"反射率"、"视察"、"缩放"五个材质参数的滑杆分别设置为 0,1.1,1.3,1.3,0.7,材质参数调整前后的效果如图 10-31 所示。

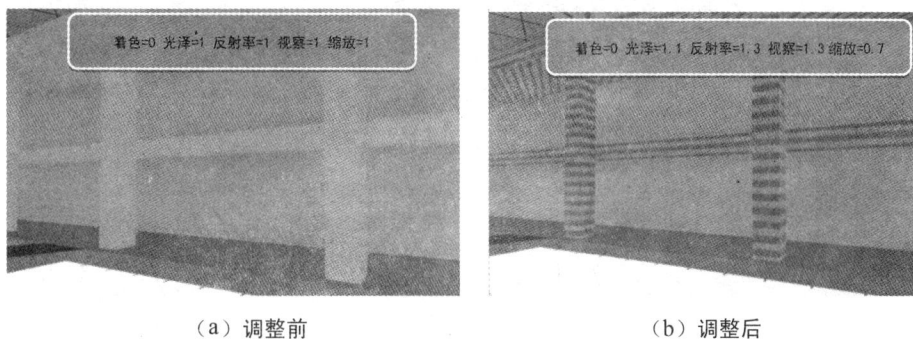

（a）调整前　　　　　　　　　　　　　（b）调整后

图 10-31

　　（3）点击"材质"编辑面板的"设置"按钮 以便弹出更多的设置选项,包括"位置"、"方向"、"减少闪烁"、"高级"选项,如图 10-32 所示。

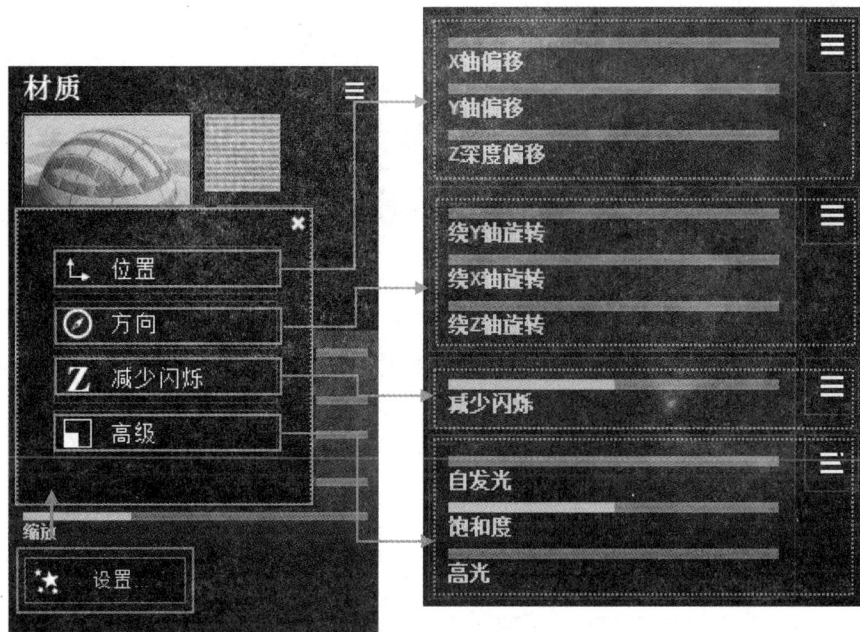

图 10-32

　　（4）调整"位置"参数。点击"位置"按钮,将"X 轴偏移"、"Y 轴偏移"、"Z 深度偏移"三个滑杆的值从 0 调整到 0.1,观察材质沿 X 轴、Y 轴、Z 深度三个方向的偏移程度,此三项参数调整后的材质效果如图 10-33 所示。

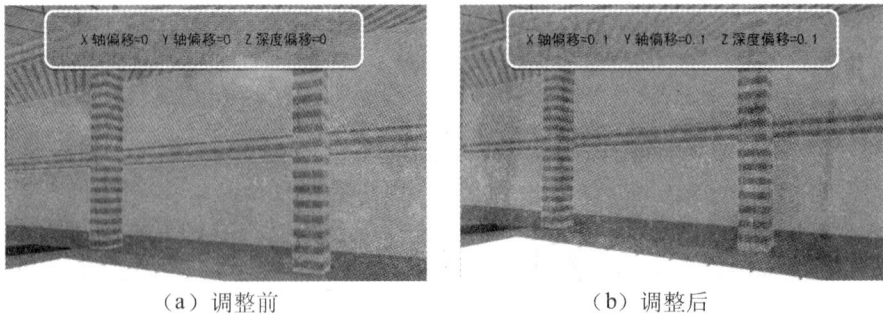

（a）调整前　　　　　　　　　　（b）调整后

图 10-33

（5）调整"方向"参数。点击"方向"按钮，将"绕 X 轴旋转"、"绕 Y 轴旋转"、"绕 Z 深度旋转"三个滑杆的值分别从缺省值（均为 0）调整为 45，135，165，观察材质绕 X 轴、Y 轴、Z 深度三个方向的旋转情况，此三项参数调整后的材质效果如图 10-34 所示。

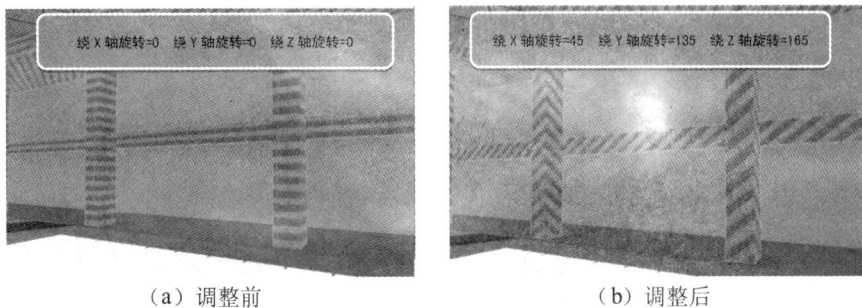

（a）调整前　　　　　　　　　　（b）调整后

图 10-34

（6）调整"减少闪烁"、"高级"参数。点击"减少闪烁"按钮，将"减少闪烁"滑杆的值调整到 -0.8，以减少材质在渲染时的闪烁度。

点击"高级"选项，将"自发光"滑杆值调整到 0.0043，略微增加材质本身的自发光强度；将"饱和度"滑杆值从缺省值 1 调整到 0.7，以适当降低材质颜色的饱和度；将"高光"滑杆值从缺省值 0 调整到 0.5，增加材质高光的强度。这四项参数调整后的材质效果如图 10-35所示。

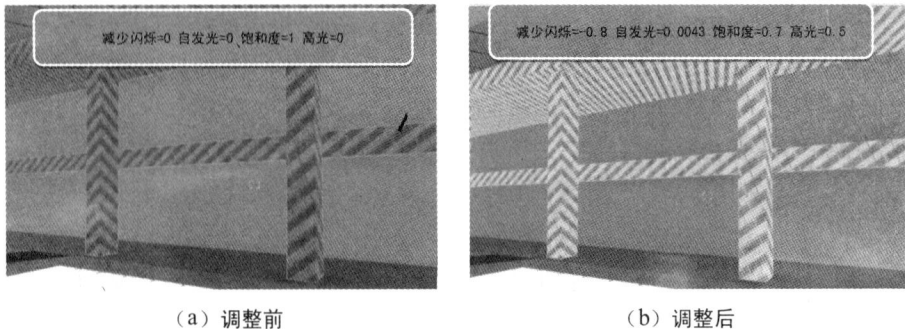

（a）调整前　　　　　　　　　　（b）调整后

图 10-35

10.6.4　柏油马路

首先,单击"导入"面板的"编辑材质"按钮 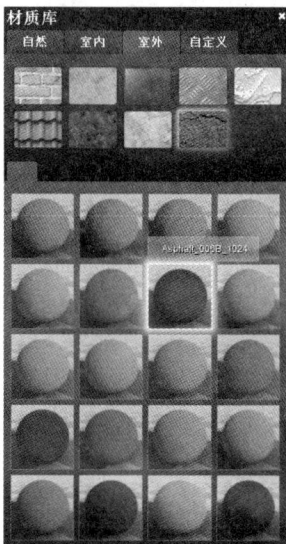;其次,选择需要被编辑材质的表面(柏油马路);首先,点选"材质库"面板中的"室外"选项卡,在材质示例窗中选择"沥青"材质 ,进一步在小类材质示例窗中选择 Asphalt_006B_1024 材质 (见图 10-36)。点击屏幕右下角的"确定"按钮 将当前材质应用于所选的对象。材质编辑前后的柏油马路对比如图 10-37 所示。

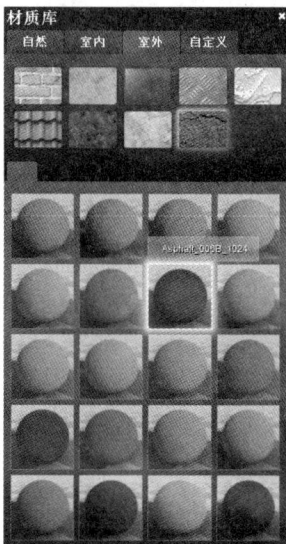

图 10-36

图 10-37

10.6.5　大厦外墙面

首先,单击"导入"面板的"编辑材质"按钮 ;其次,选择需要被编辑材质的表面(大厦外墙面);最后,在"材质库"面板中点选"室外"选项卡,选择"混凝土"材质 ,进一步在小类材质示例窗中选择 Concrete_Almm_001_1024 材质 (见图 10-38),点击屏幕右下角的"确定"按钮 将当前材质应用于所选的对象。材质编辑前后的大厦外墙面效果如图 10-39

和图 10-40 所示。

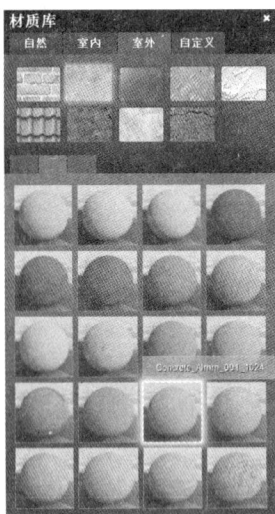

图 10-38

图 10-39

图 10-40

10.6.6　玻璃幕墙

建筑物有大量的玻璃幕墙、玻璃窗,在给它们添加材质的时候,可以选择通透性较好的玻璃材质,也可以选择光泽、质感较好的金属材质,本案例选择的是后者。给玻璃幕墙添加材质的过程如下:

(1)单击"导入"面板的"编辑材质"按钮 ⟳ ,选择需要被编辑材质的表面(玻璃幕墙),点击"材质库"面板的"室外"选项卡,选择"金属"材质 ,进一步在小类材质示例窗中选择 Metal_painted_002_1024 材质 (见图 10-41)。单击"材质库"面板右上角的 ✱ 按钮以退出"材质库"面板。

(2)在"材质"编辑面板中将颜色调整到偏白,使其显得更透一些,如图 10-42 所示。点击屏幕右下角的"确定"按钮 ✓ 将当前材质应用于所选的对象。材质编辑前后的玻璃幕墙效果如图 10-43 和图 10-44 所示。

图 10-41

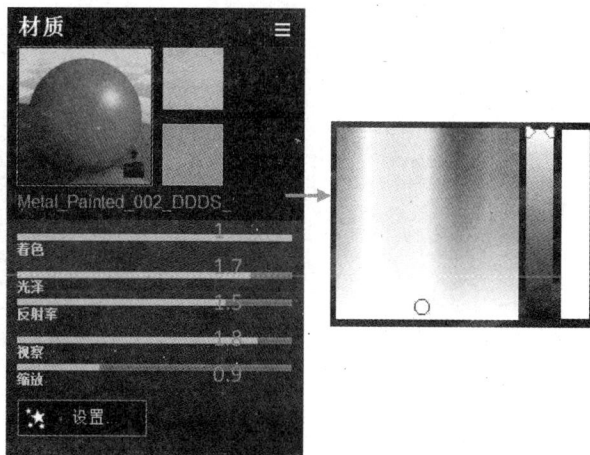

图 10-42

图 10-43

图 10-44

10.6.7 材质编辑最终效果

模型中的其他材质可以按照上述几类主要材质的编辑方法进行调整,编辑材质后的最终效果如图 10-45 所示,相应的"天气"参数如图 10-46 所示。需要说明的是,材质的视觉表现与天气参数有着密不可分的关系,设计人员在编辑材质过程中需要不断调试材质的各项参数,还应根据实际需求调整天气的各项参数来配合材质的编辑,以求获得最佳的视觉表现。当采用如图 10-47 所示的天气参数时,场景各材质的表现效果如图 10-48 所示。

图 10-45

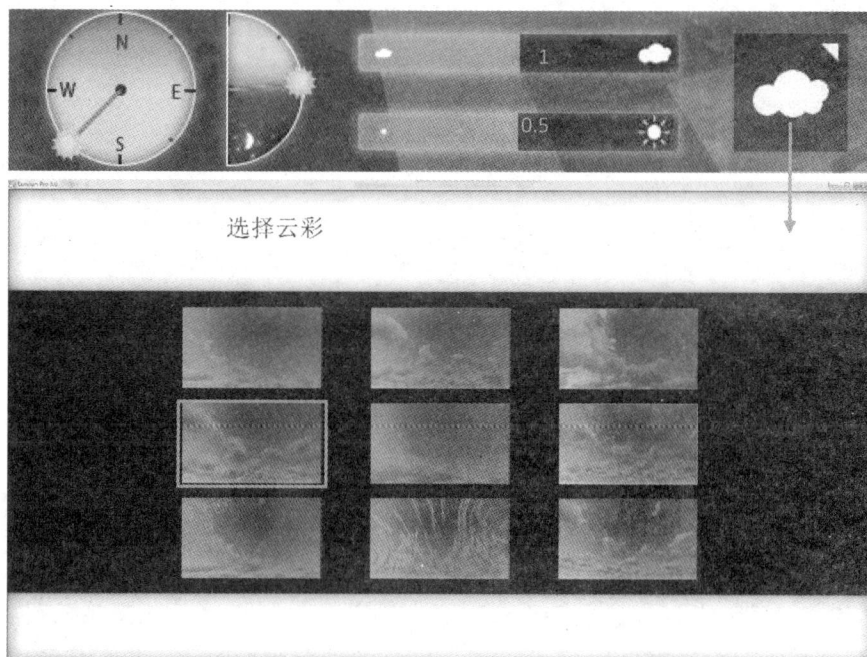

选择云彩

图 10-46

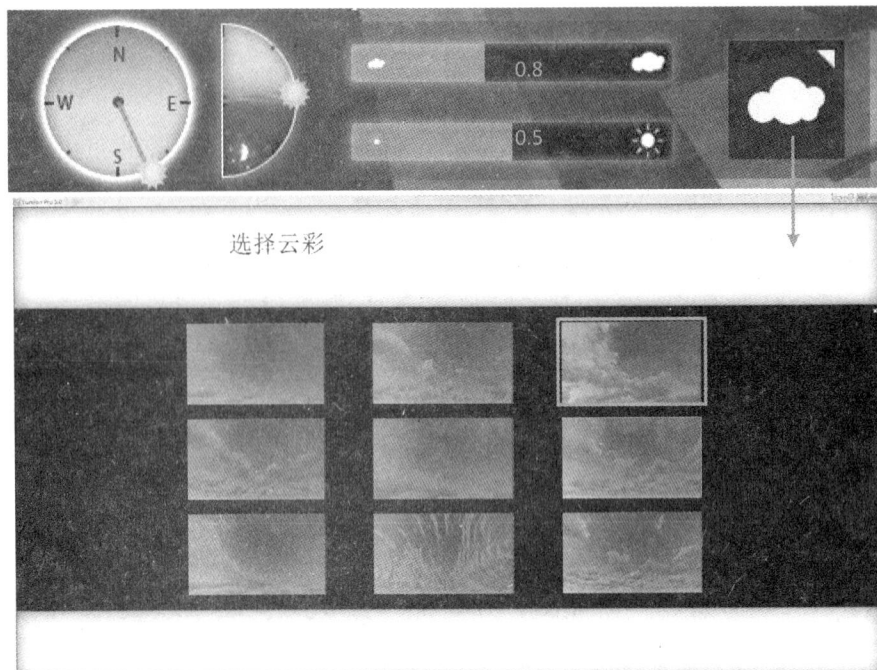

图 10-47

图 10-48

10.7　添加配景

10.7.1　添加植物配景

点击屏幕左下方的"场景编辑栏"中的"物体"按钮 ⊞ 以弹出"物体"面板,双击其中的

"自然"按钮![],单击所需的植物类型,按鼠标的指示放置植物,注意分布的位置,必要时可单击"物体"面板中的"调整尺寸"按钮![],适当调整植物的尺寸(见图 10-49)。按图 10-50 所示使用"移动"按钮![],调整物体的位置,以便让植物的分布更合理一些。

图 10-49

图 10-50

10.7.2　添加其他配景

在"物体"面板![]中,选择"其他"类别,再为场景添加人物、喷水池、太阳伞、路灯、机动车等配景,使场景显得更为生动、逼真。其中,像路灯、公共座椅之类的配景,导入场景以后根据需要调整其朝向,具体可单击"物体"面板中的"旋转"按钮![],对其进行旋转,如图 10-51 所示。添置完一系列配景之后,效果如图 10-52 所示。

图 10-51

图 10-52

10.8　静帧出图

　　单击屏幕右下方"主控栏"的 📷 按钮以激活"拍照"模式并弹出"场景渲染"面板，按照实际需求调整焦距，如图 10-53 所示，单击屏幕下方中间的"Print"按钮即可出图，出图有一定的等待时间，具体跟电脑的硬件配置有关。

图 10-53

在"场景渲染"面板中单击左上角的"新增特效"按钮 ，在弹出的"照片特效"面板中选择合适的特效，如太阳、云彩、雪、体积云、植物风等，并调整相关参数，然后出图即可。在"场景渲染"面板中的参数调节并不影响编辑模式中的各项设置。本例中欲呈现夕阳西下效果，具体操作如下。

(1)单击"新增特效"按钮，在弹出的"照片特效"面板中单击"世界"选项卡，在其中选择"太阳"特效，如图 10-54 所示。

图 10-54

(2)点击"天气"选项卡，按图 10-55 所示选中"雾气"特效后，软件自动返回"场景渲染"面板，再次单击"新增特效"按钮并选中"体积云"特效，此时在"场景渲染"面板的左侧出现了"体积云"、"雾气"等参数面板，如图 10-56 所示。

图 10-55

图 10-56

(3)参考图 10-57 调整所选特效的参数,其中"雾气"特效中可以适当调些红色,使整个场景更具夕阳西下的效果。

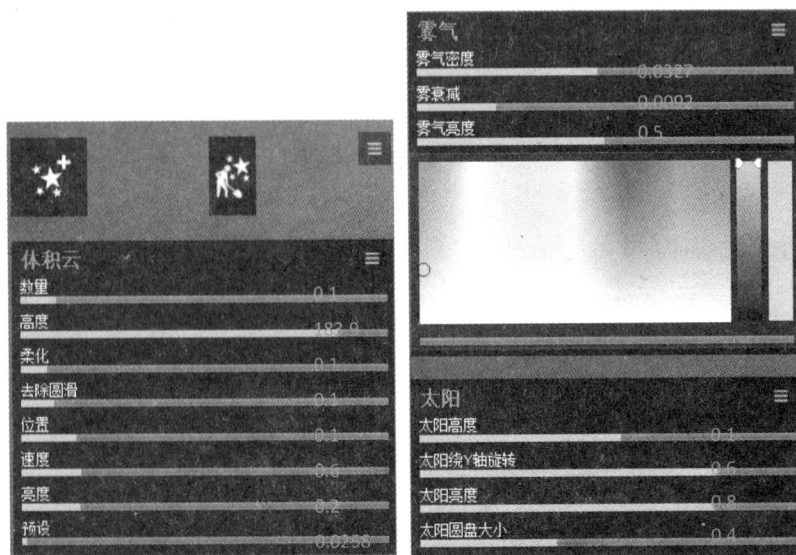

图 10-57

最终渲染的效果如图 10-58 所示,它展示了商业广场西北角入口的透视效果。

图 10-58

而图 10-59 展示了商业广场北入口的透视效果。

图 10-59

(4)将镜头切换到商业广场西北角入口,并将镜头拖动到向南拍摄的位置,按图 10-60 调整"太阳"特效的各项参数,将太阳高度调整到接近地平线的位置,获得如图 10-61 所示的西北入口透视效果。

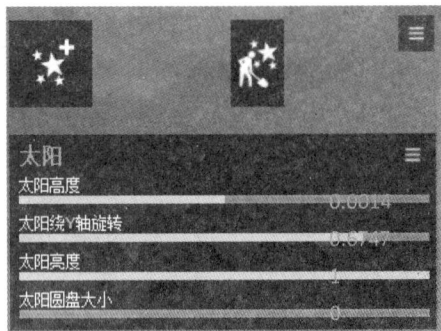

图 10-60

图 10-61

(5)雪景效果表现。单击"新增特效"按钮,在弹出的"照片特效"面板中选择"世界"选项卡,如图 10-62 所示,选择其中的"太阳"特效。单击"天气"选项卡,选择如图 10-63 所示的"雪"特效。退出"照片特效"面板,返回"场景渲染"面板,场景呈现如图 10-64 所示的效果。

图 10-62

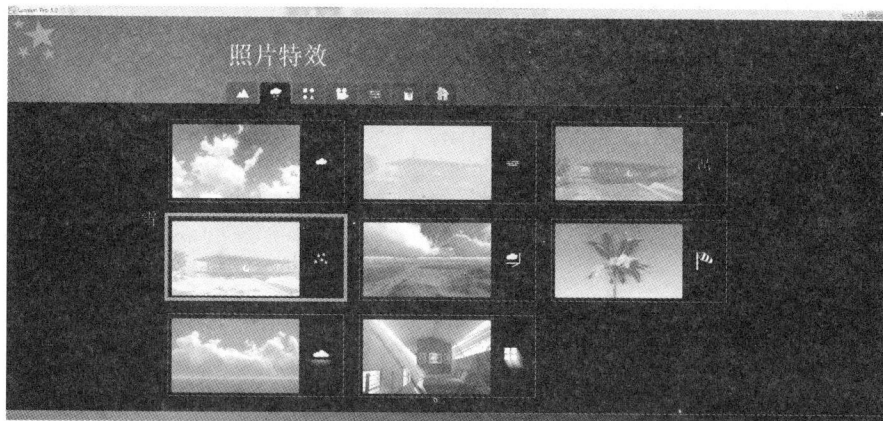

图 10-63

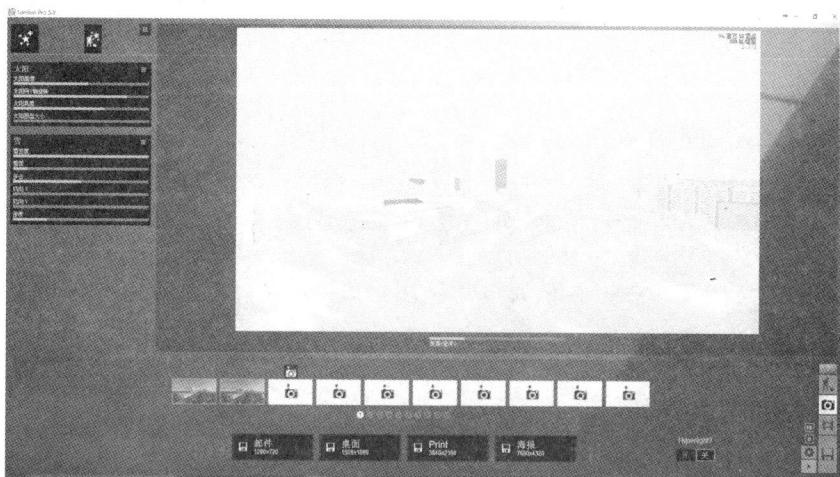

图 10-64

　　参考图 10-65 适当调高"太阳亮度"参数,并调低"多云"参数,使整个场景更具雪景清透、明亮的效果,最终静帧出图效果如图 10-66 所示。

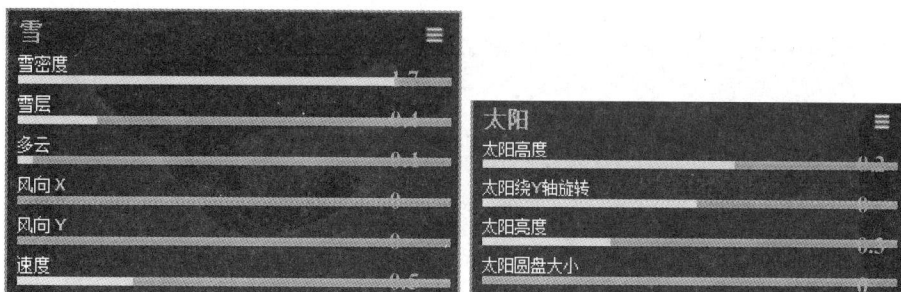

图 10-65

图 10-66

10.9　制作动画

（1）首先，单击屏幕右下方"主控栏"的 按钮以激活"动画"面板；其次，点击"录制"按钮 （见图 10-67）。调整至理想的视角，紧接着点击"拍摄照片" 按钮，从而拍下场景照片（关键帧），如图 10-68 所示，用户可按需记录多个场景照片，Lumion 会根据这些关键帧生成动画。

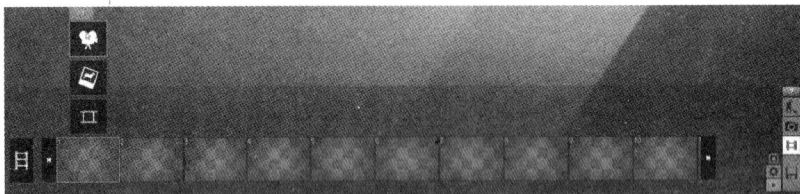

图 10-67

（1）由北向南全景鸟瞰商业广场

(2)西北向鸟瞰图

(3)北鸟瞰

(4)北入口广场近景

(5)北面入口广场处喷水池

(6)北广场透视一

(7)北广场透视二

图 10-68

设置好关键帧后,点击 ✔ 按钮即完成"动画"片段的制作。

(2)点击显示为"2"的空白的动画片段缩略图以便进行下一个动画片段的制作。在缩略图上方弹出的菜单中点击"录制"按钮 🎬 ,如图 10-69 所示,紧接着可在弹出的拍照界面中改变视角进行拍照。

图 10-69

按图 10-70 所示拍照以录制多个关键帧。

(1)基地北部城市支路与大桥南路交叉口西北向透视

(2)大桥南路西北向透视

（3）商业广场西北角西向透视

（4）商业广场西北角西北向透视一

（5）商业广场西北角西北向透视二

（6）商业广场西北角西北向透视二

（7）西入口西北向透视

（8）西入口东向透视

（9）大桥南路东向透视

（10）由西向东鸟瞰商业广场

图 10-70

完成动画帧设置后，点击按钮 ✔ ，并返回"动画"面板。

当录制完所有动画片段后，可根据需要为每个片段添加特效，具体可通过单击左上角的"新增特效"按钮 ✴ （见图 10-71），在弹出的"照片特效"面板中选择适当的特效，而后进行必要的参数调整。

图 10-71

（3）制作完成后，点击"保存视频"按钮![按钮]，导出时选择 MP4 输出，点选适当的参数，再点击"开始动画导出"按钮![按钮]，开始渲染，如图 10-72 所示，将视频保存到指定的文件路径即可。

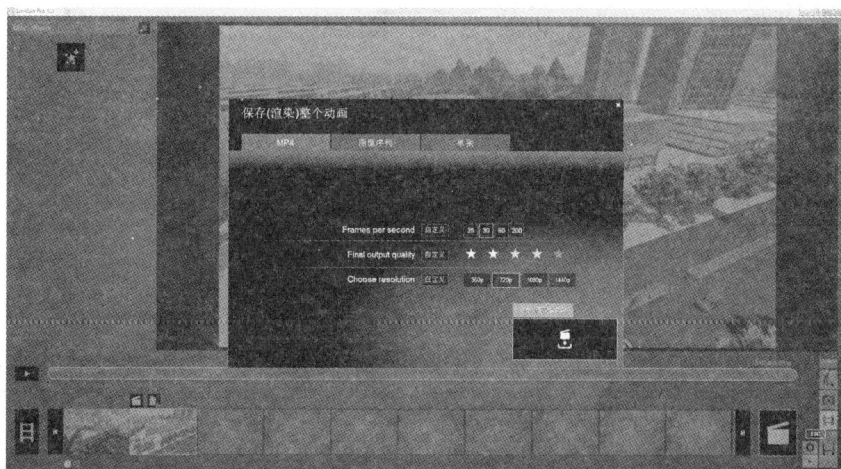

图 10-72

10.10 本章小结

本章以一个城市核心区块城市设计中的商业广场为例，详细讲解了如何使用 Lumion 创建商业广场效果表现图的全过程：从导入模型→编辑材质→添加配景→静帧出图，并介绍了如何制作场景动画。通过本章的学习，读者一方面可以巩固前面各个章节学过的知识，另一方面通过实例演练可娴熟地掌握 Lumion 的多种高级功能和技巧。

词汇索引中英对照

材质组	material set
草层高度	grass height
草层野性	grass wildness
草丛尺寸	grass size
草图	sketch
场景编辑	build
场景亮度	sky brightness
持续时间	duration
尺寸	size
创建巨山	make large mountain
创建平地	make flat
创建群山	make mountains
从场景模型中添加模型	add models from scene file
从当前场景中移除模型并从场景文件中添加模型	remove models in current scene and add models from scene file
从新文件中载入模型	reload model from a new file
单张	single
淡入/淡出	fade in/out
导入	import
导入动画	import animations
地面上放置	place on ground
地平线云	horizon cloud
地形	terrain
叠加图像	overlay image
动画	movie
动态模糊	motion blur
读取	load
对焦距离	focus distance
对齐	align
多云	cloudy
F 停止	F stop
反射率	reflectivity
反转相机平移时的上下方向	enable inverted up/down camara pan
泛光	bloom
放置物体	place object
粉彩素描	pastel sketch
风格	style

风速	wind speed
风向	wind direction
风向 X 轴	wind X
风向 Y 轴	wind Y
高度	height
高光	specular
高度	high
高级控制	advanced move
高空云层	hide layer
隔离前景	isolate foreground
更多设置	more settings
更改漫射纹理	change diffuse texture
更改物体	change object
更改照明贴图纹理	change lightmap texture
关联菜单	context menu
光泽	gloss
光泽度	glossiness
广告	billboard
海拔	height
海洋	ocean
黑色	black
黑色模糊	black blur
环境	ambient
绘画	painting
浑浊度	turbidity
混凝土	concrete
积云类型	clouds type
积云密度	clouds density
超级	super
减少闪烁	flicker reduction
将所选模型设为库的当前模型	select in library
降低高度	low
降雨速度	rain speed
结束位置	end position
金属	metal
近剪裁平面	near clip plane
精细饱和度	selective saturation

景观	landscape
景深	depth of field
静音（编辑器中有效）	mute sound(editor only)
镜头光晕	lens flare
聚焦比例	caustics scale
卡通画	cartoon
开启岩石	toggle rock
开始动画导出	start movie export
开始位置	start position
库	library
块	block
扩散	spread
扩张	expansion
蓝图	blueprint
沥青	asphalt
两点透视	2-point perspective
亮度	brightness
录制	record
漫反射纹理	diffuse texture
漫画	menga
每秒帧数	frames per second
描绘	paint
模糊	blur
模拟色彩实验室	anolog color lab
木材	wood
凝结	contrails
扭曲	distortion
拍摄照片	take photo
拍照	photo
拍照模式	photo
泡沫	foam
漂白	bleach
平滑	smooth
平滑度	smoothness
平整	flatten
瀑布	waterfall
曝光度	exposure

起伏	jitter
取消所有选择	deselect all
取消选择	deselect
全局光	global illumination
群体移动	mass move
染色	coloring
绕 X 轴旋转（按 Lumion 中英对照）	pitch
绕 Y 轴旋转（按 Lumion 中英对照）	heading
绕 Z 轴旋转	rotate heading
绕 Z 轴旋转（按 Lumion 中英对照）	bank
柔和阴影大小	soft shadow size/soft shadow amount
锐化	sharpness
锐化强度	sharpness intensity
色彩校正	color correction
色散	chromatic aberrations
删除	remove
删除物体	delete object
删除物体	trash object
删除选定	delete select
设置	settings
深度偏移	depth offset
声音	sound
失真校正	drop distortion
石头	stonewall
使用层	layer
世界	world
视察	relief
视频文件	movie from file
视频制式	broadcast safe
室内	indoor
室外	outdoor
手持相机	handheld camera
输出整个场景	export full scene
输入/输出	in/out
输入材质	imported material
输入场景	load scene
输入地形贴图	load terrain map

输入范例	examples
输入整个场景	import full scene
属性	properties
双面渲染	double sided
水彩画	watercolor
水体	water
随机尺寸	random size
随机选择	randomize
缩放	scale
锁定位置	lock position
太阳	sun
太阳尺寸	sun disk size
太阳方位	sun direction
太阳方位	sun heading
太阳高度	sun height
太阳亮度	sun brightness
太阳体系	sun study
太阳阴影范围	sun shadow range
提升高度	raise
体积光	volumetric sunlight
体积光	god rays
体积云	volume clouds
天空下降	sky drop
天气	weather
添加新模型	add a new model
调整尺寸	size object
调整高度	change height
调整水的亮度	lightup water color
跳过	skip
透明度	transparency
图像	image
图形输入板开关	toggle tablet input
位置	position
文件	files
纹理影响	texture influence
屋顶	roof
物体	object

雾气	fog
雾气亮度	fog brightness
雾气密度	fog density
雾气衰减度	fog falloff
X 轴偏移	X offset
限制所有纹理尺寸为 512×512，为大场景或低性能显卡节省内存	limit all texture sizes to 512×512 and save a bit of memory for huge scenes or low end graphics cards
相机	camera
相同高度	same height
相同旋转	same rotation
新建场景	new
新增特效	new effect
旋转	orientation
选择	selection
选择	select
选择分辨率	choose resolution
选择景观	choose landscape
选择所有类似	select all similar
选择所有类似分类	select all similar category
雪	snow
Y 轴偏移	Y offset
颜色	color
颜色密度	color density
颜色预设	color preset
移动	move
移动物体	move object
艺术	artistic
阴影	shadow
阴影倾斜校正	shadow slope correction
阴影校正	shadow correction
隐藏	hide
隐形	invisible
用库的当前模型替换所有的模型	replace with library selection
油画	oil painting
鱼眼	fish eye
雨	rain

雨滴密度	rain density
月亮	moon
月亮尺寸	moon size
月亮方位	moon heading
月亮高度	moon height
云彩	cloud
Z 深度偏移	Z offset
在编辑模式下显示高质量的山地	show high quality terrain in the editor
在编辑模式下显示高质量的树和草地	show high quality trees and grass in the editor
噪点强度	intensity
噪音	noise
照明贴图	lightmap
照明贴图倍增	lightmap multiply
照明贴图纹理	lightmap texture
着色	colorization
帧范围	frame range
整个动画	entire movie
正常	normal
直线排列（按 Lumion 中英对照）	space XZ
植物风	foliage wind
重新载入	reload
重载模型	reload model
重置大小旋转	reset size rotation
自定义	custom
自定义输出	custom output
自发光	emissive
自然	nature
最终输出质量	final output quality
最终渲染的太阳阴影细节	final render shadow detail

参考文献

[1] 谭俊鹏,边海.Lumion/SketchUp 印象:三维可视化技术精粹[M].北京:人民邮电出版社,2012.

[2] 杨航,罗礼,李宏利.LUMION2 建筑·规划·景观·实践项目详解[M].天津:天津大学出版社,2012.

[3] Cardoso C. Lumion 3D Cookbook[M]. Packt Publishing Limited,2014a.

[4] Cardoso C. Mastering Lumion 3D[M]. Packt Publishing Limited,2014b.

[5] 马亮,王芬,边海.SketchUp 印象:城市规划项目实践[M].北京:人民邮电出版社,2013.

[6] 陈岭,等.SketchUp 8 经典教程:规划设计应用精讲[M].北京:化学工业出版社,2012.

[7] 云杰漫步科技 CAX 设计室.SketchUp 8 中文版草图设计高手必备 118 招[M].北京:电子工业出版社,2013.

[8] 王鹏辉,陈思海.SketchUp 7 商业艺术设计[M].北京:化学工业出版社,2011.